高等职业教育系列教材

工厂供配电技术项目教程

主　编　王育波

副主编　田　园　赵　波　杨　华　孙立民

参　编　庞丽芹　王　刚　刘丽萍　徐作华　史　晶

主　审　周佩秋

U0379558

机械工业出版社

本教材是高职高专院校电气自动化技术专业及相关专业的"供配电系统运行与维护"、"工厂供电"等相关课程的教材。本教材以工厂供配电系统的成套配电装置和供配电线路的设计、装配、运行与维护等典型工作任务为素材，以工作流程为主线选取、整合、序化教学内容，将理论知识与实际操作融为一体。包含9个部分：供配电系统认知、变电所认知、变压器的运行与维护、供配电设备的运行与维护、供配电线路的运行与维护、保护装置的运行与维护、变电所二次设备的运行与维护、车间照明线路的安装、综合实训。

本书可作为高职电气自动化技术专业、机电一体化专业的教材，也可供广大工程技术人员参考。

本书配有电子课件，读者可以登录机械工业出版社教育服务网 www.cmpedu.com 免费注册后下载，或联系编辑索取（QQ：1239258369，电话：010-88379739）。

图书在版编目（CIP）数据

工厂供配电技术项目教程／王育波主编．—北京：
机械工业出版社，2017.4（2024.6重印）
高等职业教育系列教材
ISBN 978-7-111-58715-6

Ⅰ．①工…　Ⅱ．①王…　Ⅲ．①工厂–供电系统–高等职业教育–教材②工厂–配电系统–高等职业教育–教材　Ⅳ．①TM727.3

中国版本图书馆 CIP 数据核字（2017）第 307912 号

机械工业出版社（北京市百万庄大街 22 号　邮政编码 100037）
策划编辑：李文轶　　责任编辑：李文轶
责任校对：张艳霞　　责任印制：刘　媛
涿州市般润文化传播有限公司印刷

2024 年 6 月第 1 版·第 5 次印刷
184mm×260mm · 20 印张·373 千字
标准书号：ISBN 978-7-111-58715-6
定价：58.00 元

电话服务　　　　　　　　　　网络服务
客服电话：010-88361066　　　机　工　官　网：www.cmpbook.com
　　　　　010-88379833　　　机　工　官　博：weibo.com/cmp1952
　　　　　010-68326294　　　金　书　网：www.golden-book.com
封底无防伪标均为盗版　　机工教育服务网：www.cmpedu.com

前　言

本书是根据我国高等职业教育教学培养目标，结合工厂供配电技术教学培养目标而编写的基于工作过程的项目化教材。

本书面向供电企业、用电企业及成套供配电设备制造企业的电力营销管理、维修电工、电气装配工等相关工作岗位，围绕完成工作岗位典型工作任务所需要的知识、技能及素质选取教材内容，基于完整的工作过程整合序化教材内容，并与劳动部门职业资格鉴定要求紧密衔接，利于职业岗位能力的培养。

本书以工厂供配电系统的设计、安装、调试、运行与维护为重点进行编写，共分9个部分，主要内容包括：供配电系统认知、变电所认知、变压器的运行与维护、供配电设备的运行与维护、供配电线路的运行与维护、保护装置的运行与维护、变电所二次设备的运行与维护、车间照明线路的安装、综合实训。

本书特点如下：

1. 利用"项目导向，任务驱动"教学模式，使学生在完成变电所电气设备选型，接线方式选择，成套配电装置设计、安装、运行维护等学习任务的过程中，掌握工厂供配电系统设计、安装、操作及检修等知识和技能，提高学习兴趣。

2. 解构"基于知识准备"的学科体系，重构"基于工作任务导向"的行动体系，将理论与实践联系得紧密，有利于培养学生的应用能力和实际操作能力，能增强学生的岗位就业能力。

3. 教学项目和任务的选取以及教材内容的开发，均请企业专家及技术人员参与确定，具有实用性，符合企业需求。

本书由长春职业技术学院王育波任主编，长春职业技术学院的田园、赵波、杨华、孙立民（长春职业技术学校）任副主编，参与本书编写的还有长春职业技术学院的庞丽芹、王刚、刘丽萍、徐作华、史晶。其中：王育波编写了第4章和第5章，田园和赵波编写了第1章和第2章，杨华和孙立民编写了第3章和第8章，庞丽芹和王刚编写了第6章，刘丽萍、徐作华、史晶编写了第7章和第9章。

本书是机械工业出版社组织出版的"高等职业教育系列教材"之一，由长春职业技术学院周佩秋担任主审，由长春职业技术学院王育波统稿。

由于编者水平有限，书中难免有错误和疏漏之处，欢迎广大读者提出宝贵意见和建议。

编　者

目　　录

第 1 章 供配电系统认知

工厂供配电系统是电力系统的一个重要组成部分，也是电力系统的主要用户，因此，学好电力系统的组成及各部分的关系，理解电力系统的基本概念，看懂电力系统示意图等基础知识，能为学习工厂供配电系统运行与维护打下良好的基础。

1.1 电力系统认知

本节通过分析电力系统示意图，引导学生了解电力系统的组成及各部分的关系、各主要构成环节的名称及作用；熟记电力系统示意图中各符号的含义；理解电力系统的基本概念；掌握电力系统的中性点运行方式及特点。

【学习目标】

1. 能读懂电力系统示意图。
2. 掌握电力系统的组成及各部分的关系、熟悉各主要构成环节的名称和作用。
3. 理解电力系统的基本概念。
4. 能为工厂供配电系统合理选择中性点运行方式。

1.1.1 电力系统的组成

电能是二次能源，在诸多能源中，电能是工业、农业、国防、科研、通信、娱乐等各种领域应用最广泛，使用最方便的清洁能源。因为电能既可以方便地远距离传输，又能很容易地转换为其他形式的能量，其运行过程易于控制，因此电能已经广泛应用于国民经济和社会生活的各个方面，成为主要的能源和动力。

电能是由发电厂的发电机生产的，为了降低成本，发电厂大多建在有煤、石油、水、太阳能、原子核能、风能等能源丰富的地方，而电能用户一般在大中城市和负荷集中的大工业区，因此发电厂生产出来的电能要经过高压远距离输电线路输送，才能给用户供电，如图 1-1 所示。电力系统是由发电厂中的发电机，升压、降压变压器，输、配电线路以及各种用电设备联系在一起构成的统一整体，是由生产、变换、输送、分配和使用电能的电气设备（如发电机、变压器、电力线路、母线及用电设备等）按一定方式连接构成的整体。

1. 发电厂

发电厂是生产电能的工厂，它把其他形式的能源，如煤炭、石油、天然气、水能、太阳能、原子核能、风能、地热、潮汐能等，通过发电设备转换成电能。一般根据所利用能源的不同分为火力发电厂、水力发电厂、原子能发电厂、太阳能发电厂等。按发电厂的规模和供电范围又可分为区域性发电厂、地方发电厂和自备专用发电厂等。

（1）火力发电厂

火力发电厂简称火电厂或火电站，是利用煤、石油、天然气等作为燃料生产电能的工

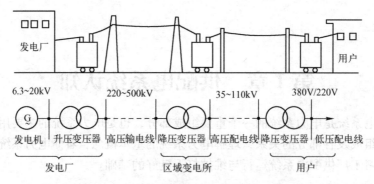

图 1-1 从发电厂到用户的送电过程示意图

厂，它的基本生产过程是：燃料在锅炉中燃烧以加热水，使水变成蒸汽，将燃料的化学能转变成热能，蒸汽压力推动汽轮机旋转，热能转换成机械能，然后汽轮机带动发电机旋转，将机械能转变成电能。能量转换过程：燃料的化学能→热能→机械能→电能。火力发电厂可分为凝汽式火力发电厂（通常称火电厂）和供热式火力发电厂（通常称热电厂）。

1）火电厂的生产流程。

火电厂的种类虽很多，但从能量转换的观点分析，其生产过程却是基本相同的，概括地说是把燃料（煤）中含有的化学能转变为电能的过程。整个生产过程可分为三个阶段：

① 燃料的化学能在锅炉中转变为热能，加热锅炉中的水使之变为蒸汽，称为燃烧系统；

② 锅炉产生的蒸汽进入汽轮机，推动汽轮机旋转，将热能转变为机械能，称为汽水系统；

③ 由旋转的汽轮机带动发电机发电，把机械能变为电能，称为电气系统。

整个电能生产过程如图 1-2 所示。

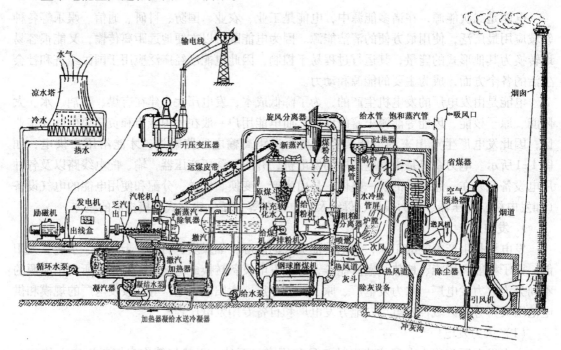

图 1-2 凝汽式火电厂生产过程示意图

2

2）火电厂的特点。

与水电厂及其他类型的电厂相比，火电厂有如下特点：

① 火电厂布局灵活，装机容量的大小可按需要决定。

② 火电厂建造工期短，一般为水电厂的一半甚至更短。一次性建造投资少，仅为水电厂的一半左右。

③ 火电厂耗煤量大，目前发电用煤约占全国煤炭总产量的25%左右，加上运煤费用和大量用水，其生产成本比水力发电要高出3~4倍。

④ 火电厂动力设备繁多，发电机组的控制操作复杂，火电厂用电量和运维人员都多于水电厂，运维费用高。

⑤ 汽轮机开、停机过程时间长，耗资大，不宜作为调峰电源用。

⑥ 火电厂对空气和环境的污染大。

（2）水力发电厂

水力发电厂简称水电厂或水电站，如图1-3所示。水电站是将水能转换为电能的综合工程设施。一般包括由挡水、泄水建筑物形成的水库和水电站引水系统、发电厂房、机电设备等。水库的高水位水经引水系统流入发电厂房，以推动水轮发电机组使其发出电能，再经升压变压器、开关站和输电线路输入电网。

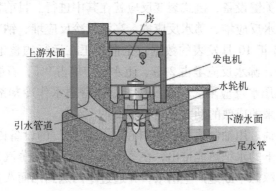

图1-3　水力发电厂

水力发电过程是利用河流、湖泊等位于高处具有位能的水流在流至低处的过程中，将其中所含的位能转换成水轮机的动能，再以水轮机为原动力，推动发电机产生电能。因水力发电厂所发出的电力电压较低，如要输送给距离较远的用户，就必须将电压经过变压器增高，再由输电线路输送到用户集中区的变电所，使电压降低到适合家庭和工厂使用，并由配电线输送到各个工厂及家庭。

水电厂的生产特点：具有可综合利用的水能资源；发电成本低、效率高，厂用电率低；运行灵活、起动快，适用于调峰、调频和事故备用；水能可储蓄和调节，便于建设抽水蓄能电厂；不污染环境等优点。缺点是水电厂建设投资较大，工期较长；水电厂的建设和生产受河流地形、水量及季节条件限制，有丰水期和枯水期之分，发电不均衡；建水库需要淹没土地、移民，还会破坏自然界的生态平衡。

（3）原子能发电厂

原子能发电厂又称为核电站，如图1-4所示。

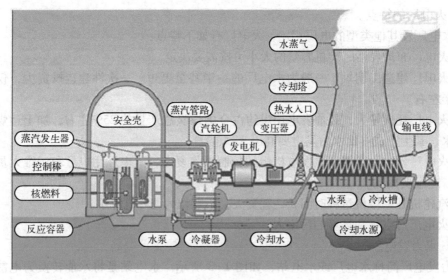

图 1-4 核电厂

核电站就是利用一座或若干座动力反应堆所产生的热能来发电或发电兼供热的动力设施。反应堆是核电站的关键设备，链式裂变反应就在其中进行。目前世界上核电站常用的反应堆有压水反应堆、重水反应堆、沸水反应堆、高温气冷反应堆、钠冷快中子反应堆等，根据国际原子能机构 2005 年 10 月发表的数据，全世界正在运行的核电机组共有 442 台，其中：压水反应堆占 60%，沸水反应堆占 21%，重水反应堆占 9%，石墨反应堆等其他反应堆占 10%。用得广泛的是压水反应堆。压水反应堆是以普通水作冷却剂和慢化剂，它是从军用反应堆基础上发展起来的成熟的动力反应堆堆型。

核电厂用的燃料是铀。用铀制成的核燃料在"反应堆"的设备内发生裂变而产生大量热能，再用处于高压力下的水把热能带出，在蒸汽发生器内产生蒸汽，蒸汽推动汽轮机带着发电机一起旋转，电就源源不断地产生出来，并通过电网送到四面八方。

产生核裂变反应的设备叫作反应堆。

核电站能量转换过程是：核裂变能→热能→机械能→电能。

核电站与常见的火力发电厂基本一样，都用蒸汽推动汽轮机旋转，汽轮机带动发电机发电。只是它的"锅炉"为原子核反应堆，以少量的核燃料代替了大量的煤炭。火电厂依靠燃烧化石燃料（煤、石油或天然气）释放的化学能制造蒸汽，核电站则依靠核燃料核裂变反应释放的核能来生产蒸汽。

2. 电力网

电力网是电力系统的一部分，由升、降压变压器和各种电压等级的电力线路组成。是把发电厂、变电所和电能用户联系起来的纽带，担负着输送和分配电能的任务。电力网简称电网。

按电压的高低可将电力网分为低压网（1 kV 以下）、中压网（1~10 kV）、高压网（高于 10 kV 低于 330 kV）和超高压网（330 kV 及以上）等。

按电压高低和供电范围大小可分为区域电网（220 kV 及以上）、地方电网（35~110 kV）。

4

按线路结构或所用器材不同，可分为架空线路、电缆线路及地埋线路三种。室内外配电线路又有明敷设和暗敷设两种敷设方式。

按电力线路的功能可分为：输电线路、配电线路和用电线路三种。

输电线路用于远距离输送较大的电功率，其电压等级为 110~500 kV。

配电线路用于向用户或者各负荷中心分配电能。电压等级为 3~110 kV 的被称为高压配电线路。低压配电变压器低压侧引出的 0.4 kV 配电线路被称为低压配电线路。

用电线路是指低压接户线、进户线及户外配线。对工厂供配电系统来说，用电线路是指设备用电线路。

3. 电力系统

一个完整的电力系统由分布各地的各种类型的发电厂、升压和降压变电所、输电和配电线路及电力用户组成，它们分别完成电能的生产、电压变换、电能的输配及使用。

为了提高供电的可靠性和经济性，将各发电厂的发电机通过电力网连接起来，并联运行，组成庞大的电力系统，可以合理地利用资源，使水和煤的使用能互补，减少电能损耗，降低成本，保证电能质量，提高供电可靠性；但是大型电力系统对设备的要求较高、技术难度较大，一旦出现故障，将可能引起整个系统崩溃。

4. 动力系统

在电力系统的基础上，动力系统是包括发电厂动力部分（例如火力发电厂的锅炉、汽轮机和水力发电厂的水库、水轮机以及核动力发电厂的反应堆等）的系统。图 1-5 所示为动力系统示意图。

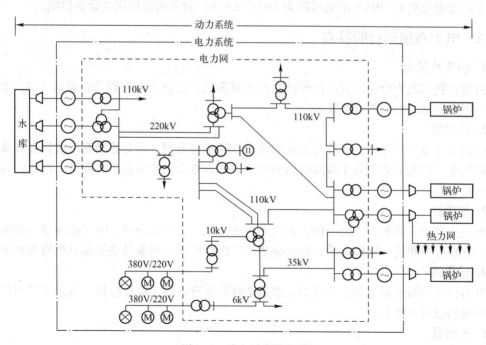

图 1-5　动力系统示意图

5. 变电站（所）的类型

变电站是联系发电厂和用户的中间环节，起着接受、变换、分配电能的作用。按其地位、作用可分为：

（1）枢纽变电站

枢纽变电站电压为330~500 kV，汇集多个电源、连接系统高压和中压的几个部分。一旦停电，引起系统解裂、瘫痪。

（2）升压变电站

升压变电所多建在发电厂内，把电能电压升高后，再进行长距离输送。

（3）降压变电站

降压变电所多设在用电区域，将高压电能适当降低电压后，对某地区或用户供电。

降压变电站有：地区降压变电站、终端变电站、工厂降压变电站及车间变电站。

1）地区降压变电所又称为一次变电站。

位于一个大用电区或一个大城市附近，从220~500 kV的超高压输电网或发电厂直接受电，通过变压器把电压降为35~110 kV，供给该区域的用户或大型工厂用电。

2）终端变电站又称二次变电站。

多位于用电的负荷中心，高压侧从地区降压变电所受电，经变压器降到6~10 kV，对某个市区或农村城镇用户供电。

3）工厂降压变电站。

一般大型工业企业均设工厂降压变电所，把35~110 kV电压降为6~10 kV电压向车间变电站供电。

4）车间变电站。

车间变电站将6~10 kV的电压降为380 V/220 V，对车间低压用电设备供电。

1.1.2 电力系统运行的特点

1. 经济总量大

目前，我国电力行业的资产规模已超过2万多亿，占整个国有资产总量的1/4，电力生产直接影响着国民经济的健康发展。

2. 同时性

电能不能被大量存储，各环节组成的统一整体不可分割，电力拖动系统过渡过程非常迅速，瞬间生产的电力必须等于瞬间取用的电力，所以电力生产中发电、输电、配电的每一环节都非常重要。

3. 集中性

电力生产是高度集中、统一的，无论多少个发电厂、供电公司，电网必须统一调度，制定统一管理标准和统一管理办法；对安全生产、组织纪律、职业品德等都有严格的要求。

4. 适用性

电力行业的服务对象是全方位的，涉及全社会所有人群，电能质量、电价水平与广大电力用户的利益密切相关。

5. 先行性

国民经济发展电力必须先行。

1.1.3 对电力系统运行的基本要求

衡量用户供电质量的主要指标为电压、频率和可靠性，其次还有经济性、环保性。

（1）电压

理想的供电电压应该是幅值恒为额定值的三相对称正弦电压。交流电的电压质量包括电压数值与波形两个方面。电压质量对各类用电设备的工作性能、使用寿命、安全及经济运行都有直接的影响。用电设备在其额定电压下工作，既能保证设备运行正常，又能获得最大的经济效益。

随着电力电子技术的广泛应用与发展，供电系统中增加了大量的非线性负载，特别是静止变流器，从低压小容量家用电器到高压大容量工业用交/直流变换装置，由于静止变流器是以开关方式工作的，会引起电网电流、电压波形发生畸变，引起电网的谐波"污染"。另外，冲击性、波动性负荷，如电弧炉、大型轧钢机、电力机车等在运行中不仅会产生大量的高次谐波，而且使得电压波动、闪变、三相不平衡日趋严重，这些对电网的不利影响不仅会导致供用电设备本身的安全性降低，而且会严重削弱和干扰电网的经济运行，造成对电网的"公害"，为此，国家技术监督局相继颁布了涉及电能质量五个方面的国家标准，即：供电电压偏差、电压波动和闪变、供电三相电压不平衡、公用电网谐波以及供电频率允许偏差等的指标限制。

1）电压偏差。

用电设备的运行指标和额定寿命是对其额定电压而言的。当其端子上出现电压偏差时，其运行参数和寿命将受到影响，影响程度视偏差的大小、持续的时间和设备状况而异。电网的电压偏差过大时，不仅影响电力系统的正常运行，而且对用电设备的危害很大。

以照明用的白炽灯为例，当加在灯泡上的电压低于其额定电压时，发光效率降低，降低劳动生产率。白炽灯的端电压降低10%，发光效率下降30%以上，灯光明显变暗；端电压升高10%时，发光效率将提高1/3，但使用寿命将只有原来的1/3。

电压偏差计算式如下：

$$\Delta U\% = \frac{U - U_N}{U_N} \times 100\% \tag{1-1}$$

式中　U——用电设备的实际电压；

　　　U_N——用电设备的额定电压。

《电能质量供电电压允许偏差》（GB 12325—2008）规定电力系统在正常运行条件下，有如下3种允许偏差：

① 35 kV 及以上电压供电的，电压正、负偏差的绝对值之和不超过标称电压的10%。

② 20 kV 及以下三相供电的，电压允许偏差为标称电压的±7%。

③ 220 V 单相供电电压偏差为标称电压的7%和-10%。

④ 对供电点短路容量较小以及对供电电压偏差有特殊要求的用户，由供、用电双方协议确定。

为了保证用电设备的正常运行，在综合考虑了设备制造和电网建设的经济合理性后，对各类用户设备规定了如上的允许偏差值，此值为工业企业供配电系统设计提供了依据。在工业企业中，改善电压偏差的主要措施有三：

① 就地进行无功功率补偿。供电距离较长无功负荷的变化在电网各级系统中均产生电压偏差，它是产生电压偏差的源，因此，及时调整无功功率补偿量，从源上解决问题，是最有效的措施。

② 调整同步电动机的励磁电流，在铭牌规定值的范围内适当调整同步电动机的励磁电流，使其超前或滞后运行，就能产生超前或滞后的无功功率，从而达到改善网络负荷的功率因数和调整电压偏差的目的。

③ 采用有载调压变压器。从总体上考虑无功负荷只适合对功率因数为 0.90~0.95 的情况进行补偿，仍然有一部分变化的无功负荷要电网供给而产生电压偏差，这就需要采用有载调压变压器，它是有效而经济的办法之一。

2）电压波动和闪变。

在某一时段内，电压急剧变化偏离额定值的现象称为电压波动。当电弧炉等大容量冲击性负荷运行时，剧烈变化的负荷电流将引起线路压降的变化，从而导致电网发生电压波动。由电压波动引起的灯光闪烁，光通量的急剧波动，对人的眼睛和大脑产生刺激现象称为电压闪变。电力系统的供电电压（或电流）的波形畸变，使电能质量下降，产生高次谐波，谐波电流增加了电网的能量损耗，降低电动机、变压器、电缆等电气元件的寿命，还将影响电子设备的正常工作，使自动化、远动、通信都受到干扰。

国家标准规定对电压波动的允许值为：

① 35 kV 及以上电压供电的，电压正、负偏差的绝对值之和不超过标称电压的±5%；

② 10 kV 及以下三相供电的，电压允许偏差为标称电压的±7%。

③ 220 V 单相供电的，电压允许偏差为标称电压的+7%和−10%。

3）高次谐波。

高次谐波的产生，是非线性电气设备接到电网中投入运行后，使电网电压、电流波形发生不同程度畸变，偏离了正弦波。

高次谐波除电力系统自身产生的谐波外，主要是用户方面的大功率变流设备、电弧炉等非线性用电设备所引起。高次谐波的存在将导致供电系统能耗增大、电气设备绝缘层老化加快，并且干扰自动化装置和通信设施的正常工作。

4）三相电压不对称。

三相电压不对称是指三个相电压的幅值和相位关系上存在偏差。三相电压不对称主要由系统运行参数不对称、三相用电负荷不对称等因素引起。供电系统的三相电压不对称运行，对用电设备及供配电系统都有危害，低压系统的三相电压不对称运行还会导致中性点偏移，从而危及人身和设备安全。

电力系统公共连接点正常运行方式下三相电压不平衡度国家标准规定的允许值为 2%，短时不得超过 4%，单个用户不得超过 1.3%。

（2）频率

电网中发电机发出的正弦交流电每秒交变的次数称为频率，我国规定的标准频率 50 Hz。有些工业和企业有时采用较高的频率，以提高生产效率。

电网低频率运行时，所有用户的交流电动机转速都将相应降低，因而许多工厂的产量和质量都将不同程度地受到影响。频率的调整主要依靠发电厂。

频率的变化对电力系统运行的稳定性影响很大，因而对频率的要求比对电压的要求严格得多。

《电能质量电力系统频率偏差》（GB/T 15945—2008）中规定：正常运行条件下限值为0.2 Hz，当系统容量较小时，偏差值可放宽到±0.5 Hz。标准中并没有说明系统容量大小的界限，而在《全国供用电规则》中有规定：供电局供电频率的允许偏差：电网容量在 300 万千瓦及以上者为 0.2 Hz；电网容量在 300 万千瓦以下者为 0.5 Hz。实际运行中，我国各跨省电力系统频率都保持在 ±0.1 Hz。

（3）可靠性

供电可靠性是指供电企业某一统计期内对用户停电的时间和次数，直接反映供电企业的持续供电能力。

供电可靠性反映了电力工业对国民经济电能需求的满足程度，已经成为衡量一个国家经济发达程度的标准之一；供电可靠性可以用如下一系列年指标加以衡量：供电可靠率、用户平均停电时间、用户平均停电次数、用户平均故障停电次数等。

国家规定的城市供电可靠率是 99.96/100，即用户年平均停电时间不超过 3.5 h；

目前我国供电可靠率一般城市地区达到了 3 个 9（即 99.9%）以上，用户年平均停电时间不超过 9 h；重要城市中心地区达到了 4 个 9（即 99.99%）以上，用户年平均停电时间不超过 53 min。其计算公式：

供电可靠率(%) = [8760(年供电小时) − 年停电小时]/8760×100%。

（4）经济性

供电系统的投资要少，运行费用要低，并尽可能节约电能和减少有色金属消耗量。

（5）环保性

优先调度清洁能源（风能、太阳能、海洋能、水能、生物质能、核能）。对火电机组则按照煤耗水平调度发电。减少废气排放量。

1.1.4 电力系统的额定电压

所谓额定电压，就是发电机、变压器和电气设备等在正常运行时具有最大经济效益时的电压。国家规定了标准电压等级系列，有利于电器制造业的生产标准化和系列化，有利于设计的标准化和选型，有利于电器的互相连接和更换，有利于备件的生产和维修等，应选择最合适的额定电压等级。

1. 电网（线路）的额定电压

电网（线路）的额定电压只能使用国家规定的额定电压。电网（线路）的额定电压是国家经全面的技术经济分析后确定的，它是确定各类电气设备额定电压的基本依据。目前我国常用的电压等级：220 V、380 V、6 kV、10 kV、35 kV、110 kV、220 kV、330 kV、500 kV。

由于电力系统运行时线路上有电压降，如图 1-6 所示。所以严格来讲，线路上各个点电压都略有不同，线路首端比末端电压高，所以，线路的额定电压取线路首端和末端电压的平均值。

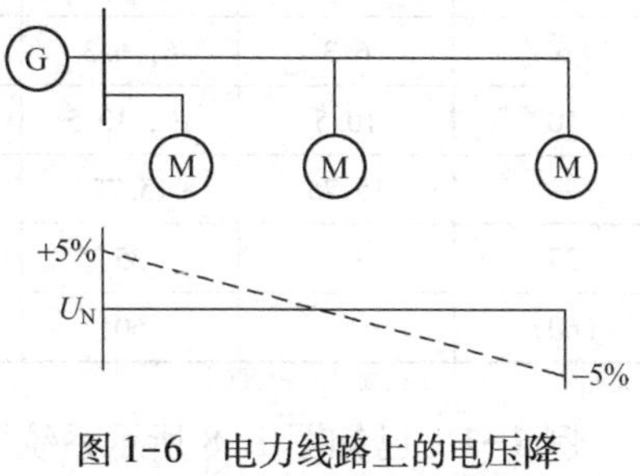

2. 用电设备的额定电压

用电设备的额定电压与同级电网的额定电压相同。即

$$U_N = U_{WN}$$

式中　U_N——用电设备的额定电压。

　　　U_{WN}——线路的额定电压。

图 1-6　电力线路上的电压降

由于线路上有电压降，为了使接在电网首端和末端的电气设备都能正常工作，根据电压允许偏差±5%的要求，一般线路首端的电压比线路的额定电压高5%，线路的末端电压比线路的额定电压低5%。所以，整条线路允许有10%的电压降落。

3. 发电机的额定电压

发电机接在线路的首端，所以发电机的额定电压比线路的额定电压高5%。即：

$$U_{GN} = U_{WN}(1+5\%)$$

式中　U_{GN}——发电机的额定电压。

4. 变压器的额定电压

（1）变压器一次绕组的额定电压

变压器一次绕组接电源，相当于用电设备，所以，与发电机直接相连的升压变压器的一次绕组的额定电压应与发电机额定电压相同；连接在线路上的降压变压器的一次绕组的额定电压应与所连接的线路的额定电压相同。

（2）变压器二次绕组的额定电压

变压器二次绕组向负荷供电，相当于发电机。二次绕组电压应比线路的额定电压高5%，而变压器二次绕组额定电压是指空载时电压。但在额定负荷下，变压器二次绕组上的电压降为5%。因此，为使正常运行时满足变压器二次绕组电压较线路的额定电压高5%的要求：当线路较长（如35 kV及以上高压线路）时，变压器二次绕组的额定电压应比所连接线路的额定电压高10%；当线路较短（直接向高、低压用电设备供电，如10kV及以下的线路），二次绕组的额定电压应比所连接的线路的额定电压高5%，如图1-7所示。

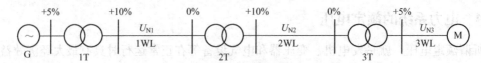

图1-7　电力变压器二次绕组额定电压说明

我国规定的1 kV以上的电力系统额定电压标准见表1-1。

表1-1　我国规定的1 kV以上电力系统额定电压标准

用电设备额定电压	交流发电机额定电压	交流变压器额定电压		用电设备额定电压	交流发电机额定电压	交流变压器额定电压	
		一次绕组	二次绕组			一次绕组	二次绕组
3	3.15	3，3.15	3.15，3.3	110	—	110	121
6	6.3	6，6.3	6.3，6.6	(154)	—	(154)	(169)
10	10.5	10，10.5	10.5，11	220	—	220	242
—	15.75	15.75	—	330	—	330	363
35	—	35	38.5	500	—	500	—
(60)	—	(60)	(66)				

例1-1　已知图1-8所示系统中的额定电压，试求发电机和变压器的额定电压。

解　发电机G的额定电压：　　$U_{N.G} = 1.05\,U_{N.1WL} = 1.05 \times 6\,V = 6.3\,kV$

变压器1T的额定电压：　　$U_{1N.1T} = U_{N.G} = 6.3\,kV$

$$U_{2N.1T} = 1.1 U_{N.2WL} = 1.1 \times 110\,V = 121\,kV$$

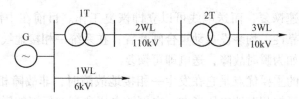

图 1-8　例题 1-1 图

1 T 额定电压为：121/6.3 kV。

变压器 2T 的额定电压：$\qquad U_{1N.2T} = U_{N.2WL} = 110\,\text{kV}$

$$U_{2N.2T} = 1.05 U_{N.3WL} = 1.05 \times 10\,\text{V} = 10.5\,\text{kV}$$

2 T 的额定电压为：110/10.5 kV。

例 1-2　求图 1-9 所示变压器的额定电压。

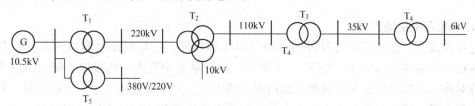

图 1-9　例题 1-2 图

解　T_1：10.5/242 kV；T_2：220/121/10.5 kV；T_3：110/38.5 kV；T_4：35/6.3；kV；T_5：10.5/04 kV。

1.1.5　电力系统的中性点运行方式

在电力系统中，当变压器或发电机的三相绕组为星形连接时，我们把变压器或发电机的中性点与大地之间的连接方式称之为电力系统中性点接地方式。其中性点可有两种运行方式：中性点接地和中性点不接地。其中，中性点直接接地系统常称为大电流接地系统。中性点不接地和中性点经消弧线圈（或电阻）接地的系统称为小电流接地系统。

1. 中性点直接接地方式

在这种系统中，中性点的电位在电网的任何工作状态下均保持为零，如图 1-10 所示。当系统中发生单相接地故障时，这一相直接经过接地点造成与接地的中性点间发生短路，一相接地短路电流较大，对电力系统本身和对邻近的通信线和信号线都会造成较大的危险和干扰，因而应立即使继电保护动作，将故障部分切除。使

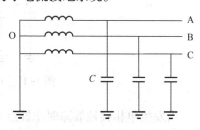

图 1-10　中性点直接接地方式

系统中非故障部位迅速恢复正常运行。但会造成部分负荷的供电中断。

单相接地时，短路电流很大，这将引起电压降低，以至于影响整个系统的稳定，这在高压系统比较明显。

中性点直接接地或经过电抗器接地系统，在发生一相接地故障时，故障的送电线被切断，因而使用户的供电中断。运行经验表明，在 1000 V 以上的电网中，大多数的一相接地故障，尤其是架空送电线路的一相接地故障，大都具有瞬时的性质，在故障部分切除以后，

接地处的绝缘可能迅速恢复，而送电线可以立即恢复工作。目前在中性点直接接地的电网内，为了提高供电可靠性，均装设自动重合闸装置，在系统一相接地线路切除后，立即自动重合，再试送一次，如为瞬时故障，送电即可恢复。

中性点直接接地的主要优点是它在发生一相接地故障时，非故障相对地电压不会增高，因而各相对地绝缘即可按相对地电压考虑。电网的电压愈高，经济的影响愈大；而且在中性点不接地或经消弧线圈接地的系统中，单相接地电流往往比正常负荷电流小得多，因而要实现有选择性的接地保护就比较困难，但在中性点直接接地系统中，实现就比较容易，由于接地电流较大，继电保护一般都能迅速而准确地切除故障线路，且保护装置简单，工作可靠。在中性点直接接地的低压配电系统中，如为三相四线制供电，可提供380 V/220 V两种电压，供电方式更为灵活。

缺点是这种运行方式发生一相对地绝缘破坏时，就构成单相短路，供电中断，可靠性会降低。

2. 中性点不接地方式

这种方式下，在正常运行时各相对地分布电容相同，三相对地电容电流对称且其和为零，各相对地电压为相电压，如图1-11所示。这种系统中发生一相接地故障时，三个线电压保持对称，单相接地情况下接地点流过很小的电流，只要该电流小于规定的数值，接地点不会出现电弧，接在相间电压上的用电设备的供电并未遭到破坏，它们可以继续运行，但是这种电网长期在一相接地的状态下运行，也是不能允许的，因为这时非故障相电压升高，绝缘薄弱点很可能被击穿，而引起两相接地短路，将严重地损坏电气设备，所以，只允许短时运行，一般不允许超过两个小时。供电可靠性高。所以应装设单相接地保护或绝缘监视装置。当发生单相接地故障时发出报警信号或指示，提醒值班人员采取措施。

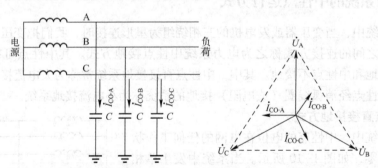

图1-11　正常运行时中性点不接地的电力系统

当发生单相接地故障时中性点电压升高为相电压，非故障相对地电压升高到原来相电压的$\sqrt{3}$倍。故障相电容电流增大到原来的3倍。对电气设备的对地绝缘要求较高，电气设备的绝缘要按线电压来选择，增大电气设备造价，如图1-12所示。

在中性点不接地系统中，当接地的电容电流较大时，在接地处引起的电弧就很难自行熄灭。在接地处还可能出现所谓间隙电弧，即周期地熄灭与重燃的电弧。由于电网是一个具有电感和电容的振荡回路，间歇电弧将引起相对地的过电压，其数值可达（2.5~3）U_x。这种过电压会传输到与接地点有直接电连接的整个电网上，更容易引起另一相对地击穿，而形成两相接地短路。

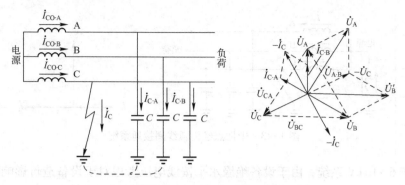

图 1-12　单相接地故障时的中性点不接地电力系统

在电压为 3~10 kV 的电力网中，一相接地时的电容电流不允许大于 30 A，否则，电弧不能自行熄灭。在 20~60 kV 电压级的电力网中，间歇电弧所引起的过电压，数值更大，对于设备绝缘更为危险，而且由于电压较高，电弧更难自行熄灭。因此，在这些电网中，规定一相接地电流不得大于 10 A。

当一相接地电容电流超过了上述的允许值时，可以用中性点经消弧线圈接地的方法来解决，该系统即称为中性点经消弧线圈接地系统。

3. 中性点经消弧线圈接地

消弧线圈主要由带气隙的铁心和套在铁心上的绕组组成，它们被放在充满变压器油的油箱内。绕组的电阻很小，电抗很大。消弧线圈的电感，可用改变接入绕组的匝数加以调节。显然，在正常的运行状态下，由于系统中性点的电压为三相不对称电压，数值很小，所以通过消弧线圈的电流也很小。采用过补偿方式，即使系统的电容电流突然的减少（如某回线路切除）也不会引起谐振，而是离谐振点更远。

在中性点经消弧线圈接地的系统中，一相接地和中性点不接地系统一样，故障相对地电压为零，非故障相对地电压升高至 $\sqrt{3}$ 倍，三相线电压仍然保持对称和大小不变，所以也允许暂时运行，但不得超过两小时，消弧线圈的作用对瞬时性接地系统故障尤为重要，因为它使接地处的电流大大减小，电弧可能自动熄灭。在中性点经消弧线圈接地的系统中，各相对地绝缘和中性点不接地系统一样，也必须按线电压设计。

在中性点不接地系统中，当线路较长，线路对地电容较大，或电源电压较高时，单相接地时流过接地点的电流可能较大，当电流超过规定值时（一般认为 35~60 kV，$I_c \geqslant 10$ A；10 kV，$I_c \geqslant 20$ A；3~6 kV，$I_c \geqslant 30$ A），就会在接地点产生电弧，从而引起弧光过电压。采用经消弧线圈接地的目的就是在发生单相接地时，用电感电流补偿电容电流，使接地点电流小于规定值，避免电弧产生，抑制谐振过电压。

由图 1-13 可以看到，单相接地时，由于中性点电感电流与接地电容电流相位相反，流过接地点的总电流为二者数值之差，适当选择电感值就可以使流过接地点的电流小于规定值，从而使故障处不会出现电弧，避免了电弧引起的弧光过电压对电气设备和线路绝缘造成的威胁，所以该电感称为消弧线圈。

4. 中性点运行方式的选择

目前我国电力系统中性点的运行方式，大体是：

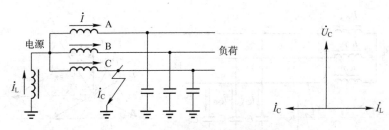

图 1-13　中性点经消弧线圈接地系统

1）对于 6~10 kV 系统，由于设备绝缘水平按线电压考虑对于设备造价影响不大，为了提高供电可靠性，一般均采用中性点不接地或经消弧线圈接地的方式。

2）对于 110 kV 及以上的系统，主要考虑降低设备绝缘水平，简化继电保护装置，一般均采用中性点直接接地的方式。并采用送电线路全线架设避雷线和装设自动重合闸装置等措施，以提高供电可靠性。

3）20~60 kV 的系统，是一种中间情况，一般一相接地时的电容电流不是很大，网络不很复杂，设备绝缘水平的提高或降低对于造价影响不是很显著，所以一般均采用中性点经消弧线圈接地方式。

4）1 kV 以下的电网的中性点采用不接地方式运行。但电压为 380/220 V 的系统，中性点采用直接接地方式运行，采用三相五线制，零线是为了取得相电压，地线是为了安全。

1.1.6　低压配电系统的接地类型及应用

1. N 线（neutral wire）、PE 线（protective wire）、PEN 线（PEN wire）功能

（1）N 线（中性线）

用来接额定电压为相电压的单相设备，用来传导不平衡电流和单相电流，减小负荷中性点的电位偏移。

（2）PE 线（保护线）

是为保障人身安全，防止发生触电事故而设的接地线。

（3）PEN 线（保护中性线）

兼有 N 线、PE 线功能，习惯上称为"零线"，设备外壳接 PEN 或 PE 线的接地形式称为"接零"。

2. 保护接地的类型及应用

（1）TN 系统

本系统中中性点直接接地，所有设备的外露可导电部分均接公共的保护线（PE 线）或公共的保护中性线（PEN 线）。

要根据用电环境，选择配电类型。目前采用保护接零的低压配电方式有三种类型，即 TN-S 系统、TN-C-S 系统和 TN-C 系统。

1）TN-C 系统。

TN-C 系统是干线部分保护零线与工作零线完全共用的系统，如图 1-14 所示。也就是通常所说的三相四线制供电系统，PEN 线中可有电流通过，当 PEN 线断线时，会造成人身触电危险，且会造成有的相电压升高而烧毁单相用电设备，因此 PEN 线须连接牢固。适用于对安全及电磁干扰要求不高的场所，无爆炸危险和安全较好的场所。

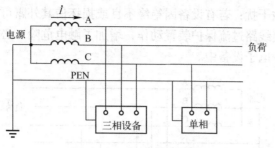

图 1-14 TN-C 供电系统

2）TN-S 系统。

保护线单独接地，TN-S 系统有专用的保护零线（PE 线），即保护零线（PE 线）与工作零线（N 线）完全分开的系统，也就是通常所说的三相五线制供电系统。如图 1-15 所示。PE 线中没有电流通过，所有设备之间不会产生电磁干扰；PE 线断线不会使设备外露可导电部分带电，比较安全。

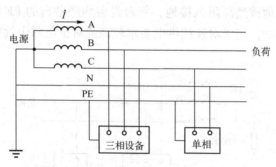

图 1-15 TN-S 供电系统

适用于电子设备、实验场所、爆炸危险性较大或安全要求较高的场所。随着经济的发展，在我国经济发达地区的居民用电也开始采用这种供电方式。

3）TN-C-S 系统。

TN-C-S 系统是干线部分保护零线的与工作零线的前部共用（构成 PEN 线），与工作零线的后部分分开的系统，如图 1-16 所示。运行方式灵活，兼有 TN-C 系统和 TN-S 系统的优越性，经济实用。适用于现代企业、民用建筑。

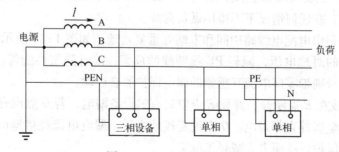

图 1-16 TN-C-S 供电系统

（2）TT 系统（三相四线制）。

它是每台设备均经过各自 PE 线单独接地的供电系统，如图 1-17 所示。

该系统可以抗电磁干扰；若有设备因绝缘不良或损坏使其外露可导电部分带电时，漏电电流一般很小不足以使线路过流保护装置动作，增加了触电危险。必须装设灵敏的漏电保护装置。广泛应用在各种电子设备中。

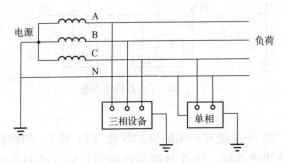

图1-17 TT供电系统

（3）IT系统（三相三线制）

它是指中性点不接地或经高阻抗接地，每台设备均经各自的PE线接地，如图1-18所示。需装设单相接地保护。用于对连续供电要求较高或对抗电磁干扰要求较高的易燃易爆场所。如矿井等。

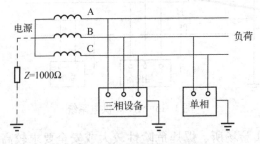

图1-18 IT供电系统

3. 电力低压供电系统在保护接零或保护接地时的注意事项

1）PE和PEN线上不准装开关和熔断器，否则容易造成断线，使保护接零失去作用。PE线的截面积不得小于工作零线。设备金属外壳与PE线之间的保护接零连线，应为横截面积不小于2.5 mm² 的绝缘多股铜线，应与PE或PEN的干线而不是支线连接。PE线的标志是黄、绿双色线，在任何情况下不得用做负荷线。

2）PE线应在引出电配电线路中间和末端处重复接地，如图1-19所示。重复接地的作用是降低漏电设备的对地电压，减轻PE线断线的危害，改善防雷性能等，但PEN线和N线不能重复接地，否则带零序电流互感器的漏电保护器会误动。

假设PE线因故在 E 点断开，并设 E 点以后有的设备漏电，若 O 点没有重复接地，则 E 点以后所有设备的金属外壳都带电。O 点重复接地之后，漏电电流经接地电阻 R_3 和 R_1 回到零点，相当于接地保护，从而大大减轻了危害。

3）凡是人体有可能接触电的部位都应装设接零或接地。应作为保护接零或保护接地的设备如下：

① 电机、变压器、电器、照明器具和手持电动工具的金属外壳；

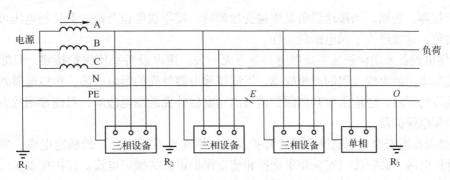

图 1-19 保护线重复接地

② 电气设备传动装置的金属部件；

③ 配电屏和控制屏的金属框架；

④ 室内外配电装置的金属框架及靠近带电部分的金属围栏、金属门；

⑤ 电力线管的金属保护敷设的钢索、起重机的轨道等；

⑥ 安装在电力线路杆塔上的开关、电容器、配电箱等电器装置的金属外壳及支架。

接地装置不符合要求，如接地电阻过大，接零或接地的保护作用便大为降低，要根据接地要求选择恰当的接地装置类型，要选择合适的接地点，接地装置埋设后要测量接地电阻是否合格。

一般低压电气设备接地装置的接地电阻应不大于 $4\,\Omega$，零线重复接地的接地电阻不应大于 $10\,\Omega$。

4) 除单相负荷外零线截面不得小于相线截面的，正常时零线中没有电流或只有很小的不平衡电流，所以截面可以比相线小。但从零线保护的安全和可靠出发，为使故障时有足够的短路电流促使保护装置迅速动作和降低故障时的零线对地电压，零线阻抗应尽量小。为此零线应有足够的面积。一般在满足线路单相负荷要求的前提下，零线截面不得小于相线截面的 1/2。保护零线还应有足够的机械强度，采用铜线时不得小于 $1.5\,mm^2$；采用铝线时不得小于 $2.5\,mm^2$；裸线明敷时，还应分别加大到 $4\,mm^2$ 和 $6\,mm^2$。

5) 设备的保护零线与工作零线连接必须牢靠，保证接触良好。保护零线应该接在设备的专用接地螺丝上；必要时可加弹簧垫圈或焊接。零线连接最好不使用铝线。设备的保护零线与工作零线的连接部位，应接在不易受到机械损伤的地方。设备的保护零线必须通过易受到机械损伤的地方时应对保护零线妥善保护。同时，要经常检查保护零线，发现隐患及时排除。

6) 单相负荷线路保护零线不得借用工作零线。在接三眼插座时，不准将插座上接电源零线的孔同保护零线的孔串联，否则，如果接零线路松落或折断，将会使设备金属外壳带电或当零线与火线接反时使外壳带电。三眼插座的正确接法是：将插座上接电源中线，即将工作零线的孔和保护零线的孔用两根导线并联后再接到公用工作零线上。也就是有单相负荷的线路，保护零线不得借用工作零线。另外，所有电器的保护零线不得串联，而应当直接连于公用工作零线。

7) 同一低压电网中不允许保护接地与保护接零混用在同一低压电网中（指同一台变压器或同一发电机供电的电网）。不允许将一部分用电设备采用保护接地，另一部分用电设备采用保护接零。否则，当接地设备发生碰壳故障时，使零线电位升高，其接触电压可达到相电压的数值，这就增大了触电的危险性。

8）用电设备采用保护接零防触电并非万无一失。用电设备采用保护接零，只能消除电器的外壳与电源的火线连接的严重故障，不能排除电器外壳的漏电故障，所以电器外壳在采用保护接零的同时，还应采取其他保护措施消除电器外壳的漏电故障，目前常用的方法是安装电流型漏电保护器。

9）必须按照安全要求选择和整定保护设备（熔断器或断路器）的额定电流。采用保护接零的低压电网，必须按照安全要求选择和整定保护设备的额定电流。保护接零实质上就是当用电设备发生漏电时，借零线形成单相回路，使漏电流加大为短路电流迫使线路上的保护装置迅速动作而切断电源。因此，保护接零必须有可靠的短路保护或过电流保护装置相配合。各种保护装置必须按照安全要求选择和整定，以提高保护接零的可靠性。保护装置动作后必须查清故障点和故障原因，特别应注意保护零线及其连接处在故障短路时是否受到损坏。

1.2 识读供配电系统简图

本节中通过分析典型的工厂供配电系统示意图，了解工厂供配电系统的组成、各主要构成环节的名称及作用；熟记工厂供配电系统示意图中各符号的含义；理解工厂供配电系统的基本概念；掌握电力用户对供电质量的要求；熟知工厂供配电电压等级，熟知电网、用电设备、发电机及变压器的额定电压等级；为设计工厂供配电系统打基础。

【学习目标】

1. 能读懂各种典型的工厂供配电系统示意图；
2. 掌握电网、用电设备、发电机及变压器的额定电压等级及关系；
3. 理解工厂供配电系统的基本概念；
4. 能为工厂供配电系统合理选择供配电电压；
5. 掌握电力用户对供电质量的要求。

1.2.1 工厂供配电系统的基本概念

工厂供配电系统就是将电力系统的电降压再分配电能到各个厂房或车间中去，一般大型工厂供配电系统是由工厂降压变电所；高压配电线路；车间变电所；低压配电线路及用电设备组成。如图1-19所示，用一根线表示三相线路，这是因为三相电路一般是对称的，所连接的设备都一样，所以三相电路用单相电路来表示，这样画出的电路简单、清晰，便于分析。

1. 具有总降压变电所的工厂供配电系统

某大型工厂供配电系统如图1-20所示，工厂总降压变电所有两路电源进线，这两路电源一般为两个独立的电源，电压为35~220 kV，经总降压变电所的变压器降压后变为6~10 kV的电压，再经过总降压变电所的6~10 kV母线分配，由6~10 kV高压配电线路将电能送至各车间变电所或高压配电所；再经过车间变电所的变压器降压，将6~10 kV的电压降至0.4 kV，由低压配电线路送到车间给低压用的设备供电。其中，总降压变电所用HSS表示，高压配电所用 HDS 表示，车间变电所用 STS 表示。

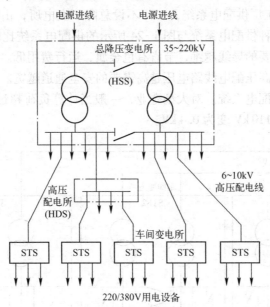

图 1-20　具有总降压变电所的工厂供配电系统示意图

变电所在供配电系统中起接受电能、变换电能和分配电能的作用。配电所中因为没有变压器，所以，配电所起接受电能和分配电能的作用。

2. 具有高压配电所的工厂供配电系统

某中型工厂供配电系统如图 1-21 所示，工厂不设总降压变电所，有两路电源进线电压为 6~10 kV，经高压配电所的 6~10 kV 母线分配，由 6~10 kV 高压配电线路将电能送至各车间变电所或高压用电设备；再经过车间变电所的变压器降压，将 6~10 kV 的电压降至0.4 kV，由低压配电线路送到车间给低压用电设备供电。其中 1 号车间和 2 号车间、2 号车间和 3 号车间之间都有低压联络线，起提高供电可靠性的作用。

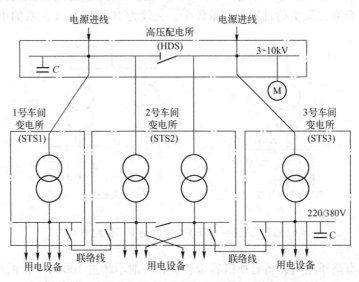

图 1-21　具有高压配电所的工厂供配电系统示意图

3. 将高压引入负荷中心的工厂供配电系统

如图 1-22 所示的工厂供配电系统，工厂不设总降压变电所，由两路 35 kV 电源进线直接送到车间变电所。这种供配电系统与图 1-24 所示的供配电系统比较，高压配电线路电压越高，电流越小，所需要的导线越细，节省有色金属，运行费用低。不设总降压变电所，节省了高压配电设备。但高压配电线路电压越高需要的安全通道越宽。如果工厂有足够的安全通道，可以采用这种供配电系统。对大型企业，一般当计算负荷超过 5600 kV·A 时，不设总变电所，直接将 35~110 kV 变为 0.4 kV。

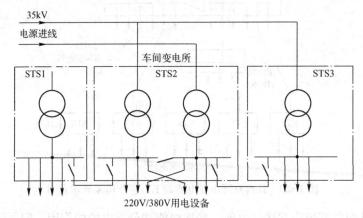

图 1-22　高压引入负荷中心的工厂供配电系统示意图

4. 只设一个降压变电所的工厂供配电系统

如图 1-23 所示的工厂供配电系统，工厂只设一个降压变电所，只有一路 6~10 kV 电源进线，经变压器降压，将 6~10 kV 的电压降至 0.4 kV，经变电所低压母线分配，由低压配电线路送到各个车间给低压用电设备供电。a 图所示的变电所，只有一台变压器，所以供电可靠性比右图所示的变电所低。但这种供配电系统，结构简单，经济性较好，所以如果工厂只有三级负荷且所需容量较少，一般为 1000 kV·A 左右的小型工厂，可以优先考虑。b 图所示的变电所，适合有二级负荷且所需容量较少，一般为 1000 kV·A 左右的小型工厂选用。

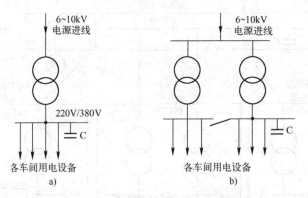

图 1-23　只设一个降压变电所的工厂供配电系统

如果工厂没有高压用电设备且所需容量较少，一般不超过 160 kV·A 的小型工厂，可以直接从公共电网进线，只设一个低压配电间即可，如图 1-24 所示。

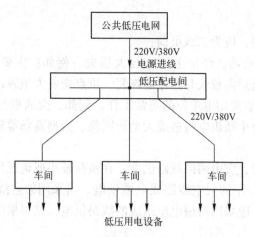

图1-24 只设一个低压配电所的工厂供配电系统

1.2.2 用电负荷的分类

在工业企业中，各类负荷的运行特点和重要性不一样，它们对供电的可靠性和电能品质的要求不同。为了合理地选择供电电源及设计供电系统，以适应不同的要求，我国将工业和企业的电力负荷按其对可靠性要求的不同划分为一级负荷、二级负荷和三级负荷。

1. 一级负荷

符合下列情况之一时，应为一级负荷：

1）中断供电将造成人身伤亡时。

2）中断供电将在政治、经济上造成重大损失时。例如：重大设备损坏、重大产品报废、用重要原料生产的产品大量报废、国民经济中重点企业的连续生产过程被打乱后需要长时间才能恢复等。

3）中断供电将影响有重大政治、经济意义的用电单位的正常工作。例如：重要交通枢纽、重要通信枢纽、重要宾馆、大型体育场馆、经常用于国际活动的大量人员集中的公共场所等用电单位中的重要电力负荷。

在一级负荷中，当中断供电将发生中毒、爆炸和火灾等情况的负荷，以及特别重要场所不允许发生中断供电的负荷，应视为一级负荷中特别重要的负荷称为保安负荷。

一级负荷的供电电源应符合下列规定：

一级负荷应由两个独立的电源供电；当一个电源发生故障时，另一个电源不应同时受到损坏。

作为安全保护用的负荷，除由两个独立的电源供电外，尚应增设应急电源，并严禁将其他负荷接入应急供电系统。

下列电源可作为应急电源：

1）独立于正常电源的发电机组。

2）供电网络中独立于正常电源的专用馈电线路。

3）蓄电池。

4）干电池。

2. 二级负荷

符合下列情况之一时，应为二级负荷：

1）中断供电时将在政治、经济上造成较大损失。例如：主要设备损坏、大量产品报废、连续生产过程被打乱后需较长时间才能恢复、重点企业大量减产等。

2）中断供电将影响重要用电单位的正常工作。例如：交通枢纽、通信枢纽等用电单位中的重要电力负荷，以及中断供电将造成大型影剧院、大型商场等较多人员集中的重要公共场所秩序混乱。

二级负荷的供电系统，宜由两回线路供电。在负荷较小或地区供电条件困难时，二级负荷可由一回 6 kV 及以上专用的架空线路或电缆供电。当采用架空线时，可为一回架空线供电；当采用电缆线路时，应采用两根电缆组成的线路供电，其每根电缆应能承受 100% 的二级负荷。

3. 三级负荷

所有不属于一级和二级负荷的电能用户均属于三级负荷。三级负荷对供电无特殊要求，允许较长时间停电，可采用单回路供电。

车间用电负荷的级别见表 1-2。

表 1-2　车间用电负荷的级别

序 号	车 间	用 电 设 备	负荷级别
1	金属加工车间	价格昂贵、作用重大、稀有的大型数控机床	一级
		价格贵、作用大、数量多的数控机床	二级
2	铸造车间	冲天炉鼓风机、30 t 及以上的浇铸起重机	二级
3	热处理车间	井式炉专用淬火起重机、井式炉油槽抽油泵	二级
4	锻压车间	锻造专用起重机、水压机、高压水泵、油压机	二级
5	电镀车间	大型电镀用的整流设备、自动流水作业生产线	二级
6	模具成型车间	隧道窑鼓风机、卷扬机	二级
7	层压制品车间	压塑料机及供热锅炉	二级
8	线缆车间	冷却水泵、鼓风机、润滑泵、高压水泵、水压机、真空泵、液压泵、收线用电设备、漆泵电加热设备	二级
9	空压站	单台 60 m³/min 以上空压机	二级
		有高位油箱的离心式压缩机、润滑油泵	二级
		离心式压缩机润滑油泵	一级

1.2.3　工厂供配电电压的选择

地区变电所向工厂供电的电压及工厂内部的配电电压的选择与很多因素有关，但主要取决于地区电力网的电压、工厂用电设备的容量和输送距离等。

1. 工厂供电电压的选择依据

1）工厂附近电力网的电压和备用电源情况；

2）工厂高压电动机及其他高压用电设备的电压等级及工厂用电设备的容量；

3）输送距离；

4）工厂的供电功率因数高低；

5）导线的横截面；

6）工厂供电设备的运行费用和折旧率；

7）尽量减少工厂内电压等级。

运行经验表明：参照表 1-3 中的数据选择比较经济合理。

表 1-3　常用各级电压适宜的输送容量与输送距离

线路电压/kV	输送功率/kW	输送距离/km
0.38	100 以下	0.6
3	100~1 000	1~3
6	100~1 200	4~15
10	200~2 000	6~20
35	2 000~10 000	20~50
110	10 000~50 000	50~150
220	100 000~500 000	100~300

2. 工厂配电电压的选择

（1）工厂的高压配电电压

一般选用 6~10 kV。额定电压 6 kV、10 kV 的开关设备，当其切断容量相同时，价格相差不大。供电线路传输功率相同条件下（一般在 500 kW），10 kV 比 6 kV 可以减少投资，节约有色金属，减少线路电能损耗和电压损耗，提高供电质量，更适应发展，所以工厂内部一般选用 10 kV 作为高压配电电压。但如果工厂供电电源的电压就是 6 kV，或工厂使用的 6 kV 电动机多而且分散，可以采用 6 kV 的配电电压。3 kV 的电压等级太低，作为配电电压经济性差。

（2）工厂的低压配电电压

工厂的低压配电电压由用电设备性质决定。它的选择依据工厂绝大多数低压用电设备的额定电压、容量、输送距离、运行费用及供电质量等。

工厂的低压配电电压，除因安全或特殊情况外，一般采用 380 V/220 V，因为工厂绝大多数低压用电设备的额定电压 380 V/220 V。380 V 为三相配电电压，供电给三相用电设备及 380 V 单相用电设备。220 V 作为单相配电电压，供电给一般照明灯具及 220 V 单相用电设备。对矿山及化工等部门，因其负荷中心离变电所较远，为了减少线路电压损耗和电能损耗，提高负荷端的电压水平，也有采用 660 V 低压配电电压的。潮湿地方为 36 V；英、美、法为 500 V。

习题

一、填空题

1. 电力系统是由_____、_____、_____和_____组成的一个整体。

2. 变电所的功能是_____电能、_____电压和_____电能。

3. 电力线路的作用是将发电厂、变电所和电能用户连接起来，完成_____电能和

_____电能的任务。

4. 对工厂供配电的基本要求是_____、_____、_____、_____。

5. 中性点的运行方式有_____和_____两种。

6. 衡量供电质量的主要指标是_____、_____和_____。

7. 工厂供配电系统是由_____、_____、_____、_____和_____组成的一个整体。

8. 一级负荷中特别重要的负荷，除由_____个独立电源供电外，还应增设_____，并严禁其他负荷接入。

二、判断题

1. 变电所与配电所的区别是变电所有变换电压的功能。　　　　　　　　（　　）

2. 电力系统发生短路故障时，系统网络的总阻抗会突然增加。　　　　　（　　）

3. 中性点接地是保护接地。　　　　　　　　　　　　　　　　　　　　（　　）

4. 在小电流接地系统中发生单相接地故障时，因不破坏系统电压的对称，所以一般允许短时运行。　　　　　　　　　　　　　　　　　　　　　　　　　　　　　（　　）

5. 工厂高压配电电压一般选用 35～110 kV。　　　　　　　　　　　　　（　　）

三、选择题

1. 由两个独立电源供电，必要时增设应急电源。中断供电将造成人员伤亡或在政治上经济上造成重大损失者，以及特别重要的负荷为（　　）负荷。

A. 一级负荷　　　　　　　　B. 二级负荷　　　　　C. 三级负荷

2. （　　）系统中首选中性点不接地运行方式。

A. 1105 kV 以上高压　B. 6～35 kV 中压　　　C. 1 kV 以下低压

3. 一般没有高压用电设备的小型工厂，可选用（　　）电压供电。

A. 220/380 V　　　　　　B. 6～10 kV　　　　　C. 35～110 kV

四、简答题

1. 发电机、用电设备和变压器三者的额定电压是如何规定的？为什么？

2. 什么是电力网？

3. 配电所的任务是什么？

4. 变电所的任务是什么？

5. 电力线路的作用是什么？

五、计算题

已知如图 1-25 所示系统中线路的额定电压，试求发电机和变压器的额定电压。

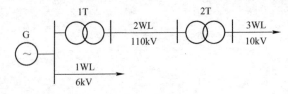

图 1-25　第五题图

第2章 变电所认知

2.1 变电所地址选择

本节中通过分析各类变电所的特点，引导学生理解变电所位置选择原则，使学生能为工厂的变配电所确定合理的位置。

【学习目标】

1. 了解车间变电所的类型；
2. 分析各类车间变电所的特点和适用范围；
3. 理解工厂变电所的位置选择原则；
4. 能根据车间负荷情况，合理选择变电所位置。

2.1.1 变电所类型

变电所是接受电能、变换电压、分配电能的环节，是供配电系统的重要组成部分。

变电所按其在供配电系统中的地位和作用分为总降压变电所、车间变电所、柱上变电所、组合式变电所、建筑物及高层建筑物变电所等。

1. 总降压变电所（35~110 kV/6~10 kV）

用户是否要设置总降压变电所，是由地区供电电源的电压等级和企业负荷大小及分布情况而定。

对大中型用户，由于负荷较大，往往采用35 kV（或以上）供电，再降压至10 kV或6 kV向各车间变电所和高压用电设备配电，这种降压变电所称为总降压变电所。

2. 车间变电所

（1）附设式车间变电所

附设式车间变电所是利用车间的一面或两面墙壁，而其变压器室的大门朝外开，车间附设变电所又分内附式和外附式，如图2-1所示。

① 内附式车间变电所如图2-1中1、2所示。

优点：利用车间的一面或两面墙壁，所以建筑费用低，比较经济；车间外观美观，离负荷比较近，减少有色金属消耗量，降低配电系统的电压损耗、电能损耗，保证电压质量；外观美观。

缺点：占用车间面积；离负荷比较近，所以安全性较差。

适用于面积不太大，设备位置不是很稳定的车间。

② 外附式车间变电所如图2-1中3、4所示。

优点：离负荷比较远，所以安全性较好；利用车间的一面墙壁，所以建筑费用低，比较经济；不占用车间面积。

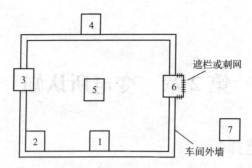

图 2-1 车间变电所与车间的位置关系

1、2—内附式 3、4—外附式 5—车间内式 6—露天（半露天）式 7—独立式

缺点：离负荷比较远，所以有色金属消耗量较大，配电线路的电压损耗、电能损耗较大，经济性较差。外观不美观。

适用于面积不太大，设备不是很多并且对安全要求比较高的车间。

（2）车间内变电所如图 2-1 中 5 所示，位于车间内的单独房间内。

优点：变电所深入负荷中心，缩短了低压配电线路距离，减少了有色金属消耗量，降低配电系统的电压损耗、电能损耗，保证电压质量，技术经济性较好。

缺点：占用车间面积；不安全，防火要求高。

适用于面积大、负荷重、大容量且设备位置相当稳定的车间。

（3）露天式变电所如图 2-1 中 6 所示，位于车间外的围栏内。

优点：建筑费低，经济；不占用车间面积；安全；通风散热好；不受车间影响。

缺点：受外界环境影响，容易出故障，维修不方便。

适用于负荷不重要，且车间外环境正常的车间。

3. 独立变电所

独立变电所如图 2-1 中 7 所示，独立变电所位于车间外的单独房间内，适用于总降压变电所和高压配电所，以及各车间负荷小而分散且有易燃易爆物或腐蚀性气体的场所。独立变电所与车间的位置关系如图 2-2 所示。

优点：不占用车间面积；安全；不受车间影响。

缺点：离负荷比较远，所以有色金属消耗量较大，配电线路的电压损耗、电能损耗较大，经济性较差，建筑费用较高。

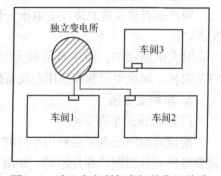

图 2-2 独立变电所与车间的位置关系

4. 柱上变电所

柱上变电所的变电器安装在室外电杆上，适用于 315 kV·A 及以下变压器，常用于居民区、用电负荷小的用电单位。其具有建筑费低、经济，通风散热好的优点。缺点是容易受外界环境影响，容易出故障，维修不方便。

5. 组合式变电所

变电器、母线、高低压开关都安装在室外独立的小房子内，结构紧凑，占地少，美观，安装方便，安全可靠性高，运行维护工作量少，适用于给生活区和车间供电。

6. 建筑物及高层建筑物变电所

建筑物及高层建筑物变电所是民用建筑中经常采用的变电所形式。

① 楼内建筑物变电所：置于高层建筑物的地下室、中间某层高层变压器一律采用干式变压器。

② 辅助建筑物变电所：置于离开高层建筑物的辅助建筑物内，变压器采用油浸式变压器。

7. 变电所形式的选择

1）车间面积不太大，设备位置不很稳定，宜设附设式变电所或半露天式变电所。

2）负荷较大的多跨厂房，负荷中心在厂房的中部且环境许可时，宜设车间内变电所。

3）高层或大型民用建筑内，宜设室内变电所或组合式成套变电站。

4）负荷小而分散的工业企业和大中城市的居民区，宜设独立变电所，有条件时也可设附设式变电所或户外箱式变电站。

5）环境允许的中小城镇居民区和工厂的生活区，当变压器容量在315kV·A 及以下时，宜设柱上式或高台式变电所。

2.1.2 工厂变电所位置选择原则

1. 工厂变电所的置选择原则

1）尽量接近负荷中心，以缩短低压配电线路距离，减少有色金属消耗量，降低配电系统的电压损耗、电能损耗，保证电压质量。

2）接近电源侧。

3）进线、出线方便。

4）设备运输、安装方便。

5）避开剧烈振动、高温场所，避开多尘有腐蚀性气体场所，避开有爆炸、火灾危险的场所。

6）尽量使高压配电所与邻近车间变电所或有高压电气设备的厂房合建。

7）为工厂的发展和负荷的增加留有扩建的余地。

8）不应设在厕所、浴室或经常积水场所且不宜与上述场所相贴邻。不应设在地势低洼和可能积水的场所。

9）装有可燃性油浸电力变压器的车间内变电所，不应设在等级为三、四级耐火的建筑物内；当设在二级耐火等级的建筑物内时，建筑物应采取局部防火措施。

10）多层建筑中，装有可燃性油的电气设备的变电所应设置在底层靠外墙部位，且不应设在人员密集场所的正上方、正下方、贴邻和疏散出口的两旁。

11）高层主体建筑内不宜设置装有可燃性油的电气设备的配电所，当受条件限制必须设置时，应设在底层靠外墙部位，且不应设在人员密集场所的正上方、正下方以及疏散出口的两旁，并应按现行国家标准《高层民用建筑设计防火规范》有关规定，采取相应的防火措施。

12）露天或半露天的变电所，不应将其设置在下列场所：

① 有腐蚀性气体的场所；

② 耐火等级为四级的建筑物旁；

③ 附近有棉、粮及其他易燃、易爆物品集中的露天场所；

④ 容易沉积可燃粉尘、可燃纤维、灰尘或导电尘埃且严重影响变压器安全运行的场所。

2. 负荷中心的求法

变电所的位置应尽量接近负荷中心，工厂的负荷中心的位置可以用下面的方法近似确定用功率矩法确定。

（1）利用负荷指示图直观地确定负荷中心

负荷指示图是将电力负荷按一定的比例，用负荷圆的形式将其标明在变电所供电的厂区平面图上，各个车间负荷圆的圆心应与车间的负荷中心大致相符，负荷圆的半径为：

$$r=\sqrt{\frac{P_{30}}{K\pi}}$$ (2-1)

式中 K——负荷圆的比例系数，单位为 kW/mm^2。

图 2-3 所示是某工厂的负荷指示图，图中某一负荷圆的面积表示该负荷的大小，圆心位于该负荷的负荷中心。由此图可以直观地确定该企业的负荷中心。再结合工厂变电所位置的选择原则，就可以确定变电所的位置。

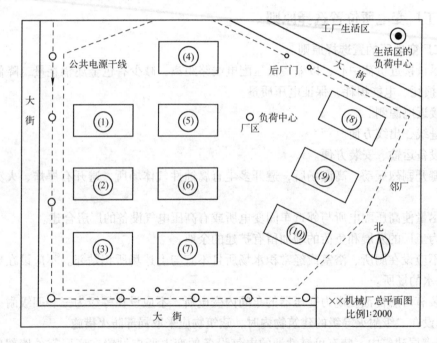

图 2-3 某工厂的负荷指示图

（2）按负荷功率矩法确定负荷中心

负荷功率矩法又称静态负荷中心计算法，它是先建立直角坐标系（图 2-4），即在工厂平面图的下边和左侧，任作一直角坐标；再测出各车间和宿舍区负荷点的坐标位置，例如 $P_1(x_1,y_1)$、$P_2(x_2,y_2)$、$P_3(x_3,y_3)$、…、$P_i(x_i,y_i)$ 等。然后标出各负荷的直角坐标，而工厂的负荷中心设在 $P(x,y)$，再仿照静力学中求重心的力矩方程的方法，求出负荷中心的坐标为

28

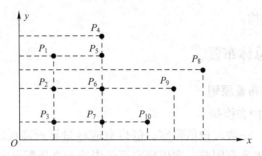

图 2-4 按负荷功率法建立直角坐标系

$$x = \frac{P_1x_1 + P_2x_2 + P_3x_3 + \cdots}{P_1 + P_2 + P_3 + \cdots} = \frac{\sum(P_ix_i)}{\sum P_i} \quad (2\text{-}2)$$

$$y = \frac{P_1y_1 + P_2y_2 + P_3y_3 + \cdots}{P_1 + P_2 + P_3 + \cdots} = \frac{\sum(p_iy_i)}{\sum P_i} \quad (2\text{-}3)$$

式中 P_i——各负荷的有功计算负荷;

(x_i, y_i)——各负荷的直角坐标。

（3）按负荷电能矩法确定负荷中心

由于各负荷的工作时间不一定相同，因此负荷中心也就不是固定不变的，负荷中心不只与各负荷大小有关，而且还与各负荷的工作时间有关。因此提出了按负荷电能矩法确定负荷中心的动态负荷中心计算法。

$$x = \frac{\sum(P_iT_{Mi}x_i)}{\sum(P_it_i)} \quad (2\text{-}4)$$

$$y = \frac{\sum(P_iT_{Mi}y_i)}{\sum(P_it_i)} \quad (2\text{-}5)$$

式中 T_{Mi}——最大负荷可利用的小时数。

实际影响变电所的位置的因素有很多，在确定变电所的位置时，应结合实际情况，综合考虑，进行技术、经济比较，才能选出较为理想的变电所的位置。

2.2 变电所总体布置

本节中通过学习变电所的总体布置原则，要求能灵活应用变电所的总体布置原则，在实际应用中合理布置变压器室、高低压配电室、高低压电容室、控制室等。

【学习目标】

1. 了解变电所的布置形式;

2. 掌握变电所总体布置原则;

3. 了解变电所的结构。

2.2.1　工厂变电所总体布置

1. 工厂变电所总体布置原则

（1）便于运行、维护和检修

有人值班的变电所，一般应设值班室。值班室应尽量靠近高低压配电室，且有门直通。如果值班室靠近高压配电室有困难，则值班室可经走廊与高压配电室相通。值班室也可与低压配电室合并。主控制室的位置宜布置在便于运行人员相互联系，便于巡视检查及观察屋外设备和减少电缆长度，避开噪声影响的地段，可布置在主配电装置一侧、配电装置之间或结合所前设施区进行布置。

主变压器室尽量靠近交通运输方便的马路侧。条件许可时，可单设工具材料室或维修间。昼夜值班的变配电所，宜设休息室。有人值班的独立变配电所，宜设有厕所和给排水设施。

（2）保证运行安全

值班室内不应有高压设备。值班室的门应朝外开。变压器室、高低压配电室和电容器室的门应朝值班室开，或朝外开。值班室和主控制室宜朝南，炎热地区宜面向夏季盛行风向，变压器室和电容器室应避免日晒。变电所所内场地应高于或局部高于所外地面，以有利于所区排水；所区应避开滑坡、滚石、洞穴、冲沟、岸边冲刷区、塌陷区等不良地质构造。配电室的设置应符合安全和防火要求。变电所不允许热力管道、燃气管道等各种管道从变电所内经过。

（3）便于进、出线

如果是架空线路进线，则高压配电室宜位于进线侧。因为变压器低压出线通常是采用矩形裸母线，所以变压器的安装位置，宜靠近低压配电室。低压配电室宜位于其低压架空出线侧。35 kV 及以下的屋内配电装置宜与主控制室毗连布置，或靠近主控制楼室布置。

（4）节约土地和建筑费用

值班室可与低压配电室合建。高压开关柜不多于 6 台时，可与低压配电屏设置在同一房间内，但高压柜与低压配电屏之间的距离不得小于 2 m。高压电容器柜数量较少时，可装设在高压配电室内。周围环境正常的变电所可采用露天式，即变压器安装在户外。高压配电所应尽量与邻近的车间变电所合建。屋外配电装置应布置紧凑，不小于最小宽度，排列整齐，便于扩建和检修，搬运设备安全方便。110 kV 和 220 kV 配电装置宜采用半高型或高型布置，以及采用其他用地省的布置方式和措施。

（5）适应扩大和发展要求

对高、低压配电室应留有适当数量开关柜的备用位置。变压器室应考虑扩建时安装大一级容量变压器的可能。

2. 变电所的布置方案

1）10 kV 高压配电所和附设式车间变电所的布置方案如图 2-5 所示。

2）车间变电所的布置方案如图 2-6 所示。

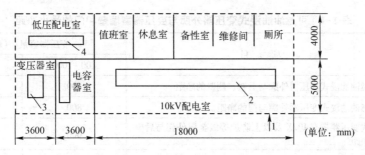

图 2-5　10 kV 高压配电所和附设式车间变电所的布置

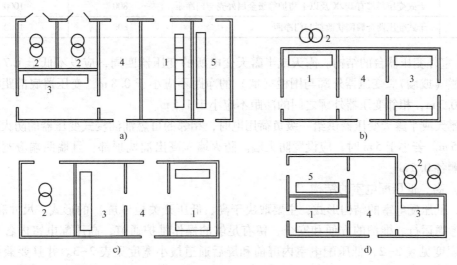

图 2-6　车间变电所的布置

a) 室内型（有两台变压器，有值班室和电容器室）　b) 室外型（一台变压器，有值班室）
c) 室内型（有一台变压器，有值班室）　d) 室外型（两台变压器，有值班室和电容器室）

2.2.2　变电所的结构

（1）变压器室和室外变压器台的结构

1）变压器室的结构。变压器室的结构形式取决于变压器的形式、容量、放置方式、主接线方案及进出线的方式和方向等很多因素，并应考虑运行、维护的安全以及通风、防火等问题。另外，考虑到今后的发展，变压器室宜有更换大一级容量的可能性。

变压器室的门要向外开。室内只设通风窗，不设采光窗。进风窗设在变压器室前门的下方，出风窗设在变压器室的上方，并应有防止雨、雪和蛇、鼠类小动物从门、窗及电缆沟等进入室内的设施。通风窗的面积，根据变压器的容量、进风温度及变压器中心与出风窗中心的距离等因素确定。变压器室一般采用自然通风。夏季的排风温度不宜高于45℃，进风和排风的温差不宜大于15℃。通风窗应采用非燃烧材料。

变压器室的布置方式按变压器推进方式，分为宽面推进式和窄面推进式两种。

变压器室的地坪按通风要求，分为地坪抬高和不抬高两种形式。变压器室的地坪抬高时，通风散热更好，但建筑费用较高。变压器容量在630 kV·A 及以下的变压器室地坪，一般不予抬高。可燃油油浸式变压器外廓与变压器室墙壁和门的最小净距见表2-1。

表 2-1　可燃油油浸式变压器外廓与变压器室墙壁和门的最小净距　　　　　（mm）

序 号	项 目	变压器容量/（kV·A）	
		100~1000	1250 及以上
1	可燃油油浸式变压器外廓与后壁、侧壁的净距	600	800
2	可燃油油浸式变压器外廓与门的净距	800	1000
3	干式变压器带有 IP2X 及以上防护等级金属外壳与后壁、侧壁净距	600	800
4	干式变压器金属网状遮栏与后壁、侧壁净距	600	800
5	干式变压器带有 IP2X 及以上防护等级金属外壳与门净距	800	1000
6	干式变压器金属网状遮栏与门净距	800	1000

2）室外变压器台的结构。露天或半露天变电所的变压器四周，应设不低于 1.7m 高的固定围栏（或墙）。变压器外廓与围栏（墙）的净距不应小于 0.8m，变压器底部距地面不应小于 0.3m，相邻变压器外廓之间的净距不应小于 1.5m。

当露天或半露天变压器供给一级负荷用电时，相邻的可燃油油浸式变压器的防火净距不应小于 5m。若小于 5m 时，应设置防火墙。防火墙应高出油枕顶部，且墙两端应宽出挡油设施两侧各 0.5m。

（2）高、低压配电室的结构

高、低压配电室的结构形式，主要取决于高、低压开关柜（屏）的形式、尺寸和数量，同时要考虑运行、维护的方便和安全，留有足够的操作维护通道，高压配电室内各种通道的最小宽度见表 2-2，低压配电室内屏前和屏后通道最小宽度见表 2-3。并且要兼顾今后的发展，留有适当数量的备用开关柜（屏）的位置，但占地面积不宜过大，建筑费用不宜过高。

表 2-2　高压配电室内各种通道的最小宽度

开关柜布置方式	柜后维护通道/mm	柜前操作通道/mm	
		固定柜式	手车柜式
单列布置	800	1500	单车长度+1200
双列面对面布置	800	2000	双车长度+900
双列背对背布置	1000	1500	单车长度+1200

注：1. 固定式开关柜为靠墙布置时，柜后与墙净距应大于 50mm，侧面与墙净距应大于 200mm。

2. 通道宽度在建筑物的墙面遇有柱类局部凸出时，凸出部分的通道宽度可减少 200mm。

3. 当电源从柜后进线且需在柜正背后墙上另设隔离开关及其手动操作机构时，柜后通道净距不应小于 1.5m，当柜背后的防护等级为 IPX2 时，可减为 1.3m。

表 2-3　低压配电室内屏前、后通道最小宽度

配电柜形式	配电柜布置形式	屏前通道/mm	屏后通道/mm
固定式	单列布置	1500	1000
	双列面对面布置	2000	10000
	双列背对背布置	1500	1500

配电柜形式	配电柜布置形式	屏前通道/mm	屏后通道/mm
抽屉式	单列布置	1800	1000
	双列面对面布置	2300	1000
	双列背对背布置	1800	1000

注：当建筑物墙面遇有柱类局部凸出时，凸出部位的通道宽度可减少200mm。

采用电缆进出线装设GG-1A（F）型开关柜（其柜高3.1m）的高压配电室高度为4m，如果采用架空进出线时，高压配电室高度应在4.2m以上。如采用电缆进出线，而开关柜为手车式（一般高2.2m）时，高压配电室高度可降为3.5m。为了布线和检修的需要，高压开关柜下面设有电缆沟。

低压配电室的高度，应与变压器室综合考虑，以便于变压器低压出线。当配电室与抬高地坪的变压器室相邻时，配电室高度不应小于4m。当配电室与不抬高地坪的变压器相邻时，配电室高度不应小于3.5m。为了布线需要，低压配电屏下面也设有电缆沟。

高压配电室的耐火等级不应低于二级，低压配电室的耐火等级不应低于三级。

高压配电室宜设不能开启的自然采光窗，窗台距室外地坪不宜低于1.8m；低压配电室可设能开启的自然采光窗。配电室临街的一面不宜开窗。

高、低压配电室的门应向外开。相邻配电室之间有门时，其门应能双向开起。

配电室应设置防止雨、雪的设施以及防止小动物从采光窗、通风窗、门、电缆沟等进入室内的设施。

长度大于7m的配电室应设两个出口，并宜设在配电室的两端。长度大于60m时，宜再增加一个出口。

（3）高、低压电容器室的结构

高、低压电容器室采用的电容器柜，通常都是成套型的。按GB 50053—2013规定，成套电容器柜单列布置时，柜下面与墙面距离不应小于1.5m；当双列布置时，柜面之间距离不应小于2.0m。

高压电容器室的耐火等级不应低于二级，低压电容器室的耐火等级不应低于三级。

电容器室应有良好的自然通风，当自然通风不能满足排热要求时，可增设机械式排风。电容器室应设温度指示装置。

电容器室的门也应向外开。

电容器室也应设置防止雨、雪的设施以及防止小动物从采光窗、通风窗、门、电缆沟等进入室内的设施。

电容器室的顶棚、墙面及地面的建筑要求与配电室相同。

（4）值班室的结构

值班室的结构形式要结合变配电所的总体布置和值班工作要求全盘考虑。例如，值班室要有良好的自然采光，采光窗宜朝南；值班室内除通往配电室、电容器室的门外，通往外边的门，应向外开。这样才能利于运行维护。

（5）控制室的结构

控制室通常与值班室合在一起，控制屏、中央信号屏、继电器屏、直流电源屏、所用电屏安装在控制室。

（6）箱式变电所的结构

组合式变电所又称箱式变电所，它把变压器和高、低压电气设备按一定的一次接线方案组合在一起，置于一个箱体内，具有变电、电能计量、无功补偿、动力配电、照明配电等多种功能。

组合式变电所分户内式和户外式两大类。户内式目前主要用于高层建筑和民用建筑群的供电，户外式主要用于企业、公共建筑和住宅小区的供电。

习题

一、填空题

1. 车间变电所主要类型有_____、_____、_____、_____、_____等。

2. 变电所的布置形式有_____、_____和_____三种。户内式又分为_____和_____，视投资和土地情况而定。

二、简答题

1. 独立变电所的特点？

2. 变配电所形式的选择原则？

3. 车间变电所的类型？

4. 附设式变电所的特点？

5. 车间内变电所特点？

6. 高层建筑物变电所的特点？

7. 组合式变电所的特点及应用？

8. 工厂变配电所的位置选择原则？

9. 露天或半露天的变电所，不应设置在哪些场所？

10. 工厂变配电所总体布置原则是什么？

三、识图题

如图 2-7 所示，请指出哪个是变压器室？哪个是高低压配电室？哪个是值班室？哪个是高压电容器室？哪个是维修间或工具间？哪个是休息室或生活间？

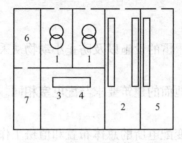

图 2-7　变压器室总体布置图

第3章　电力变压器的运行与维护

在生产和生活中，常常会用到各种高、低不同的电压，例如：工厂中常用到的三相交流电动机，它的额定电压是 380 V 或 220 V，而机床用照明、低压电钻，只需要 24 V 或 36 V，甚至更低。如果我们采用很多电压不同的发电机来供给这些负载，不经济、不方便、也不实用。变压器的应用使人们能够方便地解决输电和用电这一矛盾。

3.1　变压器的使用与维护

本节中通过学习常用电力变压器的主要结构、分类、额定参数、联结组，为正确使用、运行与维护变压器打基础。

【学习目标】

1. 了解变压器的主要结构；
2. 了解变压器的分类；
3. 理解变压器的额定参数；
4. 掌握变压器的联结组。

3.1.1　常用电力变压器

变压器是一种静止电器，它通过线圈间的电磁感应，将一种电压等级的交流电能转换成同频率的另一种电压等级的交流电能。

1. 油浸式电力变压器

（1）电力变压器结构

电力变压器从结构上看，铁心和绕组是变压器的两大主要部分。图 3-1 所示为普通三相油浸式电力变压器的结构图。现介绍油浸式电力变压器的结构及各部分的作用。

1）铁心。

铁心是变压器的磁路部分，为了提高导磁性能和减少铁损，用 0.35 mm 或 0.27 mm 厚、表面涂有绝缘漆的冷轧硅钢片叠成。由铁心柱和铁轭两部分组成。

变压器按铁心结构一般分为心式（图 3-2）和壳式（图 3-3）两类，我国电力变压器主要采用心式铁心。近年来，大量涌现的节能性配电变压器均采用卷铁心结构。

铁心必须接地。铁心是金属结构件，在线圈的电场作用下，具有不同的电位，与油箱电位又不同。它们之间电位差不大，可通过很小的绝缘距离而断续放电。放电一方面使油分解，另一方面无法确认变压器在试验和运行中的状态是否正常。因此铁心及其金属结构件必须经油箱面接地（对于铁心柱和铁轭螺杆，则由于电容的耦合作用认为它们与铁心电位一样，不需接地），且要确保电气接通。

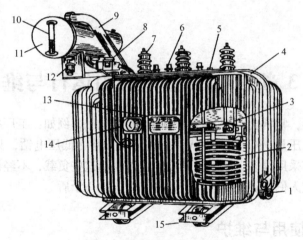

图 3-1　油浸式电力变压器

1—油阀　2—绕组　3—铁心　4—油箱　5—分接开关　6—低压导管　7—高压导管　8—瓦斯继电器
9—防爆筒　10—油位器　11—油枕　12—吸湿器　13—铭牌　14—温度计　15—小车

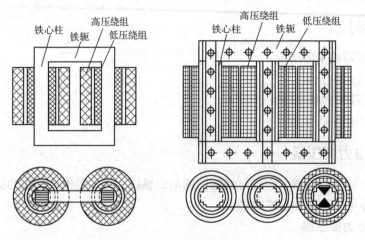

图 3-2　心式变压器绕组

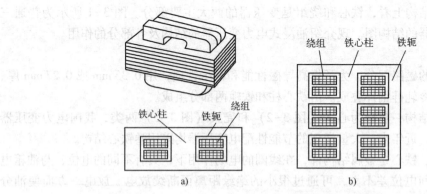

图 3-3　壳式变压器绕组

a）单相　b）三相

2）绕组。

绕组是变压器的电路部分，一般用绝缘铜线或铝线绕制而成。为了使绕组便于制造且具

36

有良好的机械性能，一般把绕组做成圆筒形。

变压器按绕组结构一般分为同心式和交叠式两类，我国电力变压器主要采用同心式。

① 同心式绕组。

同心式绕组是把高压绕组与低压绕组套在同一个铁心柱上，一般是将低压绕组放在里边，高压绕组套在外边，以便绝缘处理，如图3-4所示。但大容量：输出电流很大的电力变压器，低压绕组引出线的工艺复杂，往往把低压绕组放在高压绕组的外面。

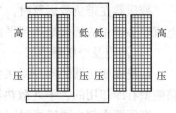

图3-4　同心式变压器绕组

同心式绕组结构简单、绕制方便，故被广泛采用。按照绕制方法的不同，同心式绕组又可分为圆筒式、螺旋式、连续式、纠结式等几种，如图3-5所示。

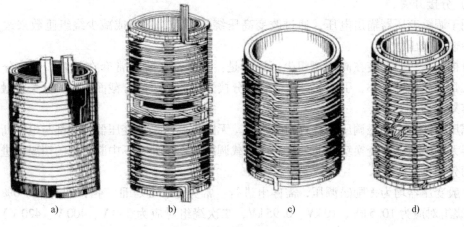

图3-5　变压器绕组形式

a）圆筒式　b）螺旋式　c）连续式　d）纠结式

② 交叠式绕组。

交叠式绕组又叫交错式绕组，在同一个铁心柱上，高压绕组、低压绕组交替排列、绝缘工艺较复杂、包扎工作量较大，如图3-6所示。它的优点是力学性能较好，引出线的布置和焊接比较方便、漏电抗较小，一般用于电压为35kV及以下的电炉变压器中。

③ 高、低压绕组的排列方式比较。

变压器高、低压绕组的排列方式，是由多种因素决

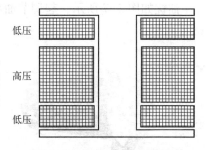

图3-6　交叠式变压器绕组

定的。但就大多数变压器来讲，是把低压绕组布置在高压绕组的里边。这主要是从绝缘方面考虑的。理论上，不管高压绕组或低压绕组怎样布置，都能起变压作用。但因为变压器的铁心是接地的，由于低压绕组靠近铁心，从绝缘角度容易做到。如果将高压绕组靠近铁心，则由于高压绕组电压很高，要达到绝缘要求，就需要很多的绝缘材料和较大的绝缘距离。这样不但增大了绕组的体积，而且浪费了绝缘材料。

再者，由于变压器的电压调节是靠改变高压绕组的抽头，即改变其匝数来实现的，因此把高压绕组安置在低压绕组的外边，引线也较容易。

变压器在带负载运行时，当二次电流增大时，变压器要维持铁心中的主磁通不变，一次电流也必须相应增大来达到平衡二次电流的目的。

3）油箱及变压器油。

油浸式变压器的器身浸在变压器油的油箱中。变压器油是冷却介质，又是绝缘介质。油箱侧壁有冷却用的管子（散热器或冷却器）。

变压器内部主要绝缘材料有变压器油、绝缘纸板、电缆纸、皱纹纸等。

根据变压器的大小油箱结构可分为：

吊器身式——多用于 6300 kV·A 及以下的变压器，其箱沿设在顶部。

吊箱壳式——多用于 8000 kV·A 及以上的变压器，其箱沿设在下部，上节箱身做成钟罩形，故又称钟罩式油箱。

4）分接开关。

用于调整变压器输出电压，通过改变高压绕组抽头，增加或减少绕组匝数来改变电压比，使输出电压稳定。

分接开关一般安装在高压绕组上。原因是：一是高压绕组常套在外侧，引出分接头方便；二是高压侧电流小，引出的分接引线和分接开关的载流部分截面积小，开关接触的触头也较容易制造。

调压方式有无励磁调压和有载调压两种。无励磁调压是把变压器各侧都与电网断开，在变压器无励磁情况下变换绕组的分接头；有载调压是变压器在不中断负载的情况下进行变换绕组的分接头。

一般变压器均为无励磁调压，需停电进行：常分 Ⅰ、Ⅱ、Ⅲ 三挡，即 +5%、0%、−5%（一次绕组对应为 10.5 kV、10 kV、0.95 kV，二次绕组对应为 380 V、400 V、420 V），出厂时一般置于 Ⅱ 挡。

5）油枕。

油枕如图 3-7 所示，起调节油箱油量，防止变压器油过速氧化的作用。

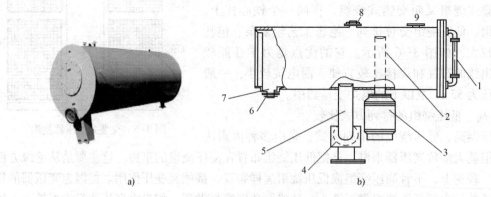

a)   b)

图 3-7　变压器的油枕

1—油位计　2—吸湿连通管　3—吸湿器　4—气体继电器连通导管的法兰
5—气体继电器连通导管　6—阀门　7—集污盒　8—注油孔　9—与防瀑管连通的法兰

变压器油箱（波纹油箱）是装满油的，只是变压器的油枕中油不能太满。油箱与油枕通过管道连接，当油箱中缺少油时，油枕中的油就会顺管道流下，补充到油箱中，使之保持满油状态；同时，当变压器负荷增大，油温增高，变压器油膨胀，油箱中盛不下时，也会顺管道上流，回流到油枕中。当变压器油的体积随着油的温度膨胀或减小时，油枕起着调节油量，保证变压器油箱内经常充满油的作用。油枕的上部有加油孔。变压器的油枕如图3-7所示。

如果没有油枕，油箱内的油面波动就会带来一些不利因素：

① 油面降低时露出的铁心和线圈部分会影响散热和绝缘。

② 随着油面波动空气从箱盖缝里排出和吸进，而由于上层油温很高，使油很快地氧化和受潮。油枕的油面比油箱的油面要小，这样，可以减少油和空气的接触面，防止油被过速地氧化和受潮。

6）吸湿器（硅胶筒）。

吸湿器又名呼吸器，常用吸湿器为吊式吸湿器。吸湿器内装有吸附剂硅胶，油枕内的绝缘油通过吸湿器与大气连通，当变压器油因热胀冷缩而使油面高度发生变化时，排出或吸入的空气都经过吸湿器进出油枕。吸湿器内装有硅胶干燥剂，用以吸收进入储油柜中的空气中的水分和杂质，以保持绝缘油的良好绝缘性能。

为了显示硅胶受潮情况，一般采用变色硅胶。变色硅胶原理是利用二氯化钴（$CoCl_2$）所含结晶水数量不同而有几种不同颜色做成，二氯化钴含6个分子结晶水时，呈粉红色；含有两个分子结晶水时呈紫红色；不含结晶水时呈蓝色。呼吸器内的硅胶变色过程：蓝色→淡紫色→淡粉红（变色量大于等于总量的2/3时需更换）。

7）安全气道（又称防爆管）。

它装于油箱顶部，是一个长钢圆筒，上端口装有一定厚度的玻璃板或酚醛纸板，下端口与油箱连通。它的作用是当变压器内部因发生故障引起压力逐增时、让油气流冲破玻璃或酚醛纸板，以免造成变压器油箱壁爆裂。

8）瓦斯信号继电器（气体继电器）。

它装在储油柜和油箱的连通管中间，当变压器内部发生故障（如绝缘击穿、匝间短路、铁心事故等）产生气体或油箱漏油使油面降低时，气体继电器动作，上接点为轻瓦斯信号，发出轻瓦斯信号，表示变压器运行异常，以便运行人员及时处理；若事故严重，下接点为重瓦斯信号，动作后发出信号的同时使断路器跳闸、掉牌、报警；一般瓦斯继电器内充满油说明无气体，油箱内有气体时会进入瓦斯继电器内，达到一定程度时，气体挤走贮油使触点动作；打开瓦斯继电器外盖，顶上有二调节杆，拧开其中一帽可放掉继电器内的气体；另一调节杆是保护动作试验钮；带电操作时必须戴绝缘手套并确保安全。

9）油位计。

油位计又称为油标，用来监视变压器邮箱内油位变化的装置。

变压器的油位计都安装在储油柜上，如图3-7所示。管式油位计应用比较广泛，为了便于观察，在油管附近的油箱上标出-30℃、+20℃和+40℃，分别是指变压器在环境温度为-30℃、+20℃和+40℃时的正常油位线。根据这三个标志可以判断是否需要加油和放油，如果在停止状态下油温为+20℃，此时检查油位计的油面应不高于+20℃的标志。过高需放油，过低则加油；冬天温度低、负载轻时油位变化不大或油位略有下降；夏天或负载重时油温上升，油位也略有上升；二者均属正常。

10）信号温度计。

变压器的温度计直接监视着变压器运行时上层油温，可分为：水银温度计、信号温度计、电阻温度计三种类型，所有油浸式变压器都装设水银温度计，1000kV·A 及以上的增装信号温度计；8000kV·A 及以上的再增装电阻温度计。温度计如图 3-8 所示。

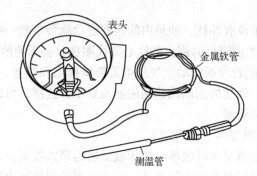

图 3-8　信号温度计

信号温度计的测温管插入箱盖上的注油管座中，而其读数盘安装在箱壁上，以便于运行人员监视变压器油温情况。信号温度计上设有电接点，当油温达到整定值时，发出信号或自动启动冷却装置。

变压器线圈温度要比上层油温高 10℃。国标规定：变压器绕组的极限工作温度为 105℃（环境温度为 40℃时），上层温度不得超过 95℃，通常以监视温度（上层油温）设定在 85℃及以下为宜。

11）高、低压绝缘套管。

绝缘套管是油浸式电力变压器箱外的主要绝缘装置，变压器绕组的引出线必须穿过绝缘套管引到箱外，使引出线之间及引出线与变压器外壳之间绝缘，同时又担负着固定引出线的作用，如图 3-9 所示。

图 3-9　变压器的高、低压绝缘套管

套管大多装于箱盖上，中间穿有导电杆，套管下端伸进油箱与绕组引线相连，套管上部露出箱外，与外电路连接。套管一般有纯瓷瓷套管、充油式套管、电容式套管。纯瓷套管以瓷作为套管的内外绝缘，用于 40kV 及以下的电压等级。充油式套管以纸绝缘筒和绝缘油作为套管的主绝缘物质，套管为外绝缘的一种套管，用于 60 kV 及以上的电压等级。电容式套管以绝缘纸绕制的电容芯子为主绝缘，配以套管和其他附件组成，用于 60 kV 及以上的电压等级。

（2）干式变压器

1）发展现状。

干式变压器如图 3-10 所示。

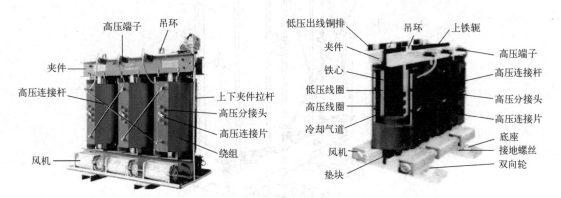

图 3-10　干式变压器

当前，城乡电网建设步伐加速，我国发电量和用电量与日俱增。通常而言，每增加 1kW 的发电量，需要增加 11 kV·A 的变压器总容量。据估计，干式变压器约占全部变压器的 1/5～1/4。受电网建设投资的拉动，变压器行业发展较好，2010 年以后其产量将保持 20% 左右的增速。按照预计 40% 递增率计算，今年我国干式变压器产量将达 2 亿 kV·A 左右。

目前我国已成为世界上干式变压器产、销量最大的国家之一，技术上无论在工厂规模、产品的容量和电压等方面均已处于世界领先水平。

2）结构类型。

干式变压器可分为固体绝缘包封绕组和不包封绕组两种类型。

从高、低压绕组的相对位置看，高压可分为同心式和交叠式，同心式绕组简单，制造方便，均采用这种结构方式。

3）主要形式。

① 开启式：是一种常用的形式，其器身与大气直接接触，适应于比较干燥而洁净的室内，（环境温度 20℃ 时，相对湿度不应超过 85%），一般有空气自冷和风冷两种冷却方式。

② 封闭式：器身处在封闭的外壳内，与大气不直接接触（由于密封、散热条件差，主要用于矿用，属于防爆型）。

③ 浇注式：用环氧树脂或其他树脂浇注作为主要绝缘方式，它结构简单、体积小，适用于较小容量的变压器，如图 3-11 所示。

4）结构特点。

① 安全，防火，无污染，可直接运行于负荷中心。

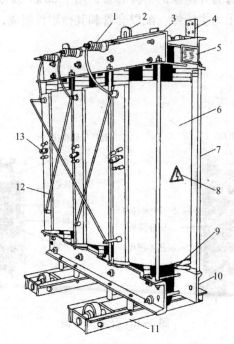

图 3-11 环氧树脂浇注式绝缘的三相干式电力变压器
1—高压出线套管和接线端子 2—吊环 3—上夹件 4—低压出线接线端子 5—铭牌
6—环氧树脂浇注式绝缘绕组 7—上下夹件拉杆 8—警示标牌 9—铁心 10—下夹件
11—小车 12—三相高压绕组间的连接导体 13—高压分接头连接片

② 采用国内先进技术,机械强度高,抗短路能力强,局部放电小,热稳定性好,可靠性高,使用寿命长。

③ 低损耗,低噪声,节能效果明显,免维护。

④ 散热性能好,过负载能力强,强迫风冷时可提高容量运行。

⑤ 防潮性能好,适应高湿度和其他恶劣环境中运行。

⑥ 干式变压器可配备完善的温度检测和保护系统。采用智能信号温控系统,可自动检测和巡回显示三相绕组各自的工作温度,可自起动、停止风机,并有报警、跳闸等功能设置。

⑦ 体积小,重量轻,占地空间少,安装费用低。

铁心采用优质冷轧晶粒取向硅钢片,铁心硅钢片采用45°全斜接缝,使磁通沿着硅钢片接缝方向通过。

5)绕组形式分为:缠绕、环氧树脂加石英砂填充浇注、玻璃纤维增强环氧树脂浇注(即薄绝缘结构)、多股玻璃丝浸渍环氧树脂缠绕式。

一般多采用玻璃纤维增强环氧树脂浇注方式,因为它能有效地防止浇注的树脂开裂,提高了设备的可靠性。高压绕组一般采用多层圆筒式或多层分段式结构。

6)冷却方式。

干式变压器冷却方式分为自然空气冷却(AN)和强迫空气冷却(AF)。自然空冷时,变压器可在额定容量下长期连续运行。强迫风冷时,变压器输出容量可提高50%。适用于断续过负荷运行或应急事故过负荷运行；由于过负荷时负载损耗和阻抗电压增幅较大，处于非经济运行状态，故不应使其处于长时间连续过负荷运行。

环氧树脂浇注的干式变压器上可安装温度显示控制器，对变压器绕组的运行温度进行显示和控制，保证变压器正常使用寿命。其测温传感器 Pt100 铂电阻插入低压绕组内取得温度信号，经电路处理后在控制板上循环显示各相绕组温度。它具有温度设定功能，手动/自动起停风机，发出故障、超温声光信号报警和超温自动跳闸等功能，具有国家规定的抗电磁干扰能力。同时预留有智能计算机接口，实现远程控制。环氧树脂干式变压器配置有低噪声幅流风机，起动后可降低绕组温度、提高负载能力、延长变压器寿命；采用强迫风冷时，额定容量可提高 40%~50%。

7）技术参数。

① 使用频率：50/60Hz。

② 空载电流：<4%。

③ 耐压强度：2000 V/min，无击穿；测试仪器为耐压试验仪（20 mA）。

④ 绝缘等级：F 级（特殊等级可定制）。

⑤ 绝缘电阻：≥2 MΩ 的绝缘电阻表（绝缘电阻表 1000 V）。

⑥ 连接方式[①]：Yyo、Dyo、Yod。

⑦ 线圈允许温升：100 K。

⑧ 散热方式：自然风冷或温控自动散热。

⑨ 噪声功率级：≤30 dB。

8）工作环境。

① 0~40℃，相对湿度<80%。

② 海拔高度：不超过 2500 m。

③ 避免遭受雨水、湿气、高温、高热或直接日照。其散热通风孔与周边物体应有不小于 40 cm 的距离。

④ 防止工作在腐蚀性液体或气体、尘埃、导电纤维或金属细屑较多的场所。

⑤ 防止工作在振动或电磁干扰场所。

⑥ 避免长期倒置存放和运输，不能受强烈的撞击。

9）接线方式。

① 短接变压器的"输入"与"输出"接线端子用绝缘电阻表测试其与地线的绝缘电阻。1000 V 绝缘电阻表测量时，阻值应大于 2 MΩ。

② 变压器输入、输出电源线配线应以（2~2.5）A/mm² 电流密度配置为宜。

③ 输入、输出三相电源线应按变压器接线板母线颜色黄、绿、红分别接 A 相、B 相、C 相，中性线应与变压器中性线相接，接地线、变压器外壳与变压器中心点相连接。平常我们

---

① 变压器三相绕组有星形联结、三角形联结与曲折联结等三种联结法。在绕组联结中常用大写字母 A、B、C 表示高压绕组首端，用 X、Y、Z 表示其末端；用小写字母 a、b、c 表示低压绕组首端，x、y、z 表示其末端，用 o 表示中性点。新标准对星形、三角形和曲折联结的规定对高压绕组分别用符号 Y、D、Z 表示；对中压和低压绕组分别用 y、d、z 表示。有中性点引出时分别用 YN、ZN 和 yn、zn 表示。自耦变压器有公共部分的两绕组中额定电压低的一个用符号 a 表示。变压器按高压、中压和低压绕组联结的顺序组合起来就是绕组的联结组。例如：高压为 Y，低压为 yn 联结，那么绕组联结组为 Yyn。加上时钟法表示的高、低压侧相量关系就是联结组别。

说的地线与中性线都是从变压器中性点引出的（如变压器有机箱，应与箱体地线标志对应处相连接）。检查输入输出线，确认正确无误。

④ 先空载通电，观察测试输入、输出电压是否符合要求。同时观察机器内部是否有异响、打火、异味等非正常现象，若有异常须立即断开输入电源。

⑤ 当空载测试完成且正常后，方可接入负载。

10）产品选型。

变压器为工矿企业与民用建筑供配电系统中的重要设备之一，它将 6 kV、10 kV 或 35 kV 网络电压降至用户使用的 230 V/400 V 母线电压。此类产品适用于交流 50（或 60）Hz，三相变压器最大额定容量 2500 kV·A（单相变压器最大额定容量 833 kV·A，一般不推荐使用单相变压器）。

① 根据使用环境选择变压器。

- 在正常介质条件下，可选用油浸式变压器或干式变压器，如工矿企业、农业的独立或附建变电所、小区独立变电所等，如 S8、S9、S10、SC9 等。
- 在多层或高层主体建筑内，宜选用不燃或难燃型变压器，如 SCB9、SCB10 等。
- 在多尘或有腐蚀性气体严重影响变压器安全运行的场所，应选封闭型或密封型变压器，如 SM9。
- 不带可燃性油的高、低配电装置和非油浸的配电变压器，可设置在一同房间内，此时变压器应带防护等级为 IP2X 的外壳，以策安全。

② 根据用电负荷选择变压器。

- 配电变压器的容量，应综合各种用电设备的设施容量，求出计算负荷（一般不计消防负荷），补偿后的视在容量是选择变压器容量和台数的依据。一般变压器的负荷率 85% 左右。此法较简便，可作容量估算之用。
- GB/T 17468-2008《电力变压器选用导则》中，推荐变压器的容量选择，应根据 GB/T 17211-GB/T 1094.12-2013《干式电力变压器负载导则》及计算负荷来确定其容量。上述两个图标导则提供了计算机程序和正常周期负载图来确定配电变压器容量。

11）安装要点

配电变压器为变电所的重要组件，无外壳干式变压器直接落地安装，四周加保护遮栏；有外壳干式变压器直接落地安装。其安装参见国家建筑标准设计图集，即 03D201-4《10/0.4 kV 变压器室布置及变电所常用设备构件安装》。

12）应用现状

干式变压器因没有油，也就没有火灾、爆炸、污染等问题，故电气规范、规程等均不要求干式变压器置于单独房间内。使损耗和噪声降到了新的水平，为变压器与低压屏置于同一配电室内创造了条件。

干式变压器现已被广泛用于电站、工厂、医院等。随着低噪（2500 kV·A 以下配电变压器噪声已控制在 50 dB 以内）、节能（空载损耗降低达 25%）的 SC(B)13 系列的推广应用，使得中国干式变压器的性能指标及其制造技术已达到世界先进水平。

3.1.2　变压器的类型

变压器是供配电系统中实现电能输送、电压变换，满足不同电压等级负荷要求的核心器件，使用最多的是三相油浸式电力变压器和环氧树脂浇注式干式变压器。电力变压器的绕组导体材质有铜绕组和铝绕组。

（1）按调压方式分

变压器可分为无励磁调压和有载调压两大类，工厂变电所中大多采用无励磁调压方式的变压器。

（2）按绝缘方式分

变压器可分为油浸式、干式和充气式等。工厂变电所中大多采用油浸自冷式变压器。

油浸式变压器是把由铁心及绕组组成的器身置于一个盛满变压器油的油箱中，绝缘介质就是油，冷却方式有自冷、风冷和强迫油循环冷却。其优点是结构简单，价格低，冷却效果好，可以满足大容量需要，瓦斯继电器可以及时反映出绕组的故障，保证系统的稳定运行；不足之处是需要经常巡视以关注油位的变化。

干式变压器常把铁心和绕组用环氧树脂浇注包封起来，起到防止绕组或铁心受潮的作用。就产量和用量来说，目前干式变压器电压等级只做到 35 kV，容量相对油浸式变压器来说要小，约做到 2500 kV·A。又由于干式变压器制造工艺相对同电压等级同容量的油浸式变压器来说要复杂，成本也高。所以目前从用量来说还是油浸式变压器多。但因干式变压器的环保性，阻燃、抗冲击性等较好，而常用于室内等高要求的供配电场所，如宾馆、办公楼、高层建筑等。

充气式变压器以空气或其他气体如 SF6 等作为冷却介质。

（3）按冷却方式分

变压器可分为油浸式自冷、油浸式风冷、强迫油循环和水内冷等方式。工厂变电所中大多采用油浸自冷式变压器。

1）油浸式自冷：将变压器的铁心和绕组直接浸入变压器油中，经过油的对流和散热器的辐射作用，达到散热的目的。

2）油浸式风冷：在油浸式自冷的基础上，散热片上加装风扇，在变压器的油温达到规定值时，起动风扇，达到散热的目的。

3）强迫油循环分为风冷式和水冷式。风冷式是用油泵强迫油加速循环，经散热器风扇使变压器的油得到冷却。水冷式是用油泵强迫油加速循环，通过水冷却器散热，使变压器的油得到冷却。

4）水内冷：水内冷变压器的绕组是用空心铜线或铝线绕制成的，变压器运行时，将水打入绕组的空心导线中，借助水的循环，将变压器中产生的热量带走。

5）风冷式：风机冷却一般用于室内干式电力变压器。

（4）按用途分

变压器可分为普通式、全封闭式、防雷式，工厂变电所中大多采用普通式变压器。

在电力网中，把水力、火力及其他形式电厂中发电机组能产生的交流电压升高后向电力网输出电能的变压器称为升压变压器，火力发电厂还要安装厂用电变压器，供起动机组之用，用于降低电压的变压器称为降压变压器，用于联络两种不同电压网络的变压器称为联络变压器。将电压降低到电气设备工作电压的变压器称为配电变压器。配电前用的各级变压器统称为输电变压器。

3.1.3 变压器的型号

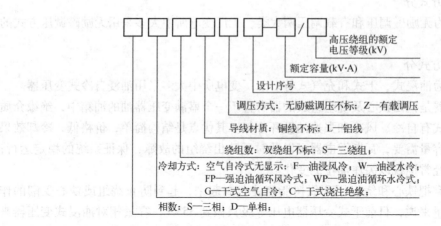

3.1.4 变压器主要技术参数

变压器在规定的使用环境和运行条件下，主要技术数据一般都标注在变压器的铭牌上。主要包括：额定容量、额定电压及其分接、额定频率、绕组联结组别以及额定性能数据（阻抗电压、空载电流、空载损耗和负载损耗）和总重。

- 额定容量（kV·A）：变压器在额定状态下连续运行时，二次绕组能输出的容量。
- 额定电压（kV）：变压器长时间运行时所能承受的工作电压。为适应电网电压变化的需要，变压器高压侧都有分接抽头，通过调整高压绕组匝数来调节低压侧输出电压。
- 额定电流（A）：变压器在额定容量下，允许长期通过的电流。
- 空载损耗（kW）：当以额定频率的额定电压施加在一次绕组的端子上时，使二次绕组开路所吸取的有功功率。与铁心硅钢片性能及制造工艺和施加的电压有关。
- 空载电流（%）：当变压器一次绕组加额定电压，二次绕组空载时，一次绕组中通过的电流，一般以额定电流的百分数表示。
- 负载损耗（kW）：把变压器的二次绕组短路，在一次绕组额定分接位置上，通入额定电流，此时变压器所消耗的功率。
- 阻抗电压（%）：把变压器的二次绕组短路，在一次绕组慢慢升高电压，当二次绕组的短路电流等于额定值时，此时一次侧所施加的电压。一般以额定电压的百分数表示。
- 相数和频率：三相开头以 S 表示，单相开头以 D 表示。中国国家标准频率 f 为 50 Hz。国外有用 60 Hz 的，如美国。
- 温升与冷却：变压器绕组或上层油温与变压器周围环境的温度之差，称为绕组或上层油面的温升。油浸式变压器绕组温升限值为 65 K、油面温升限值为 55 K。
- 绝缘水平：有绝缘等级标准。绝缘水平的表示方法举例如下：高压额定电压为 35 kV 级、低压额定电压为 10 kV 级的变压器绝缘水平表示为 LI200AC85/LI75AC35，其中 LI200 表示该变压器高压雷电冲击耐受电压为 200 kV，工频耐受电压为 85 kV，低压雷电冲击耐受电压为75kV，工频耐受电压为35kV。奥克斯高科技有限公司目前的油浸变压器产品的绝缘水平为LI75AC35，表示变压器高压雷电冲击耐受电压为75kV，工频耐受电压为35kV，因为低压是400V，可以不考虑。

- 联结组别标号：根据变压器一、二次绕组的相位关系，把变压器绕组连接成各种不同的组合，称为绕组的联结组。为了区别不同的联结组，常采用时钟表示法，即把高压侧线电压的相量作为时钟的长针，固定在12点处，低压侧线电压的相量作为时钟的短针，看短针指在哪一个数字上，就作为该联结组的标号。如Dyn11表示一次绕组是三角形联结，二次绕组是引出中性线的星形联结，该联结组的标号为11点。

3.1.5　变压器的联接组别

1. 联结组别（标号）概念

三相变压器的联结组别是指三相变压器一次（高压）绕组的线电压（电动势）与二次（低压）绕组的线电压（电动势）之间的相位关系。采用所谓的时钟表示法，如图3-12所示。

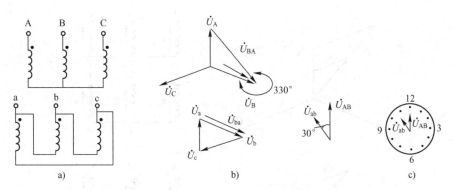

图3-12　变压器Dyn11联接组别

a）一、二次绕组接线　b）一、二次电压相量　c）时钟表示法

2. 影响联结组别的因素

三相变压器的联结组别与绕组的联结方法、各相电动势的相位及同名端的标志有关。

（1）联结方法的影响

变压器绕组最常用的联结方式有星形、三角形接法，也有开口三角形、自耦形和曲接形（Z形）接法。常见的有星形和三角形接法（图3-13），而三角形接法（图3-13）又有逆接和顺接两种，即ax绕组的x端可以和b连接，也可以与c连接。按照ax—by—cz—ax顺序接线的称为顺接，按照ax—cz—by—ax顺序接线的称为逆接；高压绕组星形接法用Y表示；三角形接法用D表示。

在三相变压器里，一次绕组的首端用A、B、C表示，末端用X、Y、Z；二次绕组的首端用a、b、c表示，末端用x、y、z表示。星形接法中性点可以引出中性线，也可以不引出。这样，一、二次绕组的接法就有组合：①Y，y或YN，y或Y，yn；②Y，d或YN，d；③D，y或D，yn；④D，d。其中大写字母表示高压绕组接法，小写字母表示低压绕组接法，字母N，n是星形接法的中心点引出标志。

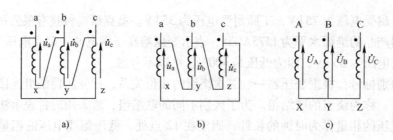

图 3-13　三角形和星形接法

a）三角形联结（顺联）　b）三角形联结（逆联）　c）星形联结

（2）绕组电动势相位的影响

在变压器的接线图中，一次绕组按 A、B、C 相序排列，相位保持不变；二次绕组按 a、b、c 相序排列，相位可有改变（abc、bca、cab）。同一铁心柱上的绕组属于同一相，相位相同；错开一个铁心柱时相位滞后 120°，钟点数按顺时针方向增加 4h，错开两个铁心柱时，相位滞后 240°，钟点数按顺时针方向增加 8h，如图 3-14a、b 所示。

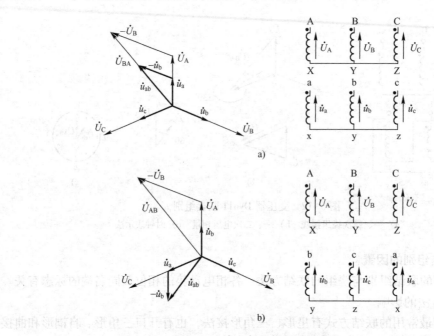

图 3-14　高、低压绕组星形接法

（3）同名端标志的影响

所谓变压器的同名端，就是在同一交变磁通作用下两个绕组中产生感应电动势相同的端称为同名端。简单判断方法如下：当电流都由两个绕组的同名端流入时，两个绕组产生的磁通方向一致，如图 3-15 所示。

3. 联结组别判定标号

对 Yy 联结的绕组来说，除标号为 0 外，还可得到 4、8 两种标号；对 Yd 联结的绕组来说，除标号为 11 外，还可得到 3、7 两种标号。如果将低压绕组的首末端标志颠倒，其线电势也将反相。这样对 Yy 联接的绕组又可得到 6、10、2 三种标号，对 Yd 联结的绕组

48

又可得到 5、9、1 三种标号。因此 Y，y 联结的绕组可得到 0（或 12）、2、4、6、8、10 全部偶数点的标号；Yd 联结的绕组可得到 1、3、5、7、9、11 全部奇数点的标号。这样，只要记住 Yy0 和 Yd11 两种标准联结组的联结图，通过与它比较，就能直接判定出其他的联结组标号。

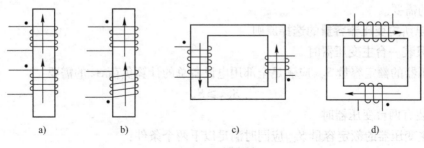

图 3-15　同名端

3.2　变压器台数及容量的选择及运维

本节中学习变电所主变压器台数及容量的选择原则，变压器投入运行前的检查项目，变压器投运、停运操作顺序，变压器异常运行及事故处理方法；掌握正确使用、运行与维护变压器的方法。

【学习目标】

1. 掌握变电所主变压器台数及容量的选择原则；
2. 熟悉变压器投入运行前的检查项目；
3. 掌握变压器投运、停运操作顺序；
4. 掌握变压器异常运行及事故处理方法。

3.2.1　变压器的台数和容量选择

1. 车间变电所主变压器台数的选择原则

以应满足用电负荷对供电可靠性的要求为原则。

1）对于一般生产车间，尽可能装设一台变压器。

2）如果车间的一、二级负荷所占比重较大，必须由两个电源供电，应装设两台变压器；若该变电所与相邻车间变电所有联络线时，则亦可只装设一台变压器。

3）当车间负荷昼夜变化较大时，或由独立车间变电所同时向几个负荷曲线相差悬殊的车间供电时，若选一台变压器在技术、经济上显然不合理，则应装设两台变压器。

2. 工厂总降压变电所变压器台数的选择原则

1）当工厂的绝大部分负荷属于三级负荷，有少量的一、二级负荷可由邻近工厂获得低压侧备用电源（6~10 kV）时，可装设一台变压器。

2）如果工厂的一、二级负荷所占比重较大时，必须装设两台变压器。两台变压器之间互为备用，当一台出现故障或进行检修时，另一台能承担对全部一、二级负荷的供电。

3) 特殊情况下可装设两台以上变压器。例如，分期建设的大型工厂，其变电所个数及变压器台数均可分期投建，从而变压器台数可能较多；又如，对引起电网电压严重波动的设备（电弧炉等）可装设专用变压器，从而使变压器台数增多。

4) 当变电所仅装设一台变压器时，其变压器容量应考虑有 15%~25% 的富余量，以备壮大发展的需要。

3. 变电所主变压器容量的选择原则

（1）只装一台主变压器时

主变压器的额定容量 $S_{N.T}$ 应满足全部用电设备总的计算负荷 S_{30} 的需要：

$$S_{N.T} \geqslant S_{30} \tag{3-1}$$

（2）装有两台变压器时

每台主变压器的额定容量 $S_{N.T}$ 应同时满足以下两个条件：

$$S_{N.T} \geqslant 0.7S_{30} \tag{3-2}$$

$$S_{N.T} \geqslant S_{(I+II)} \tag{3-3}$$

式中　$S_{(I+II)}$——计算负荷中的全部一、二级负荷。

（3）单台主变压器的容量上限

工厂变电所单台主变压器容量，一般不宜大于 1250 kV·A，在负荷比较集中、容量较大时，也可选用 1600~2500 kV·A 的配电变压器，这时变压器低压侧的断路器必须配套选用。

对装于楼上的电力变压器，单台容量不宜大于 630 kV·A。

对居住小区变电所，单台油浸式变压器容量不宜大于 630 kV·A。

选用配电变压器时，如果容量选择过大，那么就会形成"大马拉小车"的现象，这样不仅仅是增加了设备投资，而且还会使变压器长期处于一个轻载的状态，使无功损失增加；如果变压器容量选择过小，将会使变压器长期处与过负荷状态，易烧毁变压器，不管是自耦变压器还是三相变压器，都是一样的。因此，正确选择变压器容量是电网降损节能的重要措施之一，在实际应用中，可以根据以下的简便方法来选择变压器容量。

坚持着"小容量，密布点"的原则，配电变压器应尽量位于负荷中心，供电半径不超过 0.5 km。配电变压器的负载率在 0.5~0.6 之间效率最高，而在此时变压器的容量称为经济容量。但是负载如果比较稳定，那么连续生产的情况可按经济容量选择变压器容量。

根据农村电网用户分散、负荷密度小和负荷季节性强等特点，可采用调容量变压器。调容量变压器是一种可以根据负荷大小进行无负荷调整容量的变压器，它适宜于负荷季节性变化明显的地点使用。对于变电所或用电负荷较大的工矿企业，一般采用母子变压器供电方式，其中一台（母）按最大负荷配置，另一台（子）按低负荷状态选择，就可以大大提高配电变压器利用率，降低配电变压器的空载损耗。针对农村一年中除了少量高峰用电负荷外，长时间处于低负荷运行状态实际情况，对有条件的用户，也可采用母、子变压器并列运行的供电方式。在负荷变化较大时，根据电能损耗最低的原则，投入不同容量的变压器。对于仅向排、灌等动力负载供电的专用变压器，一般可按异步电动机铭牌功率的 1.2 倍选用变压器的容量，一般电动机的起动电流是额定电流的 4~7 倍，变压器应能承受住这种冲击，直接起动的电动机中最大的一台的容量，一般不应超过变压器容量的 30% 左右。应当指出的是：排灌专用变压器一般不应接入其他负荷，以便在非排、灌期及时停运，减少电能损失。

对于供电照明、农副业产品加工等综合用电变压器容量的选择，可按实际可能出现的最大负荷的 1.25 倍选用变压器的容量，总之，我们在选择变压器容量的时应该需要注意。

例 3-1 某 10/0.4 kV 车间变电所，总计算负荷为 1400 kV·A，其中一、二级负荷为 750 kV·A，试初步确定主变压器台数和单台容量。

解 由于变电所所有一、二级负荷，所以变电所应选用两台变压器。

根据公式（3-2）式（3-3）得

$$S_{\text{N.T}} \geqslant 0.7 S_{30} = 0.7 \times 1400\,\text{kV}\cdot\text{A} = 980\,\text{kV}\cdot\text{A}$$

$$S_{\text{N.T}} \geqslant S_{(\text{I}+\text{II})} = 750\,\text{kV}\cdot\text{A}$$

因此单台变压器容量选为 1000 kV·A。

例 3-2 某 10/0.4 kV 变电所，已知总计算负荷为 1520 kV·A，其中一、二级负荷为 780 kV·A。试选择变电所主变压器的台数和容量。

解 根据题目所给条件，该变电所有一、二级负荷，因此应选两台主变压器。

其每台变压器的容量为

$$S_{\text{N.T}} \geqslant (0.6 \sim 0.7) S_{30} = 0.7 \times 1520\,\text{kV}\cdot\text{A} = 1064\,\text{kV}\cdot\text{A}$$

而且应同时满足

$$S_{\text{N.T}} \geqslant S_{(\text{I}+\text{II})} = 780\,\text{kV}\cdot\text{A}$$

因此每台主变压器的容量应选择为 1250 kV·A。

3.2.2 变压器的运行与维护

1. 变压器的容量和过负荷能力

（1）变压器的额定容量与实际容量

电力变压器的额定容量是指在规定的环境温度（20℃）条件下，户外安装时，在规定的使用年限（一般规定为 20 年）内所能连续输出的最大视在功率（kV.A）。当使用条件发生变化时，其实际容量相应改变。

一般规定，如果变压器安装地点的年平均气温 θ_{av} 不等于 20℃，则年平均气温每升高 1℃，变压器的实际容量应相应减少 1%，因此，变压器的实际容量应计入一个温度系数 K_θ，对室外变压器，其实际容量为

$$S_{\text{T}} = K_\theta S_{\text{N.T}} = \left(1 - \frac{\theta_{0.\text{av}} - 20}{100}\right) S_{\text{N.T}}$$

对室内变压器，除了散热条件较差，变压器的出风口与进风口约有 15℃的温差，室内的环境温度一般比室外高出 8℃，因此，其容量相应要减少 8%，故室内变压器的实际容量为

$$S_{\text{T}} = K_\theta' S_{\text{N.T}} = \left(0.92 - \frac{\theta_{0.\text{av}} - 20}{100}\right) S_{\text{N.T}}$$

（2）变压器的过负荷能力

变压器在正常运行时，实际负荷不应超过其额定容量。但是，在许多时间内变压器的实际负荷远小于额定容量。因此，变压器在不降低规定使用寿命的条件下具有一定的短期过负

荷能力。变压器的过负荷能力分正常过负荷能力和事故过负荷能力两种。

1) 正常过负荷能力。

变压器在正常运行时带额定负荷可连续运行 20 年。由于昼夜负

荷变化和季节性负荷差异而允许的变压器过负荷，称为正常过负荷。这种过负荷系数的总数，对室外变压器不超过 30%，对室内变压器不超过 20%。

变压器的正常过负荷时间是指在不影响其寿命，不损坏变压器的各部分绝缘的情况下，允许过负荷的持续时间。

变压器绕组绝缘在长期使用中，虽然温度无显著变化，但其机械强度却逐渐降低。若遇到偶然震动，易发生破裂而被击穿。且随温度升高，绝缘的机械强度与电气强度的损伤和老化越严重。根据试验，自然循环油冷变压器的绕组温度在 95℃ 时，变压器的工作年限为 20 年。而达到 120℃ 时则为 2.2 年，若达到 145℃ 时仅能工作 3 个月。变压器铭牌标示的功率是按连续使用 20 年所能输出的最大功率。

考虑到变压器具有一定的过负荷潜力，实际使用寿命要长一些。因为变压器在运行时，负荷不可能完全都达到变压器的额定容量且保持不变，在 1 个昼夜中，很多时间是在低于、甚至远低于额定容量值下工作。变压器运行时最高气温为 40℃，最高日平均气温+30℃。而实际上不可能全年都固定维持在这个温度上。在变压器容量选择时，一般均考虑了系统发生故障时变压器应能过负荷运行的安全系数，正常工作时也达不到额定值。变压器过负荷能力是以变压器负荷曲线的填充系数和最大负荷的持续时间为依据。

根据填充系数决定的自然循环油浸冷式双绕组变压器过负荷能力见表 3-1。由表中数据可知：当填充系数为 0.5，最小负荷持续时间 $t=6h$ 时，变压器过负荷能力为 20% 额定值；同样当填充系数为 0.5，$t=4h$ 时，变压器过负荷能力为 24%。可见，在 4~6h 内完全可能将故障变压器更换掉或压缩次要负荷。

表 3-1　油浸自冷式电力变压器允许过负荷的百分率（%）

日负荷曲线填充系数	最大负荷运行时间/h					
	2 h	4 h	6 h	8 h	10 h	12 h
0.50	28	24	20	16	12	7
0.60	23	20	17	14	10	6
0.70	17.5	15	12.5	10	7.5	5
0.75	14	12	10	8	6	4
0.8	11.5	10	8.5	7	5.5	3
0.85	8	7	6	4.5	3	3
0.9	4	3	2			

2) 事故过负荷能力。

当电力系统或企业变电所发生事故时，为了保证对重要设备连续供电，故允许变压器短时间的过负荷，这种过负荷即事故过负荷。

变压器事故过负荷倍数及允许时间见表 3-2。若过负荷的倍数和时间超过允许值时，则应按规定减小变压器的负荷。

表 3-2 变压器事故过负荷倍数及允许时间

过负荷倍数	1.30	1.45	1.60	1.75	2.00	2.40	3.00
允许持续时间/min	120.0	80.0	30.0	15.0	7.5	3.5	1.5

2. 变压器并列运行的条件

变压器是电力网中的重要电气设备，由于连续运行的时间长，为了使变压器安全经济地运行并提高供电的可靠性和灵活性，在运行中通常将两台或以上变压器并列运行。

变压器并列运行，就是将两台或以上变压器的一次绕组并联在同一电压的母线上，二次绕组并联在另一电压的母线上运行，如图 3-16 所示。

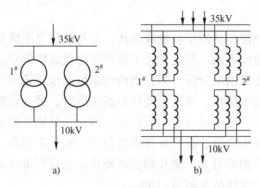

图 3-16 变压器并列运行的原理图和接线图

当一台变压器发生故障时，并列运行的其他变压器仍可以继续运行，以保证重要用户的用电；或当变压器需要检修时可以先并联上备用变压器，再将要检修的变压器停电检修，既能保证变压器的计划检修，又能保证不中断供电，提高供电的可靠性。又由于用电负荷季节性很强，在负荷轻的季节可以将部分变压器退出运行，这样既可以减少变压器的空载损耗，提高效率，又可以减少无功励磁电流，改善电网的功率因数，提高系统的经济性。

变压器并列运行理想运行情况是：当变压器已经并列但还没有带负荷时，各台变压器之间应没有循环电流；同时带上负荷后各台变压器能合理地分配负荷，即应该按照它们各自的容量比例来分担负荷。因此，为了达到理想的运行情况，变压器并列运行时必须满足下面的条件：

（1）电压比（变比）相等且其变比差值在±0.5%之间。

电压比（变比）相等是指所有并列变压器的额定一次电压和二次电压必须对应相等。

由于三相变压器和单相变压器的原理是相同的，为了便于分析，以两台单相变压器并列运行为例来分析。由于两台变压器一次电压相等，电压比不相等，二次绕组中的感应电势也就不相等，便出现了电势差 Δe。在 Δe 的作用下，二次绕组内便出现了循环电流 i_c。当两台变压器的额定容量相等时，循环电流为

$$i_c = \frac{\Delta e}{Z_{d1} + Z_{d2}}$$

式中　z_{d1}——表示第 1 台变压器的内部阻抗；

z_{d2}——表示第 2 台变压器的内部阻抗。

根据以上分析可知：在有负荷的情况下，由于循环电流 i_c 的存在，使变比小的变压器

绕组的电流增加，而使变比大的变压器绕组的电流减少。这样就造成并列运行的变压器不能按容量成正比分担负荷。如母线总的负荷电流为 i 时，若变压器 1 满负荷运行，则变压器 2 欠负荷运行；若变压器 2 满负荷运行，则变压器 1 过负荷运行。由此可见，当变比不相等的变压器并列运行时，由于循环电流 i_c 的存在，变压器不能满负荷，因此总容量不能充分利用。

又由于变压器的循环电流不是负荷电流，但它却占据了变压器的容量，因此降低了输出功率，增加了损耗。当变比相差很大时，可能破坏变压器的正常工作，甚至使变压器损坏。为了避免因变比相差过大产生循环电流 i_c（环流过大会影响并列变压器的正常工作），规定变比相差不宜超过 ±0.5%。

（2）阻抗电压相等

因为变压器间负荷分配与其额定容量成正比，而与阻抗电压成反比。也就是说当变压器并列运行时，如果阻抗电压不同，其负荷并不按额定容量成比例分配，并列变压器所带的电流与阻抗电压成反比，根据以上分析可知：当两台阻抗电压不等的变压器并列运行时，阻抗电压大的变压器上分配的负荷小，当这台变压器满负荷时，另一台阻抗电压小的变压器就会过负荷运行。变压器长期过负荷运行是不允许的，因此，只能让阻抗电压大的变压器欠负荷运行，这样就限制了总输出功率，能量损耗也增加了，也就不能保证变压器的经济运行。所以，为了避免因阻抗电压相差过大，使并列变压器负荷电流严重分配不均，影响变压器容量不能充分发挥，规定短路电压值不超过 ±10%。

（3）接线组别标号相同

变压器的接线组别标号反映了高低侧电压的相应关系，一般以钟表法来表示。当并列变压器电压比相等，阻抗电压相等，而接线组别标号不同时，就意味着两台变压器的二次电压存在着相角差 α 和电压差 Δu，在电压差的作用下产生循环电流。

假设两台变压器变比相等，阻抗电压相等，而其接线组别标号分别为 Yy0 和 Yd11，则由接线组别可知，当 $\alpha = 360° - 330° = 30°$，循环电流是额定电流的 4~5 倍，分析可知接线组别不同的两台变压器并列运行，引起的循环电流有时与额定电流相当，但其差动保护、电流速断保护均不能动作于跳闸，而过电流保护不能及时动作于跳闸时，将造成变压器绕组过热，甚至烧坏。

（4）变压器容量相等或相近

根据运行经验，两台变压器并列，其容量比不应超过 3∶1。因为不同容量的变压器阻抗值相差较大，负荷分配极不平衡；同时从运行角度考虑，当运行方式改变、检修、事故停电时，小容量的变压器将起不到备用的作用。

3. 变压器投入运行前的检查

变压器安装结束，各项交接试验和技术特性测试合格后，便进入启动试运行阶段。这个阶段是指变压器开始带电，可能的最大负荷连续运行 24 h 所经历的过程。变压器投入运行前，应进行严格而全面的检查，检查项目如下：

① 本体（器身）、冷却装置及所有附件应无缺陷，且不渗油。

② 轮子的制动装置应牢固。

③ 油漆应完整，相色标志正确。

④ 变压器顶盖上应无遗留杂物。

⑤ 事故排油设施应完好，消防设施应齐全。

⑥ 储油柜、冷却装置、净油器等油系统的油门均应打开，且指示正确，无渗油。

⑦ 接地引下线及其与主接地网的连接应满足设计要求，接地应可靠。铁心和夹件的接线引出套管、套管的接地小套管及电压抽取装置不用时其抽出端子均应接地；备用电流互感器二次端子应短接接地；套管顶部结构的接触及密封应良好。

⑧ 储油柜和充油套管的油位应正常，套管清洁完好。

⑨ 分接头的位置应符合运行要求；有载调压切换装置的远动操作应动作可靠，指示位置正确。

⑩ 变压器的相位及绕组的联结组别应符合并联运行要求。

⑪ 测温装置指示应正确，整定值应符合要求。

⑫ 冷却装置试运行应正常，联动正确，水冷装置的油压应大于水压；强迫油循环的变压器，应启动全部冷却装置，进行循环 4 h 以上，放完残留的空气。

4. 变压器投运、停运操作顺序

① 强迫油循环风冷式变压器投入运行时，应先逐台投入冷却器并按负载情况控制投入的台数；变压器停运时，要先停变压器，冷却装置继续运行一段时间，待油温不再上升后再停。

② 变压器的充电应当由装设有保护装置的电源侧的断路器进行，并要考虑到其他侧是否会发生超过绝缘方面所不允许的过电压现象。

③ 在 110 kV 及以上中性点直接接地系统中投运和停运变压器时，在操作前必须将中性点接地，操作完毕可按系统需要决定中性点是否断开。

④ 装有储油柜的变压器带电前应排尽套管高座、散热器及净油器等上部的残留空气，对强迫油循环变压器，应开启油泵，使油循环一定时间后将空气排尽。开启油泵时，变压器各侧绕组均应接地。

⑤ 运行中的备用变压器应随时可以投入运行，长期停运者应定期充电，同时投入冷却装置。

⑥ 变压器停、送电操作顺序：送电时，先合电源侧开关，后合负荷侧开关；停电时，先拉开负荷侧开关，后拉开电源侧开关。

5. 变压器异常运行及事故处理

（1）声音不正常

变压器接通，就有嗡嗡的声响，这主要是高压磁通的作用。正常运行时，变压器的声响是均匀的。当有其他杂音时，就应认真查找原因，进行处理。

1）变压器声音比平时增大，声音均匀，可能有以下原因：

① 电网发生过电压。电网发生单相接地或产生谐振过电压时，都会使变压器的声音增大，出现这种情况时，可结合电压表计的指示进行综合判断。

② 变压器过负荷时，将会使变压器发出沉重的"嗡嗡"声，若发现变压器的负荷超过允许的正常过负荷值时，应根据现场规程的规定降低变压器负荷。

处理意见：分析原因，做好记录，加强监视，尽快使变压器恢复正常运行。如是由于过负荷引起，则按照过负荷处理原则进行。

2）变压器有杂音

有可能是由于变压器上的某些零部件松动而引起的振动。如果变压器杂音明显增大，且电流电压无明显异常时，则可能是内部夹件或压紧铁心的螺钉松动，使硅钢片振动增大所造成的。

处理意见：如不影响变压器运行，可暂不作处理，做好记录，加强监视，向调度部门相关领导汇报并申请停电检查处理。

3）变压器有放电声

变压器有"噼啪"的放电声，若在夜间或阴雨天气下，看到变压器套管附近有蓝色的电晕或火花，则说明瓷件污秽严重或设备线卡接触不良。若是变压器内部放电可能是不接地的部件静电放电或线圈匝间放电，或由于分接开关接触不良放电。

处理意见：这时应向调度部门有关领导汇报，申请对变压器进行停电检查处理。

4）变压器有爆裂声

说明变压器内部或表面绝缘击穿，应立即将变压器停用检查。

5）变压器有水沸腾声

变压器有水沸腾声，且温度急剧变化，油位升高，则应判断为变压器绕组发生短路或分接开关接触不良引起的严重过热，应立即将变压器停用检查。

（2）油位不正常

变压器的油枕上都装有油位表，上面一般表示出温度为-30℃、+20℃、+40℃时的3条油位线。根据这3条标志线可以判断是否需要加油或放油。

1）高油位：运行中的变压器出现油位过高或有油从油枕中溢出时，应首先检查变压器的负荷和温度是否正常，如果负荷和温度均正常，则可判断是因呼吸器或油标管堵塞造成的假油位。此时应经调度员同意后，将气体（重瓦斯）保护由"跳闸"改接信号位，然后疏通呼吸器等进行处理。如因环境温度过高，油枕有油溢出时，应做放油处理。

2）油位过低：变压器油位过低会使气体（轻瓦斯）产生保护动作；严重缺油时，铁心和绕组暴露在空气中，容易受潮，并可能造成绝缘击穿，所以应采用真空注油法对运行中的变压器进行加油。如因大量漏油使油位迅速降低，低至气体继电器以下或继续下降时，应立即停用变压器。

（3）变压器冷却装置故障

处理要点如下：

① 立即向调度和运行负责人汇报情况，说明当前油温、油位、负荷情况。

② 同时立即投入备用冷却装置（或者检查备用冷却装置是否正确投入）。

③ 立即分析检查故障原因，排除故障，恢复正常冷却方式。不能排除的，向调度部门申报其缺陷，请专业人员处理。

④ 出现冷却装置故障期间，运行人员应密切监视主变压器的温度和负荷，随时向调度部门汇报。出现冷却装置全停时，按主变压器运行规程规定，超过冷却装置故障条件下规定的限值时，采取减负荷或停电等措施。

（4）变压器油流故障

发生该现象时警铃响，主控屏发出"冷却器故障"或"备用冷却器投入"等信号，现场检查油流指示器在停止位置。

可能原因：①油流管道堵塞，②油闸门未开，③油泵故障或未运转，④油流指示器故障。

56

处理方法：

① 到现场检查油路阀门位置是否在正常位置。

② 冷却器回路是否正常，油泵是否运转正常。

③ 油流指示器是否完好无异常。

④ 加强对变压器监视。

⑤ 将异常情况汇报，通知专业人员检查处理。

（5）变压器过负荷

发生该现象时：

① 出现"过负荷"和"温度高"光字牌。

② 电流表指示超过额定值。

③ 有功、无功表指示增大。

处理方法：

① 停止警铃的声响，汇报记录。

② 投入备用变压器。

③ 属正常过负荷或事故过负荷时，按过负荷倍数确定允许运行时间。若超过允许运行时间，应立即减负荷，并加强对变压器温度的监视。

④ 过负荷运行时间内，应对变压器及其相关系统进行全面检查，发现异常应立即处理。

（6）轻瓦斯保护动作报警

可能的原因：变压器内部轻微故障；空气浸入变压器；变压器油位降低，并低于瓦斯继电器；二次回路故障，误发信号。

检查此确定原因：

① 检查变压器油位。

② 检查变压器本体及强油循环冷却系统是否漏油。

③ 检查变压器的负荷、温度和声音等的变化，判明内部是否有轻微故障。

3）处理方法：

① 如果瓦斯继电器内无气体，则考虑二次回路故障造成的误报警。此时，应将重瓦斯保护由跳闸改接信号，并由继电保护人员检查处理，正常后再将重瓦斯保护动作于跳闸位置。

② 变压器外部检查正常，继电器内气体聚积，记录气体数量和报警时间，并收集气体进行化验和鉴定。

习题

一、填空题

1. 变压器的基本结构有_____、_____组成。

2. 变压器停送电操作顺序是：停电时，先停_____、后停_____。送电时，先接通_____、后接通_____。

3. 变压器的分类按功能可分为_____和_____变压器，按相数可分为_____和_____变压器，按绕组导体的材质分_____和_____变压器。

二、判断题

1. 国家标准规定，变压器在正常运行下不允许过载运行。 （　　）

2. 变压器是一种静止的电气设备。 （　　）

3. 变压器二次绕组短路，一次绕组施加额定频率的额定电压时，一次绕组中流过的电流为空载电流。 （　　）

4. 变压器的二次绕组就是低压绕组。 （　　）

5. 变压器匝数少的一侧电流大、电压高。 （　　）

6. 当交流电源电压加到变压器的一次绕组后，在变压器铁心中产生的交变磁通只穿过二次侧绕组。 （　　）

7. 电流互感器的二次绕组中应该装设熔断器或隔离开关。 （　　）

8. 在电力系统中，变压器能将不同电压等级的线路连接起来。 （　　）

9. 变压器的额定电压是指变压器的额定线电压。 （　　）

10. 变压器是利用电磁感应原理将一种电压等级的直流电能转变为另一种电压等级的直流电能。 （　　）

11. 变压器匝数多的一侧电流小、电压高。 （　　）

三、选择

1. 变压器的铁心采用硅钢片制成，这是为了 （　　）。

A. 减轻重量　　　B. 减少铁损　　　C. 减小尺寸　　　D. 拆装方便

2. 某变压器一次和二次的额定电压为 220 V/110 V。当二次接电阻 $R=10\,\Omega$ 时，变压器的一次电流约为 （　　）。

A. 11 A　　　　B. 5.5 A　　　　C. 22 A　　　　D. 8 A

3. 电力变压器一次中的电流 （　　） 二次电流；电流互感器一次中电流 （　　） 二次电流。

A. 取决于/决定了　B. 取决于/取决于　C. 决定了/决定了　D. 决定了/取决于

4. 变压器容量，即 （　　） 功率，其单位是 （　　）。

A. 有功/千瓦　　　B. 视在/千瓦　　　C. 视在/千伏安　　　D. 无功/千伏安

5. 已知变压器的一次、二次变压比 Ku>1，若变压器带载运行，则变压器的原、二次的电流比较结果是 （　　）。

A. 一次电流大　　　B. 二次电流大　　　C. 相等　　　D. 由二次负载大小决定

6. 变压器接交流电源，空载时也会有损耗，这种损耗的大部分是 （　　）。

A. 铜损 I^2R　　　B. 铁损　　　C. 负载损耗

7. 如图 3-17 所示，利用直流法测量单相变压器的同名端。1、2 为一次绕组的抽头，3、4 为二次绕组的抽头。当开关闭合时，直流电流表正偏。这说明 （　　）。

A. 1、3 同名　　　B. 1、4 同名　　　C. 1、2 同名　　　D. 3、4 同名

8. 如图 3-18 所示，利用交流法测量同一铁心上的两个绕组同名端。1、2 为 1#绕组的抽头，3、4 为 2#绕组的抽头。现将 2-4 短接，1-2 间加交流电压，则根据电压表的读数，若 （　　），则 2、4 同名。

A. V1+V2＝V3　　　B. ｜V1-V2｜＝V3　　　C. V3+V2＝V1　　　D. ｜V3-V2｜＝V1

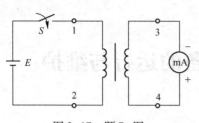

图 3-17 题 7. 图

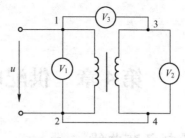

图 3-18 题 8. 图

9. 电流互感器的特点是：一次绕组匝数比二次绕组匝数（　　　）；比较导线截面积，一次绕组比二次绕组（　　　）。

A. 多/粗　　　　　B. 多/细　　　　　C. 少/粗　　　　　D. 少/细

10. 图 3-19 示为变压器的两个一次绕组，每个绕组的额定电压为 110 V，如今要接到 220 V 交流电源上，需（　　　）连接，并判断其同名端为（　　　）同名。

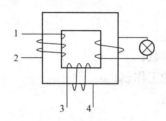

图 3-19 题 10. 图

A. 并联/1, 4　　　B. 串联/1, 4　　　C. 并联/1, 3　　　D. 串联/1, 3

11. 为保证互感器的安全使用，要求互感器（　　　）。

A. 只金属外壳接地即可　　　　　　　　B. 只二次绕组接地即可

C. 只铁心接地即可　　　　　　　　　　D. 必须铁心、副绕组、金属外壳都接地

三、简答题

1. 主变压器并列运行应满足哪些条件？

2. 确定工厂变配电所中的主变压器台数应考虑哪些原则？

四、计算题

某 10/0.4 kV 降压变电所，总计算负荷为 1600 kV·A，其中一、二级负荷为 800 kV·A。试初步选择该变电所主变压器的台数和容量。

第4章 供配电设备的运行与维护

4.1 绘制负荷曲线

本节中通过工厂常用用电设备的认知、设备容量的确定和负荷曲线的绘制，使学生了解工厂常用的用电设备的工作制；掌握设备容量的确定方法；理解与负荷曲线有关的物参数；为学习负荷计算方法打下基础。

【学习目标】

1. 了解负荷曲线的种类；
2. 了解负荷曲线的绘制方法；
3. 理解与负荷曲线有关的参数；
4. 了解工厂常用用电设备的工作制；
5. 掌握设备容量的确定方法。

4.1.1 电力负荷与负荷工作制

1. 电力负荷

电力负荷既可指用电设备或用电单位，也可指用电设备或用电单位所消耗的功率或线路中流过的电流。

电力负荷按用途可分为照明负荷和动力负荷。照明负荷为单相负荷，在三相系统中仍然未做到三相平衡；而动力负荷一般可视为三相平衡负荷。

2. 电力负荷的工作制

电力负荷（设备）按工作制可分为以下三类。

（1）长期工作制

这类设备长期连续运行，负荷比较稳定，例如，通风机、空气压缩机、发电机组、电炉和照明灯等。机床电动机的负荷虽然变动较大，但大多也是长期连续工作的。

（2）短时工作制

这类设备工作时间较短，而停歇时间相对较长，例如，机床上的某些辅助电动机（进给电动机、升降电动机等）。

（3）反复短时工作制

这类设备周期性地工作—停歇—工作，如此反复运行，而工作周期一般不超过 10 min，例如电焊机和起重机械。通常用暂载率（又称为负荷持续率）来描述其工作性质。

暂载率可用一个工作周期内工作时间占整个周期的百分比来表示。

$$\varepsilon = \frac{t}{T} \times 100\% = \frac{t}{t+t_0} \times 100\% \tag{4-1}$$

式中 t——工作时间；

t_0——停歇时间；

T——工作周期，不应超过 10 min。

反复短时工作制的额定容量，一般是对应某一标准暂载率的。

3. 工厂常用的用电设备

工厂常用的用电设备有机械加工的拖动设备、电焊和电镀设备、电热设备和照明设备等。

（1）机械加工的拖动设备

机械加工的拖动设备分为机床设备和起重运输设备两种。

机床设备是工厂金属切削和金属压力加工的主要设备，这些设备的动力，一般都由异步电动机供给，工作方式属于长期连续工作制。

起重运输设备是工厂中起吊和搬运物料、运输客货的重要工具，工作方式属于反复短时工作制。

空压机、通风机、水泵等也是工厂常用的辅助设备，它们的动力都由异步电动机供给，工作方式属于长期连续工作制。

（2）电焊和电镀设备

电焊包括利用电弧的高温进行焊接的电弧焊，利用电流通过金属连接处产生的电阻高温进行焊接的电阻焊（接触焊），利用电流通过熔化焊剂产生的热能进行焊接的电渣焊等。

1）电焊机的工作特点是：

① 工作方式呈一定的周期性，工作时间和停歇时间相互交替，属于反复短时工作制设备。

② 功率较大，380 V 单台电焊机功率可达 400 kV·A，三相电焊机功率最大的可达 1 000 kV·A 以上。

③ 功率因数很低，电弧焊机的功率因数为 0.3~0.35，电阻焊机的功率因数为 0.4~0.85。

④ 一般电焊机的配置不稳定，经常移动。

电镀设备的作用是防止腐蚀，增加美观，提高零件的耐磨性或导电性等，如镀铜、镀铬。另外，塑料、陶瓷等非金属零件表面，经过适当处理形成导电层后，也可以进行电镀。

2）电镀设备的工作特点是：

① 工作方式是长期连续工作制设备。

② 供电采用直流电源，需要晶闸管整流设备。

③ 容量较大，功率从几十千瓦到几百千瓦，功率因数较低，为 0.4~0.62。

（3）电热设备

1）分类。

按其加热原理和工作特点可分为：

① 用于各种零件的热处理的电阻加热炉。

② 用于矿石熔炼、金属熔炼的电弧炉。

③ 用于熔炼和金属材料热处理的感应炉。

其他加热设备包括红外线加热设备、微波加热设备和等离子加热设备等。

2）电热设备的工作特点。

① 工作方式为长期连续工作制设备。

② 电力装置一般属二级或三级负荷。

③ 功率因数都较高，小型的电热设备功率因数可达到 1。

（4）照明设备

电气照明是工厂供电的重要组成部分，合理的照明设计和照明设备的选用是工作场所得到良好的照明环境的保证。

常用的照明灯具有：白炽灯、卤钨灯、荧光灯、高压汞灯和高压钠灯等。

照明设备的工作特点：

① 工作方式属长期连续工作制设备。

② 除白炽灯、卤钨灯的功率因数为 1 外，其他类型的灯具功率因数均较低。

③ 照明负荷为单相负荷，单个照明设备容量较小。

④ 照明负荷在工厂总负荷中所占比例通常在 10% 左右。

4. 设备容量的确定

用电设备的铭牌上都有一个"额定功率"，铭牌上的"额定功率"，是长期工作条件下的，但是由于各用电设备的额定工作条件不同，例如有的设备是长期工作制，有的是短时工作制。因此这些铭牌上规定的额定功率不能直接相加来作为全厂的电力负荷，而必须首先换算成同一工作制下的额定功率，然后才能相加。经过换算至同一工作制下的"额定功率"称为设备容量，用 P_e 表示。

（1）设备容量等于铭牌上额定功率

长期连续工作制和短时工作制的设备容量就是设备的铭牌上额定功率，即

$$P_e = P_N \tag{4-2}$$

（2）设备铭牌上额定功率的转换

反复短时工作制设备的设备容量是将某负荷持续率下的铭牌上额定功率换算到统一负荷持续率下的功率。负荷持续率见公式（4-1）。

1）起重机（吊车）电动机。

起重电动机的标准负荷持续率有 15%、25%、40%、60% 四种。要求将其统一换算到 ε = 25% 时的额定功率，即

$$P_e = P_N \sqrt{\frac{\varepsilon_N}{\varepsilon_{25}}} = 2P_N \sqrt{\varepsilon_N} \tag{4-3}$$

式中　P_N——（换算前）设备铭牌额定功率；

　　　P_e——换算后设备容量；

　　　ε_N——设备铭牌负荷持续率；

　　　ε_{25}——值为 25% 的负荷持续率（计算中用 0.25）。

2）电焊设备。

电焊设备的标准暂载率有 50%、65%、75%、100% 四种。要求将其统一换算到 e = 100%，换算公式为：

$$P_e = P_N \sqrt{\varepsilon_N} S_N \cos\varphi_N \sqrt{\varepsilon_N} \tag{4-4}$$

式中　S_N——设备铭牌额定容量；

$\cos\Phi_N$——设备铭牌功率因数。

（3）电炉变压器

电炉变压器是工业冶炼用电源变压器，根据工业冶炼电炉的工作特性和在运行中的工作特点，它包括炼钢用变压器、钢包精炼炉用变压器、电渣炉用变压器、矿热炉用变压器（铁合金炉、电石炉、黄磷炉），工频炉用变压器。

电炉变压器结构特征：

① 铁心：选用 $\delta = 0.27\,mm$ 日本进口或武汉钢铁公司生产的高导磁冷轧晶粒取向有序排列硅钢片，45°全斜接缝，三级步进搭接，无冲孔，表面涂刷环氧树脂漆，防腐防锈，损耗小，噪声低，机械强度高。

② 高压线圈：采用机械强度高、散热条件好的连续式结构，并经 VPI 真空加压设备多次浸渍的 H 级无溶剂浸渍漆，经高温固化，使其防潮性能极佳，能承受热冲击，永无龟裂，寿命期后易于分解回收，环保。

③ 低压线圈：采用箔式结构，由 NOMEX（芳纶1313）纸做层间绝缘，有很强的抗短路能力和较高的机械强度。绕组均经过两次真空压力浸漆处理，具有很强的四防特性，即防潮湿、防霉菌、防盐雾、防弱酸。

电炉变压器的设备容量是指在额定功率下的有功功率，即

$$P_e = S_N\cos\varphi_N \tag{4-5}$$

式中 S_N——电炉变压器的额定容量；

$\cos\varphi_N$——电炉变压器的功率因数。

（4）照明设备

① 不用镇流器的照明设备的设备容量是指灯头的额定功率，即：$P_e = P_N$。

② 用镇流器的照明设备的设备容量要包括镇流器中的功率损失。

荧光灯：$P_e = 1.2P_N$

高压水银灯、金属卤化物灯：$P_e = 1.1P_N$

例 4-1 一台电焊机其额定功率为 30 kW，负荷持续率为 65%；一台起重机其额定功率为 40 kW，负荷持续率为 40%。试分别确定其设备容量？

解 电焊机： $P_e = P_N\sqrt{\varepsilon_N} = 30\times\sqrt{65\%}\ kW = 24\ kW$

起重机： $P_e = 2P_N\sqrt{\varepsilon_N} = 2\times40\times\sqrt{40\%}\ kW = 48\ kW$

例 4-2 一机修车间的 380 V 线路上，接有金属切削机床电动机 20 台共 50 kW，其中较大容量电动机有 5 kW 的两台，4 kW 的 2 台，2 kW 的 8 台；另接通风机 2 kW 的两台；试计算此车间的设备容量？

解 机床： $P_{e1} = 50\ kW$

通风机： $P_{e2} = 2\times2\ kW = 4\ kW$

车间的设备容量： $P_e = P_{e1} + P_{e2} = (50+4)\ kW = 54\ kW$

例 4-3 某车间的 380 V 线路上，接有金属切削机床共 30 台（其中 10 kW 的 5 台，5 kW 的 10 台，2 kW 的 15 台；且接电焊机 5 台（每台容量 10 kV·A，$\varepsilon N = 65\%$，$\cos\varphi_N = 0.6$）；试计算此车间的设备容量？

解 机床： $P_{e1} = 10\times5 + 5\times10 + 2\times15\ kW = 130\ kW$

电焊机：$\qquad P_{e2} = 5S_N\cos\varphi_N\sqrt{\varepsilon_N} = 5\times10\times0.6\times\sqrt{65\%}\ kW = 24\ kW$

车间的设备容量：$\qquad P_e = P_{e1} + P_{e2} = (130+24)\ kW = 154\ kW$

4.1.2 负荷曲线的绘制

1. 负荷曲线

负荷曲线是表征电力负荷随时间变动情况的一种图形，可以直观地反映用户用电的特点和规律。它绘制在直角坐标上，纵坐标表示负荷功率，横坐标表示对应于负荷变动的时间。

2. 负荷曲线的种类

按负荷性质不同，负荷曲线分为有功负荷曲线和无功负荷曲线；

按负荷变动的时间，可分为日负荷曲线和年负荷曲线；

按负荷对象不同，分为工厂负荷曲线、车间负荷曲线和某台设备的负荷曲线；

按绘制方式，可分为折线形负荷曲线和阶梯形负荷曲线，如图4-1所示。

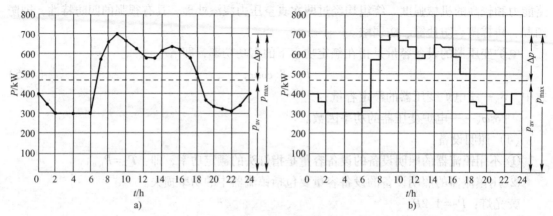

图4-1 折线形和阶梯形日负荷曲线

a) 折线形 b) 阶梯形

3. 负荷曲线的绘制

（1）年负荷持续时间曲线

年负荷曲线反映负荷全年（8760 h）的变动情况。年负荷曲线又分为年每日最大负荷曲线和年负荷持续时间曲线。年每日最大负荷曲线，可根据全年每日最大负荷来绘制；年负荷持续时间曲线的绘制，要借助一年中具有代表性的冬季日负荷曲线和夏季日负荷曲线来绘制。通常用年持续负荷曲线来表示年负荷曲线。

绘制方法如图4-2所示。其中，夏季和冬季在全年中占的天数视当地地理位置和气温情况而定。一般在北方，近似认为夏日165天，冬日200天；在南方，可近似认为夏日200天，冬日165天。

（2）年每日最大负荷曲线

年每日最大负荷曲线是按全年每日的最大负荷来绘制的，如图4-3所示。横坐标依次以全年12个月份的日期来分格。这种年最大负荷曲线，可用来确定拥有多台电力变压器的变电所在一年的不同时期宜投入几台运行，即所谓"经济运行方式"，以降低电能损耗，提高供配电系统运行的经济性。

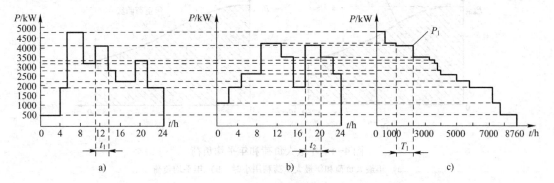

图 4-2　年负荷曲线

a）夏季日负荷曲线　b）冬季日负荷曲线　c）年负荷持续时间曲线

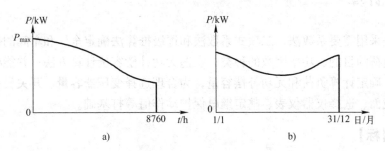

图 4-3　年负荷曲线

a）年负荷持续时间曲线　b）年每日最大负荷曲线

4. 与负荷曲线有关的物理量

（1）年最大负荷 P_{max}

年最大负荷是指年负荷持续时间曲线上的最大负荷，它是全年中负荷最大的工作班内（该工作班的最大负荷不是偶然出现的，而是在负荷最大的月份内至少出现过 2~3 次），消耗电能最大的这半小时（30 min）的平均功率，因此年最大负荷也称为半小时最大负荷 P_{30}。

（2）年最大负荷利用小时 T_{max}

年最大负荷利用小时 T_{max} 是假设电力负荷按年最大负荷 P_{max} 持续运行时，电力负荷所耗用的电能恰与该电力负荷全年实际耗用电能相等所用的时间，如图 4-4 所示。

年最大负荷利用小时是一个假想时间，如图 4-4a 所示，阴影为全年实际消耗电能，用 W_{a} 表示。按下式计算，即：

$$T_{max} = \frac{W_{a}}{P_{max}} \tag{4-6}$$

（3）平均负荷

平均负荷就是指电力负荷在一定时间内平均消耗的功率。年平均负荷用 P_{av} 表示，如图 4-4b 所示，阴影部分表示全年实际消耗的电能 W_{a}，则有：

$$P_{av} = \frac{W_{a}}{t} = \frac{W_{a}}{8760} \tag{4-7}$$

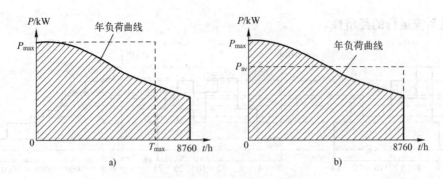

图 4-4　年最大负荷和年平均负荷

a）年最大负荷和年最大负荷利用小时　b）年平均负荷

4.2　负荷计算

本节中是采用需要系数法、二项式系数法和逐级推算法确定全厂和车间的计算负荷；了解确定计算负荷的目的、功率因数的种类；掌握无功补偿容量计算方法；并能根据工厂的实际负荷情况，确定计算负荷和无功补偿容量，为合理选择变压器容量、开关设备型号、电力线路的导线截面、选择仪器仪表、整定继电保护动作值等打基础。

【学习目标】

1. 了解确定计算负荷的目的；
2. 掌握确定计算负荷的方法；
3. 能用需要系数法确定全厂的计算负荷；
4. 会用逐级推算法确定全厂的计算负荷；
5. 了解功率因数的种类和计算方法；
6. 能根据补偿前后功率因数情况，合理确定无功功率补偿容量。

4.2.1　三相用电设备组的计算负荷的确定

1. 计算负荷

通常以半小时平均负荷为依据所绘制的负荷曲线上的"最大负荷"称为计算负荷，并把它的发热条件作为选择电气设备的依据。

"计算负荷"通常用 P_{30}、Q_{30}、S_{30}、I_{30} 分别表示负荷的有功计算负荷、无功计算负荷、视在计算负荷和计算电流。

2. 确定计算负荷的目的

计算负荷是用来选择变压器容量、开关设备、电力线路的导线截面、选择仪器仪表、整定继电保护动作值的重要数据。

3. 确定计算负荷的方法

（1）需要系数法

在所需计算的范围内（如一条干线、一段母线、一台变压器），将用电设备按其设备性质不同分成若干组，对每一组选用合适的需要系数，算出每组用电设备的计算负荷，然后由

66

各组计算负荷求总得计算负荷。

这种方法比较简便，使用广泛。因该系数是按照车间以上的负荷情况来确定的，故适用于变配电所的负荷计算。

1）单台用电设备的计算负荷确定。

对单台电动机，供电线路在 30 min 内出现的最大平均负荷即计算负荷，即

$$P_{30} = P_{N} / \eta_{N} \approx P_{N}$$

对单个白炽灯、单台电热设备、电炉变压器等设备，额定容量就作为其计算负荷，即

$$P_{30} = P_{N}$$

对单台反复短时工作制的设备，其设备容量直接作为计算负荷。

对于起重机和电焊类设备，还要根据负荷持续率进行换算。

2）单组用电设备的负荷计算。

一个用电设备组中有多台用电设备，在进行负荷计算时应当将用电设备按其设备性质不同分成若干组，每组用电设备总的设备容量为 P_e 为该组内各个设备的设备容量的总和，即

$$P_{e} = \sum P_{ei} \tag{4-8}$$

单组用电设备中包含有多台同类型设备，这些设备实际上并不一定都同时工作，工作着的设备也不一定都满载运行，同时设备本身有功率损耗，考虑到配电线路上也有损耗等因素，所以，单组用电设备的计算负荷等于单组用电设备总的设备容量乘以一个小于 1 的系数，叫作需要系数（K_d），它的物理表达式为

$$K_{d} = \frac{K_{\Sigma} K_{L}}{\eta_{wl} \eta}$$

式中　K_{Σ}——设备组的同时使用系数，为在最大负荷时某组工作着的用电设备容量与接于线路中全部用电设备总额定容量之比；

　　　K_{L}——设备组的负荷系数，用电设备不一定满负荷运行，此系数表示工作着的用电设备实际所需功率与其额定容量之比；

　　　η_{wl}——配电线路供电效率，即配电线路在最大负荷时的末端功率（设备组取用功率）与首端功率（计算负荷）之比；

　　　η——用电设备组在实际运行功率时的平均效率，即设备组在最大负荷时的输出功率与取用功率之比；

实际上，需要系数对于成组用电设备是很难确定的，而且对一个生产企业或车间来说，生产性质、工艺特点、设备台数、加工条件、技术管理、劳动组织以及工人操作水平等因素，都对需要系数有影响。所以需要系数只能靠实际测量统计确定。上述各种因素可供设计人员在变动的系数范围内选用时参考。

求单组用电设备的计算负荷是指在所需计算的范围内，将用电设备按其设备性质不同分成若干组，对每一组选用合适的需要系数。利用公式（4-9）~（4-13）算出每组用电设备的计算负荷。

单组用电设备的设备容量：

$$P_{e} = \sum P_{ei} \tag{4-9}$$

单组用电设备的有功计算负荷：

$$P_{30} = K_d P_e \tag{4-10}$$

单组用电设备的无功计算负荷：

$$Q_{30} = P_{30} \tan\varphi \tag{4-11}$$

单组用电设备的视在计算负荷：

$$S_{30} = \sqrt{P_{30}^2 + Q_{30}^2} \tag{4-12}$$

单组用电设备的计算电流：

$$I_{30} = \frac{S_{30}}{\sqrt{3}\, U_N} \tag{4-13}$$

3）多组用电设备的负荷计算。

一个车间有多组用电设备，车间配电干线或车间低压母线上接有多个用电设备组，在确定其计算负荷时，也要考虑各组用电设备的最大负荷不同时出现的因素。将各组计算负荷相加后乘以同时使用系数 K_Σ 即可得车间配电干线或车间低压母线上总的计算负荷。其基本计算公式如下。

总的有功计算负荷：

$$P_{30} = K_\Sigma \sum P_{30i} \tag{4-14}$$

总的无功计算负荷：

$$Q_{30} = K_\Sigma \sum Q_{30i} \tag{4-15}$$

总的视在计算负荷：

$$S_{30} = \sqrt{P_{30}^2 + Q_{30}^2}$$

总的计算电流：

$$I_{30} = \frac{S_{30}}{\sqrt{3}\, U_N}$$

同时使用系数如表 4-1 所列。

表 4-1　同时使用系数

应 用 范 围	K_Σ
确定车间变电所低压线路最大负荷： 冷加工车间 热加工车间 动力站	0.7~0.8 0.7~0.9 0.8~1.0
确定配电所母线的最大负荷： 负荷小于 5 000kW 计算负荷为 5 000~10 000kW 计算负荷大于 10 000kW	0.9~1.0 0.85 0.8

（2）二项式系数法

在所需计算的范围内（一条配电支干线、一个配电箱），将用电设备按其设备性质不同分成若干组，对每一组选用合适的二项式系数，算出每组用电设备的计算负荷，然后由各组计算负荷求总的计算负荷。

在计算设备台数不多，而且各台设备容量相差较大的车间低压配电支线和配电箱的计算负荷时宜采用二项式系数法。这种方法考虑了用电设备中几台功率较大的设备工作时对负荷影响的附加功率，计算结果往往偏大。

基本公式为

$$P_{30} = bP_e + cP_x \tag{4-16}$$

式中，bP_e 表示设备组的平均功率，其中 P_e 是用电设备组的设备总容量，其计算方法如前需要系数法所述；cP_x 表示设备组中 x 台容量最大的设备投入运行时增加的附加负荷，其中 P_x 是 x 台最大容量的设备总容量；b、c 是二项式系数。

注意：按二项式法确定计算负荷时，如果设备总台数 n 少于最大容量设备台数 x 的 2 倍，即 $n < 2x$ 时，其最大容量设备台数 x 宜适当取小，建议取为 $n/2$ 且按"四舍五入"修约规则取其整数。例如某机床电动机组只有 7 台时，则其最大设备台数取为 $x = n/2 = 7/2 \approx 4$。

1）单组用电设备的负荷计算。

单组用电设备的计算负荷是在所需计算的范围内，将用电设备按其设备性质不同分成若干组，对应每一组选用合适的二项式系数，算出每组用电设备的计算负荷，其基本计算公式如下。

单组用电设备的有功计算负荷：

$$P_{30} = bP_e + cP_x$$

单组用电设备的无功计算负荷：

$$Q_{30} = P_{30} \tan\varphi$$

单组用电设备的视在计算负荷：

$$S_{30} = \sqrt{P_{30}^2 + Q_{30}^2}$$

单组用电设备的计算电流：

$$I_{30} = \frac{S_{30}}{\sqrt{3}\,U_N}$$

2）设备台数较少时计算负荷的确定。

对于单台电动机，则 $P_{30} = P_N/\eta$，这里 P_N 为电动机额定容量，η 为其额定效率。如果用电设备组只有 1~2 台设备时，则可认为 $P_{30} = P_e$。即 $b = 1$，$c = 0$。

3）多组用电设备计算负荷的确定。

采用二项式法确定多组用电设备总的计算负荷时，也应考虑各组用电设备的最大负荷不同时出现的因素，但不是计入一个同时系数，而是在各组设备中取其中一组最大的有功附加负荷 (cP_x) max，再加上各组的平均负荷 bP_e，由此求得其

总的有功计算负荷为

$$P_{30} = \sum (bP_e)_i + (cP_x)_{max} \tag{4-17}$$

总的无功计算负荷为

$$Q_{30} = \sum (bP_e \tan\varphi)_i + (cP_x)_{max} \tan\varphi_{max} \tag{4-18}$$

式中，$\tan\varphi_{max}$ 为最大附加负荷 $(cP_x)_{max}$ 设备组平均功率因数角的正切值。关于总的视在计算负荷 S_{30} 和总的计算电流 I_{30}，仍按式（4-12）和式（4-13）计算。

例 4-4 某机修车间 380 V 线路上，接有金属切削机床电动机 20 台共 50 kW（其中较大

容量电动机有 7.5 kW 1 台, 4 kW 3 台, 2.2 kW 7 台), 通风机 2 台, 共 3 kW, 电阻炉 1 台 2 kW。试确定此线路上的计算负荷。

解

1) 金属切削机床组的计算负荷

查相应附表, 取

$$K_d = 0.2, \quad \cos\varphi = 0.5, \quad \tan\varphi = 1.73$$

$$P_{30(1)} = 0.2 \times 50 \, kW = 10 \, kW$$

$$Q_{30(1)} = 10 \, kW \times 1.73 = 17.3 \, kvar$$

2) 通风机组的计算负荷

查相应附表, 取

$$K_d = 0.8, \quad \cos\varphi = 0.8, \quad \tan\varphi = 0.75$$

$$P_{30(2)} = 0.8 \times 3 \, kW = 2.4 \, kW$$

$$Q_{30(2)} = 2.4 \, kW \times 0.75 = 1.8 \, kvar$$

3) 电阻炉的计算负荷

查相应附表, 取

$$K_d = 0.7, \quad \cos\varphi = 1, \quad \tan\varphi = 0$$

$$P_{30(3)} = 0.7 \times 2 \, kW = 1.4 \, kW$$

$$Q_{30(3)} = 0$$

$$K_{\Sigma p} = 0.95, \quad K_{\Sigma q} = 0.97$$

因此总的计算负荷为:

$$P_{30} = 0.95 \times (10 + 2.4 + 1.4) \, kW = 13.1 \, kW$$

$$Q_{30} = 0.97 \times (17.3 + 1.8) \, kvar = 18.5 \, kvar$$

$$S_{30} = \sqrt{13.1^2 + 18.5^2} \, kV \cdot A = 22.7 \, kV \cdot A$$

$$I_{30} = \frac{22.7 \, kV \cdot A}{\sqrt{3} \times 0.38 \, kV} = 34.5 \, A$$

在实际工程的设计说明书中, 为了使人一目了然, 便于审核, 常采用计算表格的形式, 见表 4-2。

表 4-2 例 4-4 的负荷计算结果

序号	设备名称	台数 n	容量 P_e/kW	需要系数 K_d	$\cos\varphi$	$\tan\varphi$	计算负荷			
							P_{30}/kW	Q_{30}/kV·Ar	S_{30}/kV·A	I_{30}/A
1	切削机床	20	50	0.2	0.5	1.73	10	17.3		
2	通风机	2	3	0.8	0.8	0.75	2.4	18		
3	电阻炉	1	2	0.7	1	0	1.4	0		
		23	55				13.8	19.1		
车间总计算负荷		取 $K_{\Sigma p} = 0.95, K_{\Sigma q} = 0.97$					13.1	18.5	22.7	34.5

例 4-5 用二项式法确定例 4-4 所述机修车间 380 V 线路的计算负荷。

解 先求各组的有功附加负荷 bP_e 和 cP_x。

1）金属切削机床组

查相应附表 4.2.11，取

$$b=0.14, c=0.4, x=5, \cos\varphi=0.5, \tan\varphi=1.73$$

$bP_{e(1)}=0.14\times50\,\text{kW}=7\,\text{kW}, \quad cP_{x(1)}=0.4\times(7.5\,\text{kW}\times1+4\,\text{kW}\times3+2.2\,\text{kW}\times1)=8.68\,\text{kW}$

2）通风机组

查相应附表，取

$$b=0.65, \quad c=0.25, \quad \cos\varphi=0.8, \quad \tan\varphi=0.75$$

$$bP_{e(2)}=0.65\times3\,\text{kW}=1.95\,\text{kW}$$

$$cP_{x(2)}=0.25\times3\,\text{kW}=0.75\,\text{kW}$$

3）电阻炉

查相应附表，取

$$b=0.7, \quad c=0, \quad \cos\varphi=1, \quad \tan\varphi=0$$

$$bP_{e(3)}=0.7\times2\,\text{kW}=1.4\,\text{kW}$$

$$cP_{x(3)}=0$$

以上各组设备中，1）中的附加负荷以 $cP_{x(1)}$ 为最大，因此总计算负荷为

$$P_{30}=(7+1.95+1.4)\,\text{kW}+8.68\,\text{kW}=19\,\text{kW}$$

$$Q_{30}=(7\times1.73+1.95\times0.75+0)\,\text{kvar}+8.68\times1.73\,\text{kvar}=28.6\,\text{kvar}$$

$$S_{30}=\sqrt{19^2+28.6^2}\,\text{kV}\cdot\text{A}=34.3\,\text{kV}\cdot\text{A}$$

$$I_{30}=\frac{34.3\,\text{kV}\cdot\text{A}}{\sqrt{3}\times0.38\,\text{kV}}52.1\,\text{A}$$

比较需要系数法和二项式法计算的结果，二项式系数法计算的结果大得比较多。

4.2.2 全厂计算负荷的确定

1. 用需要系数法计算全厂计算负荷

在已知全厂用电设备总容量 P_e 的条件下，乘以一个工厂的需要系数 K_d（表 4-3）可求得全厂的有功计算负荷，即

$$P_{30}=K_d P_e$$

其余的负荷用公式（4-11）、（4-12）、（4-13）进行计算。

表 4-3 全厂的需要系数表

工厂类别	需要系数	功率因数	工厂类别	需要系数	功率因数
汽轮机制造厂	0.38	0.88	石油机械制造厂	0.45	0.78
锅炉制造厂	0.27	0.73	电线电缆制造厂	0.35	0.73
柴油机制造厂	0.32	0.74	电器开关制造厂	0.35	0.75
重型机床制造厂	0.32	0.71	橡胶厂	0.5	0.72
仪器仪表制造厂	0.37	0.81	通用机械厂	0.4	0.72
电机制造厂	0.33	0.81			

例 4-6 已知某石油机械制造厂，共有设备容量 10000 kW，试估算该厂的计算负荷。

解　查表 4-3 取需要系数和功率因数为 $K_d = 0.45$，$\cos\varphi = 0.78$，$\tan\varphi = 1.14$，

$$P_{30} = K_d P_e = 0.45 \times 10000 \, \text{kW} = 4500 \, \text{kW}$$

$$Q_{30} = P_{30}\tan\varphi = 4500 \times 1.14 \, \text{kvar} = 5130 \, \text{kvar}$$

$$S_{30} = \sqrt{P_{30}^2 + Q_{30}^2} = \sqrt{4500^2 + 5130^2} \, \text{kV} \cdot \text{A} = 6823.99 \, \text{kV} \cdot \text{A}$$

$$I_{30} = \frac{S_{30}}{\sqrt{3} \, U_N} = \frac{6823.99}{1.732 \times 380} \, \text{kA} = 10.37 \, \text{kA}$$

2. 按逐级计算法确定工厂计算负荷

逐级计算法由用电设备处逐步向电源进线侧计算。各级计算点的选取，一般为各级配电箱（屏）的出线和进线、变电所低压出线、变压器低压母线、高压进线等处。工厂供配电系统各部位负荷计算如下。

1）用电设备组的计算负荷，如图 4-5 中 $P_{30(6)}$。它用于选择车间配电干线以及干线上的电气设备。

计算公式为

$$P_{30(6)} = K_d P_e$$

（2）车间变电所低压支线上的计算负荷，如图 4-5 中 $P_{30(5)}$，此为多组用电设备的计算负荷。

$$P_{30(5)} = K_{\Sigma p} \sum P_{30(6)}$$

$$Q_{30(5)} = K_{\Sigma q} \sum Q_{30(6)}$$

车间变电所低压支干线上的计算负荷，如图 4-5 中 $P_{30(4)}$ 所示。

$$P_{30(4)} = P_{30.(5)} + \Delta P_{WL2}$$

$$Q_{30(4)} = Q_{30(5)} + \Delta Q_{WL2}$$

目的：用于选择车间配电支干线的截面及开关设备。

（3）车间变电所低压杆上的计算负荷，如图 4-5 中 $P_{30(3)}$ 所示。

$$P_{30(3)} = K_{\Sigma p} \sum P_{30.(4)}$$

$$Q_{30(3)} = K_{\Sigma q} \sum Q_{30(4)}$$

目的：用于选择车间变电所低压干线及母线的截面。

（4）高压配电所支干线上的计算负荷，如图 4-5 中 $P_{30(2)}$ 所示。

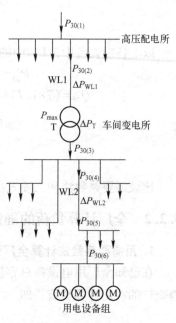

图 4-5　工厂供配电系统
各部位负荷计算

$$P_{30(2)} = P_{30(3)} + \Delta P_{WL1} + \Delta P_T$$

$$Q_{30(2)} = Q_{30(3)} + \Delta Q_{WL2} + \Delta Q_T$$

目的：用于选择高压配电所用于配电支线的截面及开关设备。

（5）高压配电所进线上的计算负荷，如图中 $P_{30(1)}$ 所示。

$$P_{30(1)} = K_{\Sigma p} \sum P_{30(2)}$$

$$Q_{30(1)} = K_{\Sigma q} \sum Q_{30(2)}$$

目的：全厂总计算负荷的数值可作为向供电部门申请全厂用电的依据，并用于选择高压配电所电源进线的截面及进线开关设备。

4.2.3 供电系统中的功率损耗

1. 供电线路的功率损耗

由于线路存在电阻和电抗，所以线路上会产生有功损耗和无功损耗。在实际工作中，常根据计算负荷来求线路的功率损耗，即最大功率损耗，故三相线路的有功功率损耗 ΔP_{WL}（单位为 kW）和无功功率损耗 ΔQ_{WL}（单位为 kvar）可分别按下式计算：

$$\Delta P_{WL} = 3I_{30}^2 R_{WL} \times 10^{-3} \text{ kW} \tag{4-19}$$

$$\Delta Q_{WL} = 3I_{30}^2 X_{WL} \times 10^{-3} \text{ kvar} \tag{4-20}$$

式中 I_{30}——线路中的计算电流（A）；

R_{WL}——线路每相电阻（Ω）等于单位长度的电阻 R_0 乘以长度 L；

X_{WL}——线路每相电抗（Ω）等于单位长度的电抗 X_0 乘以长度 L。

式（4-19）和（4-20）如用线路的计算功率 P_{30}、Q_{30} 及 S_{30} 表示时，则：

$$\Delta P_{WL} = \frac{S_{30}^2}{U_N^2} R_{WL} \times 10^{-3} = \frac{P_{30}^2 + Q_{30}^2}{U_N^2} R_{WL} \times 10^{-3} = \frac{P_{30}^2}{U_N^2 \cos^2\varphi} R_{WL} \times 10^{-3}$$

$$\Delta Q_{WL} = \frac{S_{30}^2}{U_N^2} X_{WL} \times 10^{-3} = \frac{P_{30}^2 + Q_{30}^2}{U_N^2} X_{WL} \times 10^{-3} = \frac{Q_{30}^2}{U_N^2 \cos^2\varphi} X_{WL} \times 10^{-3}$$

式中 U_N——三相供电线路的额定电压，kV。

2. 变压器的功率损耗

变压器的功率损耗包括有功功率损耗 ΔP_T 和无功功率损耗 ΔQ_T。

变压器的有功功率损耗由两部分组成：一部分是变压器在额定电压 U_N 时不变的空载损耗 ΔP_0，也就是铁损 ΔP_{Fe}；另一部分是随负荷而变化的绕组损耗，即有载损耗，也就是铜损 ΔP_{Cu}。变压器的短路损耗 ΔP_k 可认为是额定电流下的铜损 $\Delta P_{Cu} \cdot N$。由于有载损耗与变压器负荷电流的平方成正比，所以变压器在计算负荷 S_{30} 下的有功功率损耗 ΔP_T 为：

$$\Delta P_T = \Delta P_0 + \Delta P_l \approx \Delta P_0 + \Delta P_k \left(\frac{S_{30}}{S_{NT}}\right)^2, \text{kW}$$

式中 S_{30}——变压器低压侧的计算负荷，kV·A；

S_{NT}——变压器额定容量，kV·A；

ΔP_0——变压器空载有功损耗，kW；

ΔP_k——变压器有功短路损耗，kW。

变压器的无功功率损耗也由两部分组成：一部分是变压器空载时不变的无功损耗 ΔQ_0，另一部分是随着变压器负荷而变化在绕组中产生的无功损耗。所以变压器在计算负荷 S_{30} 下的无功功率损耗 ΔQ_T 为：

$$\Delta Q_T = \Delta Q_0 + \Delta Q_N \left(\frac{S_{30}}{S_{NT}}\right)^2 \approx S_{NT} \left[\frac{I_0\%}{100} + \frac{U_k\%}{100}\left(\frac{S_{30}}{S_{NT}}\right)^2\right]$$

在工程设计中，变压器的有功功率损耗和无功功率损耗也可以按下式进行估算。

① 对 SL_7、S_7、S_9、S_{10} 等低损耗型的变压器：

$$\Delta P_T \approx 0.015 S_{30} \tag{4-21}$$

$$\Delta Q_T \approx 0.06 S_{30} \tag{4-22}$$

② 对 SJL1 等高损耗型的变压器:

$$\Delta P_T \approx 0.02 S_{30}$$

$$\Delta Q_T \approx 0.08 S_{30}$$

式中 S_{30}——变压器二次侧的视在计算负荷。

4.2.4 单相用电设备组计算负荷的确定

在供配电系统中,除了三相用电设备外,还接有单相用电设备,例如照明、电焊机电炉等。这些单相用电设备有的接相电压,有的接在线电压上,一般将这些单相负荷尽可能地均衡地分配到三相上。当三相线路中的单相负荷的总容量小于计算范围内三相负荷的总容量的 15% 时,则单相设备可与三相设备综合按三相负荷对称计算;当单相用电设备容量大于三相用电设备总容量的 15% 时,则应将单相设备容量换算成三相设备容量,以确定其计算负荷。

1. 单相用电设备组等效三相负荷的计算

(1)单相用电设备接于相电压时的等效三相负荷计算

等效三相设备容量 P_e 按最大负荷相所接单相设备容量 $P_{e \cdot m\varphi}$ 的 3 倍计算,即

$$P_e = 3 P_{e \cdot m\varphi}$$

等效三相计算负荷可按前述方法计算。

(2)单相用电设备接于线电压时的等效三相负荷计算

等效三相设备容量 P_e 按单相设备容量 $P_{e \cdot \varphi}$ 的 $\sqrt{3}$ 倍计算,即

$$P_e = \sqrt{3} P_{e \cdot \varphi}$$

等效三相计算负荷可按前述方法计算。

(3)单相用电设备既接于线电压又接于相电压时的等效三相负荷计算

先将接于线电压的设备换算到接于相电压的设备容量,然后分相计算各相设备容量和计算负荷,计算公式如下:

$$P_A = P_{AB-A} P_{AB} + P_{CA-A} P_{CA}$$

$$P_B = P_{BC-B} P_{BC} + P_{AB-B} P_{AB}$$

$$P_C = P_{CA-C} P_{CA} + P_{BC-C} P_{BC}$$

$$Q_A = q_{AB-A} P_{AB} + q_{CA-A} P_{CA}$$

$$Q_B = q_{BC-B} P_{BC} + q_{AB-B} P_{AB}$$

$$Q_C = q_{CA-C} P_{CA} + q_{BC-C} P_{BC}$$

其中 P_{AB-A}、q_{AB-A} 等换算系数可查相间负荷换算为相负荷表,见表 4-4。

表 4-4 相间负荷换算为相负荷

功率换算系数			负荷功率因数								
			0.35	0.4	0.5	0.6	0.65	0.7	0.8	0.9	1.0
P_{AB-A}、	P_{BC-B}、	P_{CA-C}	1.27	1.17	1.0	0.89	0.84	0.8	0.72	0.64	0.5
P_{AB-B}、	P_{BC-C}、	P_{CA-A}	−0.27	−0.17	0	0.11	0.16	0.2	0.28	0.36	0.5
q_{AB-A}、	q_{BC-B}、	q_{CA-C}	1.05	0.86	0.58	0.38	0.3	0.22	0.09	−0.05	−0.29
q_{AB-B}、	q_{BC-C}、	q_{CA-A}	1.63	1.44	1.16	0.96	0.88	0.8	0.57	0.53	0.29

（4）总的等效三相计算负荷为其最大有功负荷相的计算负荷的3倍，即

$$P_{30} = 3P_{30 \cdot m\varphi}$$

$$Q_{30} = 3Q_{30m \cdot \varphi}$$

$$S_{30} = \sqrt{P_{30}^2 + Q_{30}^2}$$

例4-7 某220 V/380 V三相四线制线路上，装有220 V单相电热干燥箱6台、单相电加热器2台和380 V单相对焊机6台。其在线路上的连接情况为：电热干燥箱2台20 kW的接于A相，1台30 kW的接于B相，3台10 kW的接于C相；电加热器2台20 kW的分别接于B相和C相；对焊机3台14 kW的（$\varepsilon=100\%$）接于AB相，2台20 kW（$\varepsilon=100\%$）的接于BC相，1台46 kW（$\varepsilon=60\%$）的接于CA相。试求该线路的计算负荷。

解 1）求电热干燥箱及电加热器的各相计算负荷。

查表4-2得$K_d=0.7$，$\cos\phi=1$，$\tan\phi=0$，因此只要计算有功计算负荷：

A相 $P_{30 \cdot A1} = K_d P_{eA} = 0.7 \times 20 \times 2 \text{ kW} = 28 \text{ kW}$

B相 $P_{30 \cdot B1} = K_d P_{eB} = 0.7 \times (30 \times 1 + 20 \times 1) \text{ kW} = 35 \text{ kW}$

C相 $P_{30 \cdot C1} = K_d P_{eC} = 0.7 \times (10 \times 3 + 20 \times 1) \text{ kW} = 35 \text{ kW}$

2）求对焊机的各相计算负荷。

查相应表得$K_d=0.35$，$\cos\phi=0.7$，$\tan\phi=1.02$，

查相间功率换算表4-4得$\cos\phi=0.7$时，

$$P_{AB-A} = P_{BC-B} = P_{CA-C} = 0.8$$

$$P_{AB-B} = P_{BC-C} = P_{CA-A} = 0.2$$

$$q_{AB-A} = q_{BC-B} = q_{CA-C} = 0.22$$

$$q_{AB-B} = q_{BC-C} = q_{CA-A} = 0.8$$

先将接于CA相的46 kW（$\varepsilon=60\%$）换算至$\varepsilon=100\%$的设备容量，即

$$P_{CA} = P_N\sqrt{\varepsilon_N} = 46 \times \sqrt{0.6} \text{ kW} = 35.63 \text{ kW}$$

各相的设备容量如下。

A相： $P_{eA} = P_{AB-APAB} + P_{CA-APCA} = 0.8 \times 14 \times 3 \text{ kW} + 0.2 \times 35.63 \text{ kW} = 40.73 \text{ kW}$

           $Q_{eA} = q_{AB-APAB} + q_{CA-APCA} = 0.22 \times 14 \times 3 \text{ kvar} + 0.8 \times 35.63 \text{ kvar} = 37.74 \text{ kvar}$

B相： $P_{eB} = P_{BC-BPBC} + P_{AB-BPAB} = 0.8 \times 20 \text{ kW} \times 2 + 0.2 \times 14 \times 3 \text{ kW} = 40.4 \text{ kW}$

           $Q_{eB} = q_{BC-BPBC} + q_{AB-BPAB} = 0.22 \times 20 \text{ kvar} \times 2 + 0.8 \times 14 \times 3 \text{ kvar} = 42.4 \text{ kvar}$

C相： $P_{eC} = p_{CA-CPCA} + p_{BC-CPBC} = 0.8 \times 35.63 \text{ kW} + 0.2 \times 20 \times 2 \text{ kW} = 36.5 \text{ kW}$

           $Q_{eC} = q_{CA-CPCA} + q_{BC-CPBC} = 0.22 \times 35.63 \text{ kvar} + 0.8 \times 20 \times 2 \text{ kvar} = 39.84 \text{ kvar}$

各相的计算负荷如下。

A相： $P_{30,A2} = K_d P_{eA} = 0.35 \times 40.73 \text{ kW} = 14.26 \text{ kW}$

               $Q3_{0,A2} = K_d Q_{eA} = 0.35 \times 37.74 \text{ kvar} = 13.21 \text{ kvar}$

B相： $P_{30,B2} = K_d P_{eB} = 0.35 \times 40.4 \text{ kW} = 14.14 \text{ kW}$

               $Q_{30,B2} = K_d Q_{eB} = 0.35 \times 42.4 \text{ kvar} = 14.84 \text{ kvar}$

C相： $P_{30,C2} = K_d P_{eC} = 0.35 \times 36.5 \text{ kW} = 12.78 \text{ kW}$

               $Q_{30,C2} = K_d Q_{eC} = 0.35 \times 39.84 \text{ kvar} = 13.94 \text{ kvar}$

3）求各相总的计算负荷（设同时系数为 0.95）。

A 相：　　$P_{30 \cdot A} = K\Sigma(P_{30 \cdot A1} + P_{30 \cdot A2}) = 0.95 \times (28 + 14.26)\text{kW} = 40.15\text{kW}$

　　　　　　$Q_{30 \cdot A} = K\Sigma(Q_{30 \cdot A1} + Q_{30 \cdot A2}) = 0.95 \times (0 + 13.21)\text{kvar} = 12.55\text{kvar}$

B 相：　　$P_{30 \cdot B} = K\Sigma(P_{30 \cdot B1} + P_{30 \cdot B2}) = 0.95 \times (35 + 14.14)\text{kW} = 46.68\text{kW}$

　　　　　　$Q_{30 \cdot B} = K\Sigma(Q_{30 \cdot B1} + Q_{30 \cdot B2}) = 0.95 \times (0 + 14.84)\text{kvar} = 14.10\text{kvar}$

C 相：　　$P_{30 \cdot C} = K\Sigma(P_{30 \cdot C1} + P_{30 \cdot C2}) = 0.95 \times (35 + 12.78)\text{kW} = 45.39\text{kW}$

　　　　　　$Q_{30 \cdot C} = K\Sigma(Q_{30 \cdot C1} + Q_{30 \cdot C2}) = 0.95 \times (0 + 13.94)\text{kvar} = 13.24\text{kvar}$

4）求总的等效三相计算负荷。

因为 B 相的有功计算负荷最大，

所以

$$P_{30 \cdot m\varphi} = P_{30 \cdot B} = 46.68\text{kW}$$

$$Q_{30 \cdot m\varphi} = Q_{30 \cdot B} = 14.10\text{kvar}$$

$$P_{30} = 3P_{30 \cdot m\varphi} = 3 \times 46.68\text{kW} = 140.04\text{kW}$$

$$Q_{30} = 3Q_{30 \cdot m\varphi} = 3 \times 14.10\text{kvar} = 42.3\text{kvar}$$

$$S_{30} = \sqrt{P_{30}^2 + Q_{30}^2} = \sqrt{140.04^2 + 42.3^2}\ \text{kV} \cdot \text{A} = 146.29\text{kV} \cdot \text{A}$$

$$I_{30} = \frac{S_{30}}{\sqrt{3}\,U_N} = \frac{146.29}{1.732 \times 380}\text{kA} = 0.222\text{kA}$$

4.2.5　尖峰电流及其计算

尖峰电流是指持续时间 1~2 s 的短时最大电流。

尖峰电流主要用来选择熔断器和低压断路器、整定继电保护装置及检验电动机自起动条件等。

用电设备尖峰电流的计算如下。

1. 单台用电设备尖峰电流的计算

单台用电设备的尖峰电流就是其起动电流，因此尖峰电流为：

$$I_{pk} = I_{st} = K_{st}I_N \tag{4-23}$$

式中　I_N——用电设的备额定电流；

　　　I_{st}——用电设备的起动电流；

　　　K_{st}——用电设备的起动电流倍数，笼型电动机为 $K_{st} = 5~7$，绕线转子电动机 $K_{st} = 2~3$，直流电动机 $K_{st} = 1.7$，电焊变压器 $K_{st} \geqslant 3$。

2. 多台用电设备尖峰电流的计算

引至多台用电设备的线路上的尖峰电流按下式计算：

$$I_{pk} = K_{\Sigma}\sum_{i=1}^{n-1}I_{N,i} + I_{st,\max} \tag{4-24}$$

或　　　　　　　　　　$I_{pk} = I_{30} + (I_{st} - I_N)_{\max} \tag{4-25}$

式中　$I_{st,\max}$ 和 $(I_{st} - I_N)_{\max}$——依次为用电设备中起动电流与额定电流之差为最大的那台设备的起动电流及其起动电流与额定电流之差；

$\sum\limits_{i=1}^{n=1}I_{N,i}$——将起动电流与额定电流之差为最大的那台设备除外的其他 $n-1$ 台设备的额定电流之和；

  K_Σ——上述 $n-1$ 台设备的同时系数，按台数多少选取，一般取 $0.7\sim1$；

  I_{30}——全部设备投入运行时线路的计算电流。

例 4-8 有一 380 V 三相线路，供电给表 4-5 中 4 台电动机。试计算该线路的尖峰电流。

解 由表 4-5 可知，电动机 M4 的 $I_{st}-I_N=130\,A-20\,A=110\,A$ 为最大，因此按式（2-24）计算（取 $K_\Sigma=0.9$）得线路的尖峰电流为

$$I_{Pk}=0.9\times(10+5+30)\,A+130\,A=170.5\,A$$

表 4-5 例 4-8 的数据

参　　数	电动机			
	M1	M2	M3	M4
额定电流 I_N/A	10	5	20	30
起动电流 I_{st}/A	50	30	130	120

4.2.6 供配电系统的功率因数及功率补偿容量

1. 功率因数

功率因数是供用电系统的一项重要的技术经济指标，它反映了供用电系统中无功功率消耗量在系统总容量中所占的比重，反映了供用电系统的供电能力。

2. 分类

1）瞬时功率因数是运行中的工厂供用电系统在某一时刻的功率因数值，即

$$\cos\phi=\frac{P}{\sqrt{3}\,UI}$$

式中 P——功率表测出的三相有功功率读数；

  U——电压表测出的线电压读数；

  I——电流表测出的线电流读数。

2）平均功率因数是指某一规定时间段内功率因数的平均值。即

$$\cos\varphi=\frac{W_P}{\sqrt{W_P^2+W_q^2}}$$

式中 W_P——有功电度表读数；

  W_q——无功电度表读数。

月平均功率因数是电业部门调整收费标准的依据。我国规定高压供电的工业用户，功率因数应达 0.9 以上，其他用户功率因数应在 0.85 以上，当功率因数低于 0.7 时，电业局不予供电。

3）最大负荷时的功率因数是供配电系统运行在年最大负荷时的功率因数。用于确定无功补偿容量。

3. 提高功率因数的方法

工厂中的用电设备多为感性负载，在运行过程中，除了消耗有功功率外，还需要大量的

无功功率在电源至负荷之间进行能量交换，导致功率因数降低，将给工厂供配电系统带来以下不良后果：增加输电线路上的电能损耗；设备容量不能充分利用；线路电压损耗增大。功率因数的提高与无功功率和视在功率变化的关系如图 4-6 所示。

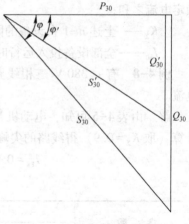

图 4-6　功率因数的提高与无功
功率和视在功率变化的关系

提高功率因数的方法如下：

1）提高自然功率因数：正确选择异步电动机的容量、限制异步电动机的空载运行、变压器合理使用等。

2）安装人工补偿装置

① 无功功率补偿装置类型有 3 种：并联电容器补偿装置、同步补偿机、SVC 静态无功功率补偿装置。

② 并联电容器组的装设位置（补偿方式）有 3 种：高压集中补偿、低压集中补偿、低压就地补偿。

4. 功率补偿容量和补偿后计算负荷的确定

要使功率因数由 $\cos\varphi$ 提高到 $\cos\varphi'$，其补偿容量为

$$Q_C = Q_{30} - Q'_{30} = P_{30}(\tan\varphi - \tan\varphi') \tag{4-26}$$

式中，Q_{30} 为补偿前无功计算负荷；Q_{30}' 为补偿后无功计算负荷。

在确定了总的补偿容量后，即可根据所选并联电容器的单个容量 q_C 来确定电容器个数：

$$n = \frac{Q_C}{q_C} \tag{4-27}$$

补偿后视在计算负荷和无功计算负荷如下：

$$S'_{30} = \sqrt{P_{30}^2 + Q'^2_{30}} = \sqrt{P_{30}^2 + (Q_{30} - Q_C)^2} \tag{4-28}$$

$$Q'_{30} = Q_{30} - Q_c \tag{4-29}$$

例 4-9　某用户 10 kV 变电所低压计算负荷为 800 kW+580 kvar（有功计算负荷+无功计算负荷）。若欲使低压侧功率因数达到 0.92，则需在低压侧进行补偿的并联电容器无功自动补偿装置容量是多少？并选择电容器组数及每组容量。

解　（1）求补偿前的视在计算负荷及功率因数

$$S_c = \sqrt{P_c^2 + Q_c^2} = \sqrt{800^2 + 580^2}\ \text{kV} \cdot \text{A} = 988.1\ \text{kV} \cdot \text{A}$$

（2）确定无功补偿容量

$$\cos\varphi = \frac{P_c}{S_c} = \frac{800\ \text{kW}}{988.1\ \text{kV} \cdot \text{A}} = 0.810$$

$$Q_{N \cdot C} = P_c(\tan\varphi - \tan\varphi')$$

$$= 80 \times (\tan\arccos 0.810 - \tan\arccos 0.92)\ \text{kvar}$$

$$= 238.4\ \text{kvar}$$

（3）选择电容器组数及每组容量

初选 BSMJ0.4-20-3 型自愈式并联电容器，每组容量 $q_{N \cdot 30} = 20\ \text{kvar}$。

$$n = \frac{Q_{N \cdot C}}{q_{N \cdot C}} = \frac{238.4\ \text{kvar}}{20\ \text{kvar}} = 11.92$$

78

补偿后的视在计算负荷为

$$S_c = \sqrt{P_c^2 + (Q_c - Q_{N\cdot C})^2} = \sqrt{800^2 + (580-240)^2} \, kV \cdot A = 869.3 \, kV \cdot A$$

例 4-10 某厂拟建一降压变电所，装设一台主变压器。已知变电所低压侧有功计算负荷为 650 kW，无功计算负荷为 800 kvar。为了使工厂变电所高压侧的功率因数不低于 0.9，如在低压侧装设并联电容器进行补偿时，需装设多少补偿容量？并问补偿前后工厂变电所所选主变压器容量有何变化？

解 （1）求补偿前应选变压器的容量和功率因数

变压器低压侧的视在计算负荷为

$$S_{30(2)} = \sqrt{650^2 + 800^2} \, kV \cdot A = 1031 \, kV \cdot A$$

主变压器容量的选择条件为 $S_{NT} > S_{30(2)}$，因此在未进行无功补偿时，主变压器容量应选为 1250 kV·A（参看相应附表 5）。

这时变电所低压侧的功率因数为

$$\cos\varphi_{(2)} = 650/1031 = 0.63$$

（2）确定无功补偿容量

按规定变电所高压侧的 $\cos\varphi \geq 0.9$，考虑到变压器的无功功率损耗 ΔQ_T 远大于其有功损耗 ΔP_T，一般 $\Delta Q_T = (4\sim5)\Delta P_T$，因此在变压器低压侧进行无功补偿时，低压侧补偿后的功率因数应略高于 0.9，这里取 $\cos\varphi'_{(2)} = 0.92$。

要使低压侧功率因数由 0.63 提高到 0.92，低压侧需装设的并联电容器容量为

$$Q_C = 650 \times (\tan\arccos 0.63 - \tan\arccos 0.92) \, kvar = 525 \, kvar$$

取：$Q_C = 530 \, kvar$。

（3）求补偿后的变压器容量和功率因数

补偿后变电所低压侧的视在计算负荷为

$$S'_{30(2)} = \sqrt{650^2 + (800-530)^2} \, kV \cdot A = 704 \, kV \cdot A$$

因此补偿后变压器容量可改选为 800 kV·A，比补偿前容量减少 450 kV·A。

变压器的功率损耗为

$$\Delta P_T \approx 0.01 \times S'_{30(2)} = 0.01 \times 704 \, kV \cdot A = 7 \, kW$$

$$\Delta Q_T \approx 0.05 \times S'_{30(2)} = 0.05 \times 704 \, kV \cdot A = 35 \, kvar$$

变电所高压侧的计算负荷为

$$P'_{30(1)} = 650 \, kW + 7 \, kW = 657 \, kW$$

$$Q'_{30(1)} = (800-530) \, kvar + 35 \, kvar = 305 \, kvar$$

$$S'_{30(1)} = \sqrt{657^2 + 305^2} \, kV \cdot A = 724 \, kV \cdot A$$

补偿后工厂的功率因数为

$$\cos\varphi' = P'_{30(1)}/S'_{30(1)} = 657/724 = 0.907$$

可满足要求。由此例可以看出，采用无功补偿来提高功率因数能使工厂取得可观的经济效果。

4.3 短路电流的计算

本节中通过分析和计算供配电系统在短路故障情况下的短路电流，引导学生了解短

路的原因、种类、危害、短路的效应；理解短路计算参数的含义；掌握短路电流的计算方法及电气设备的选择方法。为母线、电缆、设备的选择和继电保护的整定计算打下良好的基础。

【学习目标】

1. 了解短路计算的目的；
2. 了解短路的原因；
3. 了解种类及危害；
4. 掌握短路计算方法；
5. 了解短路的效应；
6. 掌握电气设备选择的一般原则。

4.3.1 短路原因、种类及危害

供电网络中发生短路时，很大的短路电流会使电器设备过热或受电动力作用而遭到损坏，同时使网络内的电压大大降低，因而破坏了网络内用电设备的正常工作。为了消除或减轻短路的后果，就需要计算短路电流，以正确地选择电器设备、设计继电保护和选用限制短路电流的元件。

1. 短路电流计算的目的

1）正确地选择和校验各种电器设备，避免在短路电流作用下损坏电气设备。

2）准确地整定供配电系统的保护装置，保证供配电系统中出现短路时，保护装置能可靠动作。

3）选择限制短路电流的电器设备。

4）研究短路对用户工作的影响。

2. 短路

短路是指运行中的供配电系统，不同相之间，相与中线或地线之间发生的金属性的连接或经小阻抗的连接。

3. 短路原因

1）电力系统中电器设备载流导体绝缘层损坏。

造成绝缘层损坏的原因主要有设备绝缘层自然老化，绝缘层受到机械损伤，设备本身的质量问题；操作过电压或大气过电压引起的过电压击穿等。

2）人为故障，包括：设计、安装、维护及误操作。

如运行人员不遵守操作规程操作，如带负荷情况下拉、合隔离开关，检修后忘拆除地线就合闸。

3）意外故障，例如：鸟兽跨接在裸露导体上。

4）气象条件恶化。

4. 短路故障的种类

三相交流系统危害较大的短路类型主要有：三相短路、两相短路、单相短路和两相接地短路（仅大接地系统有）。短路故障的种类、性质及特点见表4-6。

表4-6　短路故障的种类、性质及特点

短路名称	表示符号	示　　图	短路性质	特　　点
单相短路	$k^{(1)}$	A B C ● ⚡ ⏚ / A B C ⚡ N	不对称短路	短路电流仅在故障相中流过，故障相电压下降，非故障相电压会升高
两相短路	$k^{(2)}$	A ● ⚡ B ● ⚡ C	不对称短路	短路回路中流过很大的短路电流，电压和电流的对称性被破坏
两相短路接地	$k^{(1,1)}$	A B ⚡ C ⏚ ⚡ ⏚ ⚡	不对称短路	短路回路中流过很大的短路电流，故障相电压为零
三相短路	$k^{(3)}$	A ⚡ B C	对称短路	三相电路中都流过很大的短路电流，短路时电压和电流保持对称，短路点电压为零

5. 短路的危害

① 短路产生很大的热量，导体温度升高，将绝缘损坏。

② 短路产生巨大的电动力，使电气设备受到机械损坏。

③ 短路使系统电压降低，电流升高，电器设备正常工作受到破坏。

④ 短路造成停电，给国民经济带来损失，给人民生活带来不便。

⑤ 严重的短路将影响电力系统运行的稳定性，使同步发电机失步。

⑥ 单相短路产生的不平衡磁场，对通信线路和弱电设备产生严重的电磁干扰。

4.3.2　三相短路过渡过程分析

1. 无限大容量系统三相短路分析

无限大容量系统三相短路电路图及单相等值电路图如图4-7所示。

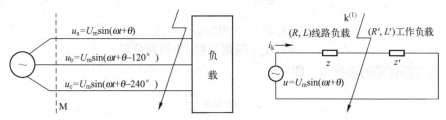

图4-7　无限大容量系统三相短路电路图及单相等值电路图

（1）无穷大容量系统的概念

在工程计算中，当电源系统的阻抗不大于短路回路总阻抗的 5%～10%，或者电源系统的容量超过用户容量的 50 倍时，可将其视为无穷大容量电源系统。

无穷大容量只是一个相对概念，指电源系统的容量相对于用户容量大得多，或者在发生三相短路时电源系统的阻抗远远小于短路回路的总阻抗，以致无论用户负荷如何变化甚至发生短路，系统的母线电压都能基本维持不变。

（2）无限大容量系统发生三相短路时的电压、电流曲线图

无限大容量系统发生三相短路时的电压、电流曲线如图 4-8 所示。

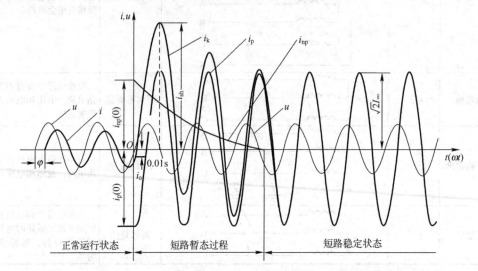

图 4-8　无限大容量系统发生三相短路时的电压、电流变动曲线

电路中存在电感，发生短路后，电流不能突变，有一个过渡过程即短路暂态过程。

（3）无穷大容量系统三相短路过程分析

当在 $t=0$ 时刻，发生短路。

从短路时刻（$t=0$）开始，短路回路的电压方程为

$$U_m \sin(\omega t+\theta) = R \cdot i_k + L \frac{di_k}{dt}$$

式中，θ 为电源电压初相角；ω 为电源电压角频率。

求解上述微分方程，得到

$$i_k = \frac{U_m}{|Z|} \sin(\omega t+\theta-\varphi_k) + A e^{-\frac{R}{L}t}$$

$$= I_{pm} \sin(\omega t+\theta-\varphi_k) + A e^{-\frac{R}{L}t}$$

$$= i_p + i_{ap}（周期分量+非周期分量）$$

式中，φ_k 为短路回路的阻抗角，即

$$\varphi_k = \arctan \frac{\omega L}{R}$$

I_{pm} 为短路电流周期分量幅值，即

$$I_{pm} = \frac{U_m}{|Z|}$$

82

由于感性电路在短路瞬间电流不能突变，由此特征求解 A 值：

$$I_{\mathrm{m}}\sin(\omega t+\theta-\varphi)=I_{\mathrm{pm}}\sin(\omega t+\theta-\varphi_{\mathrm{k}})+A$$

$$A=I_{\mathrm{m}}\sin(\theta-\varphi)-I_{\mathrm{pm}}\sin(\theta-\varphi_{\mathrm{k}})$$

将 A 带入 i_{k} 的表达式，得到短路后短路电流随时间变化的表达式：

$$i_{\mathrm{k}}=I_{\mathrm{pm}}\sin(\omega t+\theta-\varphi_{\mathrm{k}})+\left[I_{\mathrm{m}}\sin(\theta-\varphi)-I_{\mathrm{pm}}\sin(\theta-\varphi_{\mathrm{k}})\right]e^{-\frac{t}{T_{\mathrm{a}}}}$$

式中，T_{a} 为非周期分量衰减时间常数，决定非周期分量按指数规律衰减的快慢。

$$T_{\mathrm{a}}=\frac{L}{R}$$

短路发生在高压电网时：$T_{\mathrm{a}}=0.05\mathrm{s}$。

短路发生在发电机附近时：$T_{\mathrm{a}}=0.2\mathrm{s}$。

（4）产生最大短路电流的条件

1）线路近似于纯感性（$\omega L>>R$，$\phi_{\mathrm{k}}\approx 90°$），即

$$i_{\mathrm{k}}=-I_{\mathrm{pm}}\cos(\omega t+\theta)+\left[I_{\mathrm{m}}\sin(\theta-\varphi)+I_{\mathrm{pm}}\cos\theta\right]e^{-\frac{t}{T_{\mathrm{a}}}}$$

2）当发生短路瞬间，电压瞬时值过零（$\theta=0$），即

$$i_{\mathrm{k}}=-I_{\mathrm{pm}}\cos\omega t+\left[-I_{\mathrm{m}}\sin\varphi+I_{\mathrm{pm}}\right]e^{-\frac{t}{T_{\mathrm{a}}}}$$

3）如短路前，线路空载（$I_{\mathrm{m}}=0$），即

$$i_{\mathrm{k}}=-I_{\mathrm{pm}}\cos\omega t+I_{\mathrm{pm}}e^{-\frac{t}{T_{\mathrm{a}}}}$$

满足上述三个条件的短路，称为无载线路合闸严重短路。该短路时短路电流波形如图 4-9 所示。

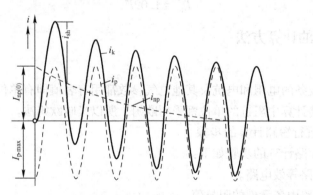

图 4-9　三相短路时无载线路合闸严重短路时的电流波形图

$$i_{\mathrm{k}}=-I_{\mathrm{pm}}\cos(\omega t)+I_{\mathrm{pm}}e^{-\frac{t}{T_{\mathrm{a}}}}$$

三个短路相电流分别为：

$$\begin{cases}i_{\mathrm{ka}}=-I_{\mathrm{pm}}\cos\omega t+I_{\mathrm{pm}}e^{-\frac{t}{T_{\mathrm{a}}}}\\ i_{\mathrm{kb}}=-I_{\mathrm{pm}}\cos(\omega t-120°)+I_{\mathrm{pm}}e^{-\frac{t}{T_{\mathrm{a}}}}\\ i_{\mathrm{kb}}=-I_{\mathrm{pm}}\cos(\omega t-240°)+I_{\mathrm{pm}}e^{-\frac{t}{T_{\mathrm{a}}}}\end{cases}$$

（5）短路计算的参数

I'' 为短路后第一个周期的短路电流周期分量的有效值，称为次暂态短路电流有效值。

$i_{sh}^{(3)}$ 为短路后经过半个周期（即 $0.01\,s$）时的短路电流峰值，是整个短路过程中的最大瞬时电流。这一最大的瞬时短路电流称为三相短路冲击电流峰值，用来校验电器和母线的动态稳定性。

$I_{sh}^{(3)}$ 为三相短路冲击电流有效值，短路后第一个周期的短路全电流有效值。也用来校验电器和母线的动稳定度。

$I_k^{(3)}$ 为三相短路电流稳态有效值，用来校验电器和载流导体的热稳定度。

$S_k''^{(3)}$ 为次暂态三相短路容量，即

$$S_k^{(3)} = \sqrt{3}\, U_C I_k^{(3)}$$

I_∞ 为短路稳态电流有效值，是短路电流非周期分量衰减完后的短路电流有效值。

在无限大容量系统中，

$$I_\infty = I_p$$

式中，I_p 为短路周期分量有效值。

在有限大容量系统中，

$$I_\infty = I_{pt}\big|_{t=\infty}$$

高压三相短路中，

$$i_{sh}^{(3)} = 2.55 I'' \tag{4-29}$$

$$I_{sh}^{(3)} = 1.51 I'' \tag{4-30}$$

低压三相短路中，

$$i_{sh}^{(3)} = 1.84 I'' \tag{4-31}$$

$$I_{sh}^{(3)} = 1.09 I'' \tag{4-32}$$

4.3.3 短路电流的计算方法

1. 有名值法

如果各种电气设备的电阻和电抗及其他电气参数都用有名值即有单位的值来计算，则称有名值法，因在短路计算中阻抗的单位都采用欧姆，所以又叫欧姆法。

（1）有名值法进行短路计算的步骤

有名值法进行短路计算的步骤如下：

1）绘制短路回路等效电路。

2）计算短路回路中各元件的阻抗值。

3）求等效阻抗，化简电路。

4）计算三相短路电流周期分量有效值及其他短路参数。

5）列出短路计算表。

（2）短路电流的计算公式

三相短路时，三相短路电流周期分量有效值的计算公式为：

$$I_k^{(3)} = \frac{U_C}{\sqrt{3}\,|Z_\Sigma|} = \frac{U_C}{\sqrt{3}\sqrt{R_\Sigma^2 + X_\Sigma^2}}$$

式中，U_C 为短路所在处短路点的短路计算电压，$U_C = U_{av}$。一般 U_C 取线路额定电压的 105%。Z_Σ、R_Σ、X_Σ 分别为短路回路的总阻抗、总电阻和总电抗，在高压电路的短路计算

中，通常总电抗远比总电阻大，所以一般不计电阻，只计算阻抗。在低压电路的短路计算中，只有当短路回路的总电阻 $R_\Sigma > X_\Sigma/3$ 时，才计入电阻，若不计入电阻，则三相短路电流周期分量的有效值为

$$I_k^{(3)} = \frac{U_C}{\sqrt{3} X_\Sigma}$$ (4-33)

三相短路容量为

$$S_k^{(3)} = \sqrt{3} I_k^{(3)} U_C$$ (4-34)

（3）供配电系统中各元件的阻抗

供配电系统中各元件的阻抗主要包括电力系统的阻抗、电力变压器的阻抗和电力线路的阻抗。供配电系统中的母线、电流互感器的一次绕组开关接触电阻等相对来说很小，在一般短路计算中可以忽略不计。

1）电力系统的阻抗。

$$X_S = \frac{U_C^2}{S_{OC}}$$ (4-35)

式中，S_{OC} 为电力系统出口中断路器的断流容量。

$$S_{OC} = \sqrt{3} I_{OC} U_N$$

式中，I_{OC} 为电力系统出口中断路器的开断电流。

2）电力变压器的阻抗。

电力变压器的电阻可由变压器的短路损耗来近似计算，即

$$\Delta P_k \approx 3 I_N^2 R_T \approx 3 \left(\frac{S_N}{\sqrt{3} U_C} \right)^2 R_T = \left(\frac{S_N}{U_C} \right)^2 R_T$$

$$R_T \approx \Delta P_k \left(\frac{U_C}{S_N} \right)^2$$ (4-36)

电力变压器的电抗可由变压器的短路电压来近似计算，即

$$U_k\% \approx (\sqrt{3} I_N X_T / U_C) \times 100 \approx \left(\frac{S_N X_T}{U_C^2} \right) \times 100$$

$$X_T \approx \frac{U_k\% \cdot U_C^2}{100 \cdot S_N}$$ (4-37)

式中，R_T 为变压器的电阻；X_T 为变压器的电抗；S_N 为变压器的额定容量。ΔP_k 为变压器的短路损耗。其值可查阅有关手册、产品样本。$U_k\%$ 为变压器的短路电压百分值。其值可查阅有关手册、产品样本。

3）电力线路的阻抗。

① 电力线路的电阻。

电力线路的电阻 R_{WL} 可由电力线路导线或电缆每相的单位长度电阻平均值 R_0 乘以线路的长度求得，即

$$R_{WL} = R_0 l$$ (4-38)

式中，R_0 为导线或电缆每相的单位长度电阻平均值，其值可查阅有关手册、产品样本。

② 电力线路的电抗。

电力线路的电抗 X_{WL} 可由电力线路导线或电缆每相的单位长度电抗平均值 X_0 乘以线路的长度求得，即

$$X_{WL} = X_0 l \tag{4-39}$$

式中，X_0 为导线或电缆每相的单位长度电抗平均值，其值可查阅有关手册、产品样本或见表 4-7。

表 4-7　导线或电缆每相的单位长度电抗平均值

线 路 结 构	线路电压		
	35 kV 及以上	6~10 kV	220 V/380 V
架空线路	0.4	0.35	0.32
电缆线路	0.12	0.08	0.066

4）电抗器的阻抗。

由于电抗器的电阻很小，所以只需计算其电抗值，即

$$X_R = \frac{X_R\% \cdot U_N}{100 \cdot \sqrt{3} I_N} \tag{4-40}$$

式中，$X_R\%$ 为电抗器的电抗百分值，U_N 为电抗器的额定电压，I_N 为电抗器的额定电流。

注意：在计算短路电路阻抗时，若电路中含有变压器，则各元件的阻抗都应统一换算到短路点的短路计算电压，阻抗等效换算的条件是元件的功率损耗不变，阻抗的换算公式为

$$\Delta P = \frac{U^2}{R}, \quad \Delta Q = \frac{U^2}{X}$$

$$R' = R \left(\frac{U'_C}{U_C} \right)^2 \tag{4-41}$$

$$X' = X \left(\frac{U'_C}{U_C} \right)^2 \tag{4-42}$$

式中，R、X、U_C 分别为换算前元件的电阻、电抗和元件所在处的短路计算电压，R'、X'、U'_C 分别为换算后元件的电阻、电抗和短路点的短路计算电压。

实际上短路计算中所考虑的几个元件的阻抗，只有电力线路和电抗器的阻抗需要换算，而电力系统和电力变压器的阻抗，由于其计算公式中都含有 U_C^2，所以在计算阻抗时，公式中的 U_C 直接用短路点处的短路计算电压，就相当于阻抗已经换算到短路点一侧了。

例 4-11　如图 4-10 所示，某厂车间变电所装有一台 S9-1250 型变压器（$\Delta U_k\% = 5$），由 10 kV 高压配电所通过一条长 0.7 km 的 10 kV 电缆（$X_0 = 0.08\ \Omega/km$）供电。已知断路器

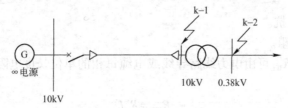

图 4-10　例 4-11 的短路计算电路图

断流容量 500 MV·A，试计算该车间变电所 10 kV 母线上 k-1 点和 380 V 母线上 k-2 点发生三相短路时的短路电流和短路容量？

解 1. 求 k-1 点的三相短路电流和短路容量

（1）绘制短路回路等效电路（图 4-11）

图 4-11　例 4-11 的 k-1 点短路时的等效电路图

（2）计算短路电路中各主要元件的电抗

1）求电力系统的电抗：

$$X_S = \frac{U_{C1}^2}{S_{OC}} = \frac{10.5^2}{500}\,\Omega = 0.22\,\Omega$$

2）求电缆线路的电抗：

$$X_{WL} = X_0 l = 0.08 \times 0.7\,\Omega = 0.056\,\Omega$$

3）求 k-1 点短路电路的总电抗：

$$X_{\Sigma(k-1)} = X_s + X_{WL} = (0.22 + 0.056)\,\Omega = 0.276\,\Omega$$

（3）求 k-1 点的三相短路电流。

$$I_{k-1}^{(3)} = \frac{U_{C1}}{\sqrt{3}\,X_{\Sigma(k-1)}} = \frac{10.5}{\sqrt{3} \times 0.276}\,\text{kA} = 21.96\,\text{kA}$$

$$I''^{(3)} = I_\infty^{(3)} = I_{k-1}^{(3)} = 21.96\,\text{kA}$$

$$i_{sh}^{(3)} = 2.55 I''^{(3)} = 2.55 \times 21.96\,\text{kA} = 56\,\text{kA}$$

$$I_{sh}^{(3)} = 1.51 I''^{(3)} = 1.51 \times 21.96\,\text{kA} = 33.16\,\text{kA}$$

（4）求 k-1 点的三相短路容量。

$$S_{k-1}^{(3)} = \sqrt{3}\,U_{C1} I_{k-1}^{(3)} = \sqrt{3} \times 10.5 \times 21.96\,\text{MVA} = 399.36\,\text{MVA}$$

2. 求 k-2 点的三相短路电流和短路容量

（1）绘制短路回路等效电路（图 4-12）

图 4-12　例 4-11 的 k-2 点短路时的等效电路图

（2）计算短路电路中各主要元件的电抗

1）求电力系统的电抗：

$$X_s' = \frac{U_{C2}^2}{S_{OC}} = \frac{0.4^2}{500}\,\Omega = 3.2 \times 10^{-4}\,\Omega$$

2）求电缆线路的电抗：

$$X_{WL}' = X_0 l \left(\frac{U_{C2}}{U_{C1}}\right)^2 = 0.08 \times 0.7 \times \left(\frac{0.4}{10.5}\right)^2\,\Omega = 8.13 \times 10^{-5}\,\Omega$$

3）求变压器的电抗：

$$X_T \approx \frac{U_k\% \cdot U_{C2}^2}{100 \cdot S_N} = \frac{5 \times 0.4^2}{100 \times 1250}\,\text{kA} = 6.4 \times 10^{-6}\,\text{kA}$$

4）求 k-2 点短路电路的总电抗：

$$X_{\Sigma(k-2)} = X'_s + X'_{WL} + X_T = (3.2 \times 10^{-4} + 8.13 \times 10^{-5} + 6.4 \times 10^{-6})\,\Omega = 4.08 \times 10^{-4}\,\Omega$$

（3）求 k-2 点的三相短路电流

$$I_{k-2}^{(3)} = \frac{U_{C2}}{\sqrt{3}\,X_{\Sigma(k-2)}} = \frac{0.4}{\sqrt{3} \times 4.08 \times 10^{-4}}\,kA = 566.05\,kA$$

$$I''^{(3)} = I_\infty^{(3)} = I_{k-1}^{(3)}\,kA = 566.05\,kA$$

$$i_{sh}^{(3)} = 1.84 I''^{(3)} = 1.84 \times 566.05\,kA = 1041.5\,kA$$

$$I_{sh}^{(3)} = 1.09 I''^{(3)} = 1.09 \times 566.05\,kA = 616.99\,kA$$

（4）求 k-2 点的三相短路容量

$$S_{k-2}^{(3)} = \sqrt{3}\,U_{C2} I_{k-2}^{(3)} = \sqrt{3} \times 0.4 \times 566.05\,MV \cdot A = 392.16\,MV \cdot A$$

（5）列出短路计算结果表（表 4-8）

表 4-8　短路计算结果表

短路计算点	三相短路电流/kA					三相短路容量 $S_K^{(3)}/MV \cdot A$
	$I_K^{(3)}/kA$	$I''^{(3)}/kA$	$I_\infty^{(3)}/kA$	$i_{sh}^{(3)}/kA$	$I_{sh}^{(3)}/kA$	
$K-1$	21.96	21.96	21.96	56	33.16	399.36
$K-2$	566.05	566.05	566.05	1041.50	616.99	392.16

2. 标幺值法

用相对值表示元件的物理量，称为标幺值。标幺值法又称为相对单位制法。

任一物理量的标幺值 A^*，为该物理量的实际值 A 与所选定的基准值 A_d 的比值，即

$$A_d^* = \frac{A}{A_d} \tag{4-43}$$

式中，基准值 A_d 应与实际值 A 同单位，标幺值是一个没有单位的相对值，通常用带 * 的上标以示区别。

在供配电系统短路计算时，一般涉及电压、电流、视在功率和阻抗 4 个基本参数。

（1）用标幺值法进行短路计算的步骤

用标幺值法进行短路计算的步骤如下：

1）选择基准容量、基准电压，计算短路点的基准电流和基准电抗。

2）绘制短路回路的等效电路。

3）计算短路回路中各元件的电抗标幺值。

4）求短路总电抗标幺值，化简电路。

5）计算三相短路电流周期分量有效值及其他短路参数。

6）列出短路计算表。

（2）选定基准值

在工程计算中，基准容量通常取 $S_d = 100\,MVA$；基准电压通常取元件所在处的短路计算电压，即取 $U_d = U_C$。

选定了基准容量和基准电压以后基准电流 I_d，按下式计算：

$$I_d = \frac{S_d}{\sqrt{3}\,U_d} = \frac{S_d}{\sqrt{3}\,U_C} \tag{4-44}$$

基准电抗 X_d，按下式计算：

$$X_d = \frac{U_d}{\sqrt{3}\,I_d} = \frac{U_C^2}{S_d} \qquad (4\text{-}45)$$

（3）计算短路回路中各元件的阻抗值

1）电力系统的电抗标幺值按下式计算：

$$X_s^* = \frac{X_s}{X_d} = \frac{U_C^2}{S_{OC}} \bigg/ \frac{U_C^2}{S_d} = \frac{S_d}{S_{OC}} \qquad (4\text{-}46)$$

2）电力变压器的电抗标幺值按下式计算：

$$X_T^* = \frac{X_T}{X_d} = \frac{U_k\% U_C^2}{100 S_N} \bigg/ \frac{U_C^2}{S_d} = \frac{U_k\% S_d}{100 S_N} \qquad (4\text{-}47)$$

3）电力线路的电抗标幺值按下式计算：

$$X_{WL}^* = \frac{X_{WL}}{X_d} = X_0 L \bigg/ \frac{U_C^2}{S_d} = X_0 L \frac{S_d}{U_C^2} \qquad (4\text{-}48)$$

电力线路的电阻标幺值按下式计算：

$$R_{WL}^* = \frac{R_{WL}}{R_d} = R_0 L \bigg/ \frac{U_C^2}{S_d} = R_0 L \frac{S_d}{U_C^2} \qquad (4\text{-}49)$$

（4）三相短路电流和三相短路容量的计算

短路回路中各主要元件的电抗标幺值求出以后，根据等效电路图，求出短路回路总的电抗标幺值。由于各元件的电抗都采用相对值，与短路点的短路计算电压无关，所以不需要电压换算，这是标幺值法较有名值法的优越之处。

无限大容量系统三相短路电流周期分量有效值的标幺值按下式计算：

$$I_k^{(3)*} = \frac{I_k^{(3)}}{I_d} = \frac{U_C}{\sqrt{3}\,X_\Sigma} \bigg/ \frac{S_d}{\sqrt{3}\,U_C} = \frac{U_C^2}{S_d X_\Sigma} = \frac{1}{X_\Sigma^*} \qquad (4\text{-}50)$$

由此可求得三相短路电流稳态分量的有效值为：

$$I_k^{(3)} = I_k^{(3)*} \cdot I_d = \frac{I_d}{X_\Sigma^*} \qquad (4\text{-}51)$$

三相短路容量的计算公式为：

$$S_k^{(3)} = \sqrt{3}\,U_C I_k^{(3)} = \sqrt{3}\,U_C I_d / X_\Sigma^* = \frac{S_d}{X_\Sigma^*} \qquad (4\text{-}52)$$

例 4-12　用标幺值法计算图 4-13 所示供配电系统中车间变电所 10 kV 母线上 k-1 点和 380 V 母线上 k-2 点发生三相短路时的短路电流和短路容量？

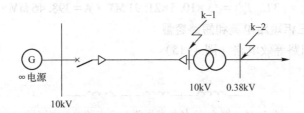

图 4-13　例 4-12 的图

解 1. 求 k-1 点的三相短路电流和短路容量

（1）绘制短路回路等效电路（图 4-14）

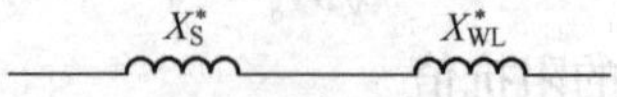

X_S^* ⌇⌇⌇ X_{WL}^* ⌇⌇⌇

图 4-14 例 4-12 的短路回路 k-1 点的等效电路图

（2）选定基准值

$$S_d = 100\,\mathrm{MV \cdot A}, \quad U_{C1} = 10.5\,\mathrm{kV}, \quad U_{C2} = 0.4\,\mathrm{kV}$$

$$I_{d1} = \frac{S_d}{\sqrt{3}\,U_{C1}} = \frac{100}{\sqrt{3} \times 10.5}\,\mathrm{kA} = 5.50\,\mathrm{kA}$$

$$I_{d2} = \frac{S_d}{\sqrt{3}\,U_{C2}} = \frac{100}{\sqrt{3} \times 0.4}\,\mathrm{kA} = 144\,\mathrm{kA}$$

（3）计算短路电路中各主要元件的电抗标幺值

1）电力系统的电抗标幺值：

$$X_s^* = \frac{S_d}{S_{OC}} = \frac{100}{500} = 0.2$$

2）电缆线路的电抗标幺值：

$$X_{WL}^* = X_0 L \frac{S_d}{U_{C1}^2} = 0.08 \times 0.7 \times \frac{100}{10.5^2} = 0.051$$

3）电力变压器的电抗标幺值：

$$X_T^* = \frac{U_k\% S_d}{100 S_N} = \frac{5 \times 100}{100 \times 1250} = 0.004$$

（4）求 $k-1$ 点短路电路的总电抗标幺值

$$X_{\Sigma(k-1)}^* = X_s^* + X_{WL}^* = 0.2 + 0.051 = 0.251$$

（5）求 $k-1$ 点的三相短路电流周期分量

$$I_{k-1}^{(3)} = \frac{I_{d1}}{X_{\Sigma(k-1)}^*} = \frac{5.50}{0.251}\,\mathrm{kA} = 21.91\,\mathrm{kA}$$

$$I''^{(3)} = I_\infty^{(3)} = I_{k-1}^{(3)} = 21.91\,\mathrm{kA}$$

$$i_{sh}^{(3)} = 2.55 I''^{(3)} = 2.55 \times 21.91\,\mathrm{kA} = 55.87\,\mathrm{kA}$$

$$I_{sh}^{(3)} = 1.51 I''^{(3)} = 1.51 \times 21.91\,\mathrm{kA} = 45.16\,\mathrm{kA}$$

（6）求 $k-1$ 点的三相短路容量

$$S_{k-1}^{(3)} = \sqrt{3}\,U_{C1} I_{k-1}^{(3)} = \sqrt{3} \times 10.5 \times 21.91\,\mathrm{MV \cdot A} = 398.46\,\mathrm{MV \cdot A}$$

2. 求 $k-2$ 点的三相短路电流和短路容量

（1）绘制短路回路等效电路（图 4-15）

X_S^* ⌇⌇⌇ X_{WL}^* ⌇⌇⌇ X_T^* ⌇⌇⌇

图 4-15 例 4-12 的短路回路 k-2 点的等效电路图

（2）求 k-2 点短路电路的总电抗标幺值

$$X_{\Sigma(k-2)}^* = X_s^* + X_{WL}^* + X_T^* = 0.2 + 0.051 + 0.004 = 0.255$$

（3）求 k-2 点的三相短路电流同期分量

$$I_{k-2}^{(3)} = \frac{I_{d2}}{X_{\Sigma(k-2)}^*} = \frac{144}{0.255}\,kA = 564.71\,kA$$

$$I''^{(3)} = I_\infty^{(3)} = I_{k-1}^{(3)} = 564.71\,kA$$

$$i_{sh}^{(3)} = 1.84 I''^{(3)} = 1.84 \times 564.71\,kA = 1039.06\,kA$$

$$I_{sh}^{(3)} = 1.09 I''^{(3)} = 1.09 \times 564.71\,kA = 615.53\,kA$$

（4）求 k-2 点的三相短路容量

$$S_{k-2}^{(3)} = \sqrt{3}\,U_{C2} I_{k-2}^{(3)} = \sqrt{3} \times 0.4 \times 564.71\,MV \cdot A = 391.23\,MV \cdot A$$

（5）列出短路计算结果表（表4-9）

表4-9　短路计算结果表

短路计算点	三相短路电流/kA					三相短路容量 $S_k^{(3)}/MV \cdot A$
	$I_K^{(3)}/kA$	$I''^{(3)}/kA$	$I_\infty^{(3)}/kA$	$i_{sh}^{(3)}/kA$	$I_{sh}^{(3)}/kA$	
K-1	21.91	21.91	21.91	55.87	45.16	398.46
K-2	564.71	564.71	564.71	1039.06	615.53	391.23

4.3.4　两相和单相短路电流的计算

1. 两相短路电流的计算

无限大容量系统中发生两相短路时如图4-16所示，其短路电流可按下式求得：

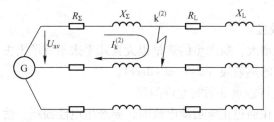

图4-16　无限大容量系统中发生两相短路

$$I_k^{(2)} = \frac{U_c}{2|Z_\Sigma|} \tag{4-53}$$

式中，U_c 为短路点计算电压（线电压）。

只计电抗时，两相短路电流可按下式求得：

$$I_k^{(2)} = \frac{U_c}{2X_\Sigma} \tag{4-54}$$

因为三相短路电流计算公式为：

$$I_k^{(3)} = \frac{U_c}{\sqrt{3}|Z_\Sigma|}$$

所以两相短路电流和三相短路电流的关系为比较　　$I_k^{(2)}/I_k^{(3)} = \sqrt{3}/2 = 0.866$ \tag{4-55}

上式说明，无限大容量系统中，同一地点的两相短路电流为三相短路电流的 0.866 倍，所以无限大容量系统中的两相短路电流，可在求出三相短路电流后利于公式（4-55）直接求得。

在中性点接地系统或三相四线制系统中发生单相短路时，根据对称分量法，单相短路电流为：

$$I_{\mathrm{p}}^{(1)} = \frac{3U_{\varphi}}{|Z_{1\Sigma} + Z_{2\Sigma} + Z_{0\Sigma}|} \tag{4-56}$$

式中，$Z_{1\Sigma}$、$Z_{2\Sigma}$ 和 $Z_{0\Sigma}$ 分别为正序阻抗、负序阻抗和零序阻抗。

4.3.5 短路电流的热效应和电动力效应

1. 短路电流的两种效应

（1）短路电流的热效应

导体通过电流，产生电能损耗，转换成热能，使导体温度上升。

（2）短路电流的电动力效应

导体通过电流时因相互间电磁作用而产生的力，称为电动力。

电力系统在出现短路故障时，由于负载阻抗被短接，电源到短路点的短路阻抗很小，使电源到短路点的短路电流比正常的工作电流大几十倍，甚至几百倍。强大的短路电流通过电气设备和导体，将产生很大的电动力，即电动力效应，可能使电气设备和导体受到破坏或产生永久性变形。短路电流产生的热量，会造成电气设备和导体温度迅速升高，即热效应，可能使电气设备和导体绝缘强度降低，加速绝缘老化甚至损坏。

为了正确选择电气设备和导体，保证在短路情况下也不损坏，必须校验其动稳定性和热稳定性。

2. 短路电流的热效应

由于短路电流骤然增大，所产生的热量很大且几乎来不及散出去，因此导体温度将升得很高，这就是短路电流的热效应（thermal effect）。

（1）导体的长时允许温度和短时允许温度

由于导体有电阻，在通过正常负荷电流时，要产生电能损耗，使导体的温度升高。在发生短路时，强大的短路电流将使导体温度迅速升高。因此，我国 DL/T 5352—2006《高压配电装置设计技术规程》中规定了各种导体的短时允许温度 θ_{pk} 与长时允许温度 θ_{p} 的差值，即导体的最大短时允许温升 $\tau_{\mathrm{pk}}(\tau_{\mathrm{pk}} = \theta_{\mathrm{pk}} - \theta_{\mathrm{p}})$。

表 4-10 列出了各种导体的长时允许温度 θ_{p}、短时允许温度 θ_{pk}。

表 4-10　各种导体的短时最大允许温升及热稳定系数

导体种类和材料	电压/kV	长时允许温度 θ_{p}/℃	短时允许温度 θ_{pk}/℃	热稳定系数 C
母线排：铜		70	300	171
铝		70	200	87
铝锰合金		70	200	87
钢（不与电器直接连接时）		70	400	67
钢（与电器直接连接时）		70	300	60

导体种类和材料		电压/kV	长时允许温度 θ_p/℃	短时允许温度 θ_{pk}/℃	热稳定系数 C
油浸纸绝缘电缆	铜心	1～3	80	250	148
		6	65	250	145
		10	60	250	148
	铝芯	1～3	80	200	84
		6	65	200	90
		10	60	200	92
交联聚乙烯绝缘电缆	铜心	≤10	90	250	141
	铝心	≤10	90	200	87
聚氯乙烯绝缘电线与电缆	铜心	—	65	130	100
	铝心	—	65	130	65
橡皮绝缘电线与电缆	铜心	—	65	150	112
	铝心	—	65	150	74

当导体或用电设备的温度不超过上表中的规定值时，则认为导体或用电设备满足热稳定性要求。

（2）短路时的发热计算

短路时，导体的发热计算一般采用等效计算的方法解决。用短路稳态电流计算实际短路电流产生的热量。假定在假想时间 t_{ima} 内（图4-17），稳态短路电流所产生的热量等效于短路全电流在实际短路持续时间 t_k 内所产生的热量。短路电流产生的热量可参照下式进行计算：

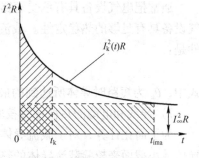

图4-17 短路发热假想时间

$$Q_k = \int_0^{t_k} I_k^2 \cdot R \cdot \mathrm{d}t = I_\infty^2 \cdot R \cdot t_{ima}$$

$$t_{ima} = t_k + 0.05\left(\frac{I''}{I_\infty}\right)^2 \qquad (4-57)$$

式中，I'' 为短路后第一个周期的短路电流周期分量的有效值，称为次暂态短路电流有效值；t_k 为短路持续时间，它等于继电保护动作时间 t_{op} 和断路器断开电路的时间 t_{oc} 之和，即

$$t_k = t_{op} + t_{oc} \qquad (4-58)$$

在无限大容量系统中发生短路时，由于 $I'' \approx I_\infty$，所以，假想时间可按下式计算：

$$t_{ima} = t_k + 0.05$$

当 $t_k > 1\,\mathrm{s}$，可认为 $t_{ima} = t_k$。

对于一般的高压断路器可取 $t_{oc} = 0.2\,\mathrm{s}$，对于高速断路器，例如真空断路器，可取 t_{oc} 为 0.1～0.15 s。

（3）短路导体发热温度确定

为使导体短路发热温度计算简便，工程上一般利用导体加热系数 A 与导体温度 θ 的关系曲线来确定短路发热温度 θ_k，如图4-18所示。

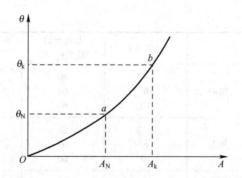

图 4-18 导体加热系数 A 与导体温度 θ 的关系曲线 $A=f(\theta)$

由 θ_N 求 θ_k 的步骤如下：

1）由导体正常运行时的温度 θ_N 从 θ_{-A} 曲线查出导体正常加热系数 A_N。

2）计算导体短路加热系数 A_k。

$$A_k = A_N + (I_\infty / A)^2 \cdot t_{ima} \tag{4-59}$$

式中，A 表示导体的截面积。

3）由 A_k 从曲线查得短路发热温度 θ_k。

（4）短路时的导体和电气设备的热稳定性校验

通常把电气设备具有承受短路电流的热效应而不至于因短时过热而损坏的能力，称为电气设备具有足够的热稳定性。载流导体和电气设备承受短路电流作用时应满足热稳定的条件是：

$$\theta_k \leqslant \theta_{K \cdot al}$$

式中，θ_k 为短路时导体所达到的最高温度；$\Theta_{k \cdot al}$ 为导体短路时的最高允许温度。

1）导线和电缆的热稳定性校验。

为了简化计算，对于载流导体，工程中常用在满足短路时发热的最高允许温度下所需的导体最小截面来校验载流导体的热稳定性。按下式校验。

$$A_{min} \geqslant \frac{I_\infty}{C} \sqrt{t_{ima}} \tag{4-60}$$

式中 I_∞——三相短路电流稳态值，A；

t_{imax}——短路电流的假想作用时间，s。短路电流总的假想作用时间（t_i）为 $t_i = t_s + 0.05$；

C——导体材料的热稳定系数，它与导体的电导率、密度，热容量和最大短时允许温升有关。各种导体材料热稳定系数见表 4-10。当导线或电缆的截面积 $A \geqslant A_{min}$ 时，便可满足导体的热稳定条件。

2）成套电气设备的热稳定性校验。

对成套电气设备，其导体的材料和截面均已确定，其温升只与电流大小和作用时间的长短有关。故厂家在电气设备的技术数据中直接给出了与某一时间（如 1s、5s、10s 等）相对应的热稳定电流，因此对成套电气设备可直接用下式进行热稳定校验。

$$I_{ts}^2 t \geqslant I_\infty^2 t_{ima} \tag{4-61}$$

式中 I_{ts}——设备的热稳定电流，A；

t——与 I_{ts} 相对应的热稳定时间，s。

3. 短路电流的电动力效应

（1）两平行载流导体间的电动力

两导体间由电磁作用产生的电动力的方向由左手定则决定，其大小相等，如图4-19所示。

由于电流所引起的电动力的作用使供电线路中的装置及电气载流部分受到机械应力的作用。

两根导体中分别通有电流 i_1 和 i_2 时，两根导体之间的电动力为

$$F = 2K_f i_1 i_2 \frac{l}{a} \times 10^{-7} (\text{N})$$

如果两矩形且截面平行的导体（工企供电系统常见）相邻很近，其电动力应乘以形状系数 K_f，即

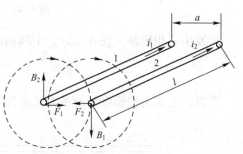

图4-19 两平行载流导体间的电动力

$$F = 2K_f i_1 i_2 \frac{l}{a} \times 10^{-7} (\text{N})$$

式中 l——导体的两相邻支持点间的距离，cm；

a——两导体轴线间距离，cm；

K_f——形状系数，形状系数表明通过导体的电流并非全部集中在导体的轴线位置时，电流分布对电动力的影响。形状系数与导体截面以及导体的相对位置有关。形状系数的确定比较复杂，当采用形状圆形、管形截面导体时，当两相导体之间的距离足够大时，$K_f = 1$，当导体长度远远大于导体间距时，可以忽略导体形状的影响，即：$K_f = 1$。对于矩形截面导体时，当两导体之间的净距大于矩形母线的周长时，取 $K_f = 1$。

矩形母线截面形状系数可根据 $\dfrac{a-b}{b+h}$ 和

$m = \dfrac{b}{h}$ 查矩形母线截面形状系数曲线（图4-20）求取。其中 h 为两条平行矩形截面导体的宽度，b 为矩形截面导体的厚度。

（2）三根平行载流导体间的电动力

工业企业供电系统中最常见的是将三相导体平行布置在同一平面内，如图4-21所示。如发生两相短路，则最大的电动力为

$$F^{(2)} = 0.2 \times i_{sh}^{(2)2} K_f \frac{l}{a} \quad (\text{N})$$

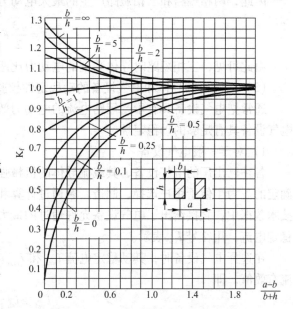

图4-20 矩形母线截面形状系数曲线

95

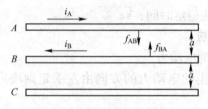

图 4-21　两相短路受力情况

如发生三相短路（图 4-22），中间相承受的电动力最大为

$$F^{(3)} = \sqrt{3}\left[\,i_{sh}^{(3)}\,\right]^2 \frac{l}{a} \times 10^{-7} \qquad (N)$$

所以，上式为校验电气设备力稳定性的依据。

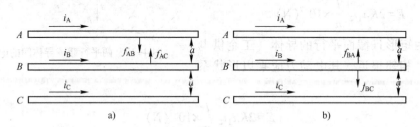

图 4-22　三相母线短路时的受力情况

a）边缘相受力　b）中间相受力

由于两相短路冲击电流与三相短路冲击电流的关系为

$$i_{sh}^2 \geqslant \frac{\sqrt{3}}{2} i_{sh}^{(3)}$$

因此，两相短路和三相短路产生的最大电动力也具有下列关系

$$F^{(2)} = \frac{\sqrt{3}}{2} F^{(3)}$$

由此可见，三相短路时导体受到的电动力比两相短路时导体受到的电动力大。

（3）短路时的导体和电气设备的动稳定性校验

通常把电气设备具有承受短路电流的电动力效应而不至于造成机械性损坏的能力，称为电气设备具有足够的动稳定性。

1）对于一般电气设备

各种已出厂的电气设备，其载流导体的机械强度、截面形状、布置方式和几何尺寸都是确定的。为了便于用户选择，制造厂家通过计算和试验，从承受电动力的角度出发，在产品技术数据中，直接给出了电气设备允许通过的最大峰值电流，这一电流称之为电气设备的动稳定电流，用符号 I_{max} 表示。

在选择电气设备时，其动稳定电流 i_{max} 和 I_{max} 应不小于三相短路冲击电流峰值和冲击电流有效值，即

$$\left. \begin{array}{l} i_{max} \geqslant i_{sh} \\ I_{max} \geqslant I_{sh} \end{array} \right\}$$

2) 绝缘子

要求绝缘子的最大允许抗弯载荷 F_{al} 大于最大计算载荷 $F_c^{(3)}$，即

$$F_{al} \geq F_c^{(3)}$$

F_{al} 可查阅相关手册或产品样本，如果手册或样本给出的是抗弯破坏载荷，则可将抗弯破坏载荷乘以 0.6 作为 F_{al}，$F_c^{(3)}$ 为短路时作用在绝缘子上的作用力，如果母线在绝缘子上平放，则 $F_c^{(3)} = F^{(3)}$，如果母线在绝缘子上竖直放，则 $F_c^{(3)} = 1.4F^{(3)}$。

$$F^{(3)} = \sqrt{3}\left[i_{sh}^{(3)}\right]^2 \frac{l}{a} \times 10^{-7}$$

3) 硬母线

硬母线的动稳定性校验条件是

$$\sigma_{al} \geq \sigma_c \qquad (4\text{-}62)$$

式中，σ_{al} 为母线材料的最大允许应力，单位为 Pa，硬铜母线的 σ_{al} 为 140 MPa，硬铝母线的 σ_{al} 为 70 MPa；σ_c 为母线通过三相短路冲击电流峰值时所受到的最大计算应力。最大计算应力 σ_c 可按下式计算：

$$\sigma_c = \frac{M}{W} \qquad (4\text{-}63)$$

式中　M——母线通过三相短路冲击电流峰值时所受到的弯曲力矩，当母线的档数为 1 或 2 时 $M = F^{(3)}L/8$，当母线的档数大于 2 时 $M = F^{(3)}L/10$，其中 L 为母线的档距；

　　　　W——母线的截面系数，当母线水平放置时，$W = b^2 h/6$；

其中　B——母线截面的水平宽度；

　　　　h——母线截面的垂直高度。

4) 对于电缆，由于电缆的机械强度很高，可不必校验动稳定性。

4.3.6　电气设备的选择及校验

1. 选择和校验项目及条件

电气设备的选择，必须满足供电系统正常工作条件下和短路故障条件下工作要求，同时电气设备应工作安全可靠，运行维护方便，投资经济合理。

（1）按正常工作条件选择

按正常工作条件选择，就是要考虑电气设备的环境条件和电气要求。

环境条件是指电气设备的使用场所、环境温度、海拔高度，以及有无防尘、防腐、防火、防爆等要求，据此选择电气设备结构类型。

电气要求是指电气设备在电压、电流和频率等方面的要求，即所选电气设备的额定电压应不低于所在线路的额定电压、电气设备的额定电流应不小于该回路在各种合理运行方式下的最大持续工作电流；即

$$U_N \geq U_{N \cdot WL}, \quad I_N \geq I_{30}$$

对一些开断电流的电器，如熔断器、断路器和负荷开关等，则还有断流能力的要求，即最大开断电流应不小于它可能开断的最大电流。

1) 对断路器，其最大开断电流应不小于它可能开断的线路最大短路电流，即

$$I_{OC} \geq I_{k \cdot max}^{(3)}$$

2）对负荷开关，其最大开断电流应不小于它可能开断的线路最大负荷电流，即

$$I_{OC} \geq I_{L \cdot max}$$

3）对熔断器，其最大开断电流应不小于它可能开断的线路最大短路电流，即

对限流型的熔断器：

$$I_{OC} \geq I_{k \cdot max}^{(3)}$$

对非限流型的熔断器：

$$I_{OC} \geq I_{sh}^{(3)}$$

（2）按短路故障条件校验

按短路故障条件校验，就是要按最大可能的短路故障时的动稳定性和热稳定性进行校验。

对于一般电器，满足动稳定的条件是

$$i_{max} \geq i_{sh}^{(3)} \quad 或 \quad I_{max} \geq I_{sh}^{(3)}$$

式中，i_{max} 为电器的额定峰值耐受电流。

对于一般电器，满足热稳定的条件是

$$I_t^2 t \geq I_\infty^2 t_{ima}$$

式中，I_t 为电器的额定短时耐受电流有效值。

对于载流导体，满足热稳定的条件是

$$A_{min} \geq \frac{I_\infty \times 10^3}{C} \sqrt{t_{ima}}$$

式中，C 为导体的热稳定系数。

2. 高压断路器的选择与校验

高压断路器的选择与校验，主要是按环境条件选择结构类型，按正常工作条件选择额定电压、额定电流并校验开断能力，按短路故障条件校验动稳定性和热稳定性，并同时选择其操动机构和操作电源。

例 4-13 试选择某 10 kV 高压配电所进线侧的高压户内真空断路器的型号规格。已知该进线的计算电流为 295 A，配电所母线的三相短路电流周期分量有效值为 3.2 kA，继电保护的动作时间为 1.1 s。

解 初步选 VS1-12/630-16 型进行校验，由表 4-11 可知所选正确。

表 4-11 断路器选型及校验 1

序 号	VS1-12/630-16 型断路器		选择要求	安装地点电气条件		结 论
	项 目	数 据		项 目	计算数据	
1	U_N	12 kV	$\geq$	U_{WN}	10 kV	合格
2	I_N	630 A	$\geq$	I_{30}	295 A	合格
3	I_{oc}	16 kA	$\geq$	$I_k^{(3)}$	3.2 kA	合格
4	i_{max}	40	$\geq$	$I_{sh}^{(3)}$	2.55×3.2 kA = 8.16 kA	合格
5	$I_t^2 t$	(16 kA)²×4 s = 1024 kA²·s	$\geq$	$I_\infty^2 t_{ima}$	(3.2 kA)²×(1.1+0.2) s = 13.3 kA·s	合格

例 4-14 某 10 kV 高压开关柜出线处，线路的计算电流 $I_{30} = 400$ A，三相最大短路电流 $I_k(3) = 3.2$ kA，三相短路容量 $S_k(3) = 55$ MVA，短路保护的动作时间 $t_{op} = 1.6$ s，试选择柜内高压断路器。

解 初步选 ZN3-10I 型进行校验，由表 4-12 可知所选正确。

表 4-12 断路器选型及校验

序 号	ZN3-10I		选择要求	安装地点电气条件		结 论
	项 目	数 据		项 目	计 算 数 据	
1	U_N	10 kV	≥	U_{WN}	10 kV	合格
2	I_N	630 A	≥	I_{30}	400 A	合格
3	I_{oc}	8 kA	≥	$I_k^{(3)}$	3.2 kA	合格
4	i_{max}	20 kA	≥	$I_{sh}^{(3)}$	8.16 kA	合格
5	$I_t^2 t$	256	≥	$I_\infty^2 t i_{ma}$	17	合格

3. 高压熔断器的选择与校验

高压熔断器的选择与校验，主要是按环境条件选择结构类型，按正常工作条件选择额定电压、额定电流并校验开断能力。

高压熔断器的额定电流应不小于它所安装的熔体电流。熔体电流的选择应满足下列条件：

① 保护高压线路的熔断器的熔体电流应大于线路的计算电流，一般取线路计算电流的 1.1~1.3 倍。

② 考虑到变压器的正常过负荷电流、励磁涌流（即空载合闸电流）及低压侧电动机自起动引起的尖峰电流等因素，保护电力变压器的熔断器的熔体电流一般取一次侧额定电流的 1.5~2 倍。

③ 保护电压互感器的熔断器的熔体电流，因互感器二次侧负荷很小，一般取为 0.5 A。

4. 电流互感器的选择与校验

（1）电压、电流的选择

电流互感器的额定电压应不低于装设点电路的额定电压；其额定一次电流应不小于电路的计算电流；而其额定二次电流一般为 5A。

（2）按准确级要求选择

电流互感器满足准确级要求的条件是，其二次负荷 S_2 不得大于额定准确级所要求的额定二次负荷 S_{2N}，即

$$S_{2N} \geq S_2$$

对于保护用电流互感器来说，其复合误差限值为 10%。一般生产厂家会给出电流互感器的误差为 10% 时一次电流倍数 K_1（即 I_1/I_{1N}）与最大允许二次负荷阻抗 $|Z_{2al}|$ 的关系曲线，如图 4-23 所示。

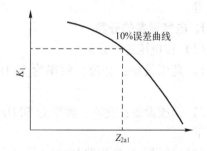

图 4-23 电流互感器一次电流倍数 K_1 与最大允许二次负荷阻抗的关系曲线

目前电流互感器的新产品直接给出了短路力稳定电流峰值和 1s 热稳定电流有效值，因此其动稳定性与热稳定性可按下式校验。

$$i_{max} \geq i_{sh}^{(3)}; \quad I_t^2 t \geq i_\infty^2 t_{ima}$$

5. 电压互感器的选择与校验

（1）电压的选择

电压互感器的额定一次电压，应与安装地点电网的额定电压相等，其额定二次电压一般为 100 V。

（2）按准确级要求选择

电压互感器满足准确级要求的条件，也是其二次负荷 S_2 不得大于规定准确级所要求的额定二次容量 S_{2N}，即

$$S_{2N} \geq S_2$$

4.4 变电所电气设备的选择、运行与维护

本节中通过完成变电所电气设备的选择、主接线方案的选择、变电所常用电气设备的运行与维护等任务，使学生掌握工厂供配电系统运行，了解变电所主要电气设备的结构特点、性能、符号、型号、技术参数、运行及维护方法，能看懂基本主接线原理图和配电装置式主接线图，为工厂供配电系统设计、成套配电装置安装、运行与维护打基础。

【学习目标】

1. 了解变电所主要电气设备的结构特点、性能、符号、型号、技术参数、运行及维护方法

2. 能读懂变配电所主接线原理图和配电装置式主接线图；能为变配电所设计主接线方案

4.4.1 电气设备中的电弧

供配电系统的电气设备是指用于发电、输电、变电、配电和用电的所有设备，包括发电机、变压器、控制电器、保护设备、测量仪表、线路器材和用电设备（如电动机、照明用具）等。

1. 电气设备的分类

（1）按电压等级分

1）高压设备：交流、频率为 50 Hz、额定电压 1200 V 以上；直流、额定电压 1500 V 以上。

2）低压设备：交流、频率为 50 Hz、额定电压 1200 V 及以下；直流、额定电压 1500 V 及以下。

（2）按设备所属回路分

1）一次回路及一次设备。

一次回路：供配电系统中用于生产、传输、变换和分配电能的主电路。

一次设备或一次电器：设置在一次回路中的电气设备。

2）二次回路及二次设备。

二次回路：指用来控制、指示、监测和保护一次回路运行的电路。

二次设备或二次电器：设置在二次回路中的电气设备。

（3）按在一次电路中的功能分

1）变换设备：用来按电力系统工作的要求变换电压或电流的电气设备，如变压器、互感器等。

2）控制设备：用于按电力系统的工作要求控制一次电路通、断的电气设备，如高低压断路器、开关等。

3）保护设备：用来对电力系统进行过电流和过电压等保护的用电气设备，如熔断器、避雷器等。

4）补偿设备：用来补偿电力系统中无功功率以提高功率因数的设备，如并联电容器等。

5）成套设备（装置）：按一次电路接线方案的要求，将有关的一次设备及其相关的二次设备组合为一体的电气装置，如高低压开关柜、低压配电屏、动力和照明配电箱等。

2. 电弧及其主要危害

电弧是一种高温、强光的电游离现象，在开关电器和线路中经常会出现，是电流的延续。

（1）电弧的主要特征

① 能量集中，发出高温、强光。

② 自持放电，维持电弧稳定燃烧所需电压很低。

③ 产生游离的气体，其质轻：不稳定。

（2）电弧的危害

① 延长了电路的开断时间，从而使故障对供配电系统造成更大的损坏。

② 高温使开关触头变形、熔化，从而导致接触不良甚至损坏。

③ 高温可能造成人员灼伤甚至直接或间接的死亡，强光可能损害人的视力。

④ 引起弧光短路，严重时造成爆炸事故。

3. 电弧的产生

（1）产生电弧的根本原因

触头间很大电场强度和很高的温度导致触头本身的电子及触头周围介质中的电子发生游离而形成电弧电流。

（2）产生电弧的游离方式

① 高电场发射：强电场把触头表面的电子拉出，形成自由电子并发射到触头间隙中。

② 热电发射：触头表面的电子吸收足够的热能而发射到触头间隙中形成自由电子向间隙四周发射出去。

③ 碰撞游离：高速移动的自由电子碰撞中性质点，使中性质点游离成带正电的正离子和自由电子。不断的碰撞使触头间隙中正离子和自由电子数越来越多，形成"雪崩"现象，当离子浓度足够大时，介质被击穿而产生电弧。

④ 高温游离：电弧形成后的高温，加强了正离子和自由电子的游离能力。触头越分开，

电弧越大，高温游离也越显著。

高电场发射和热电发射的游离方式在触头分开之初占主导作用。碰撞游离和高温游离使电弧持续和发展。它们是互相影响，互相作用的。

4. 电弧的熄灭

（1）电弧熄灭的条件

去游离率大于游离率，即其中离子消失的速率大于离子产生的速率。

（2）去游离方式

① 复合：正、负带电质点重新结合为中性质点。

电弧中温度越低，电场强度越弱，截面越小，介质的性质越稳定，密度越高，复合愈快。

② 扩散：电弧中的带电质点向电弧周围介质散发开去，使弧区带电质点的浓度减少。

电弧与周围介质的浓度差越大，电弧与周围介质的温度差越大，电弧截面越小，扩散就越强烈。

③ 交流电弧的熄灭：申流过零时，电弧将暂时熄灭，弧柱温度急剧下降，高温游离中止，去游离大大增强，阴极附近空间的绝缘强度迅速增高。由于交流电流每一个周期两次过零值，在熄灭交流电弧时，就是充分利用这一特点来加速电弧的熄灭。

5. 开关电器中常用的灭弧方法

当高、低压电器接通和断开负荷电路时，在触点间会产生电弧。所以对开关电器，其触点间电弧的产生和熄灭是值得关注的。

（1）速拉灭弧法

这是开关电器中最基本的灭弧方法。高低压断路器中都装有强力的断路弹簧，目的就是加速触头的分断速度。

（2）冷却灭弧法

利用介质如油等来降低电弧的温度从而增强去游离能力来加速电弧的熄灭。

（3）吹弧灭弧法

利用外力如气流、油流或电磁力来吹动电弧，使电弧拉长，同时也使电弧冷却，电弧中的电场强度降低，复合和扩散增强，加速电弧熄灭。

① 按吹弧的方向（相对电弧方向）分，分为纵吹和横吹，如图4-24所示。

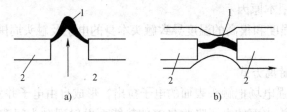

图4-24 吹弧方式
a）横吹 b）纵吹

② 按施加外力的性质来分，气吹、油吹、磁力吹和电动力吹等。

如图4-25所示的低压刀开关迅速拉开刀闸时产生的电动力吹弧，使电弧加速拉长。

如图4-26所示利用专门的磁吹线圈吹弧。

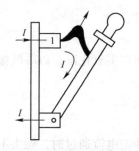

图 4-25 利用本身的电动力吹弧

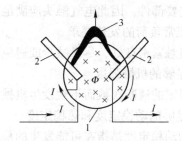

图 4-26 磁吹线圈吹弧

1—磁吹线圈 2—灭弧触头 3—电弧

如图 4-27 所示利用铁磁物质，例如钢片来吸动电弧，这相当于反向吹弧。

（4）长弧切短灭弧法

如图 4-28 所示，利用金属片（如钢栅片）将长弧切成若干短弧。当外施电压（触头间）小于电弧上的电压降时，电弧不能维持而迅速熄灭。低压断路器和部分刀开关的灭弧罩就是利用这个原理来灭弧的。

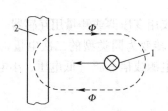

图 4-27 利用磁铁物质吸动电弧

1—电弧 2—钢片

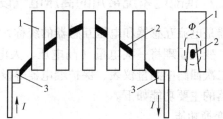

图 4-28 长弧切短弧

1—钢栅片 2—电弧 3—触头

（5）粗弧分细灭弧法

将粗弧分成若干平行的细小电弧，增大了接触面，降低电弧的温度，从而使带电质点的复合和扩散得到加强，使电弧加速熄灭。

（6）狭沟灭弧法

如图 4-29 所示，陶瓷制成的绝缘灭弧栅使电弧在固体介质所形成的狭沟中燃烧，冷却条件改善后，电弧与介质表面接触使带电质点的复合增强，从而加速电弧的熄灭。如有的熔断器在熔管中充填石英砂，就是利用狭沟灭弧原理。

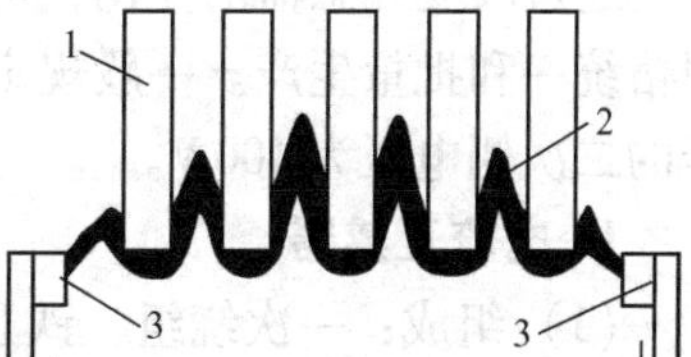

（7）真空灭弧法

将开关触头装在真空容器内，产生的电弧（真空电弧）较小，且在电流第一次过零时就能将电弧熄灭。真空断路器就是利用这种原理来熄灭电弧的。

图 4-29 绝缘灭弧栅对电弧的作用

1—绝缘栅片 2—电弧 3—触头

（8）六氟化硫（SF_6）灭弧法

SF_6 气体具有优良的绝缘性能和灭弧性能，绝缘强度约为空气的 3 倍，而绝缘强度的恢复速度约比空气快 100 倍，可极大地提高开关的断流容量和减少灭弧所需时间。

6. 对电气触头的基本要求

电气设备的灭弧性能往往是衡量其运行可靠性和安全性的重要指标之一。而电气触头又是产生电弧的主要部件，因此电气触头应满足如下要求。

（1）满足正常负荷的发热要求

触头必须接触紧密良好，尽量减少或避免触头表面产生氧化层，以降低接触电阻。

（2）具有足够的机械强度

能够经受规定的通断次数而不致发生机械故障或损坏。

（3）具有足够的动稳定度和热稳定度

具有足够的动稳定度是指在可能发生的最大短路冲击电流通过时，触头不至于因最大电动力作用而损坏。

具有足够的热稳定度是指在可能最长的短路时间内通过最大短路电流时所产生的热量不致使触头烧损或熔焊。

（4）具有足够的断流能力

在触头相应的最大负荷电流或最大短路电流时，触头不应被电弧过度烧损，更不应发生熔焊现象。

4.4.2　工厂供配电系统常用的高压电气设备

互感器是电流互感器和电压互感器的统称，又称仪用变压器或测量用互感器。根据变压器的变压、变流原理将一次电量（高电压、大电流）转变为同类型的二次电量，该二次电量可作为二次回路中测量仪表、保护继电器等设备的电源或信号源（低电压、小电流）。

互感器的主要功能如下。

（1）变换功能

将一次回路的高电压或大电流变换成适合仪表、继电器工作的低电压或小电流。

（2）隔离和保护功能

作为一、二次电路之间的中间元件，不仅使仪表、继电器等二次设备与一次主电路隔离，提高了电路工作的安全性和可靠性，而且有利于人身安全。

（3）扩大仪表、继电器等二次设备的应用范围

通过改变互感器的变比，可以反映任意大小的主回路电压和电流值，便于二次设备制造规格统一和批量生产。一般规定电流互感器的二次侧的电流额定值为 5 A（1 A），电压互感器的二次侧电压为 100 V。

1. 电流互感器

（1）组成：一次绕组、铁心、二次绕组。

（2）结构特点：

1）一次绕组匝数少，二次绕组匝数多。

2）一次绕组导体较粗，二次绕组导体细。

3）一次绕组串连在一次电路中，二次绕组与仪表、继电器线圈串联，形成闭合回路。由于这些线圈阻抗很小，正常工作时电流互感器的二次回路接近短路状态。

（3）电流互感器的变流比用 K_i 表示

$$K_i = I_{1N}/I_{2N} = N_2/N_1$$

式中，I_{1N} 为一次侧额定电流值；I_{2N} 为二次侧额定电流值；

　　　N_1 为次绕组匝数；N_2 为二次绕组匝数；

K_i 为变流比，一般用"一次额定电流/二次额定电流"的形式表示，例如 100/5 A。

（4）接线方案

电流互感器在三相电路中的常用 4 种接线方案如图 4-30～图 4-33 所示。

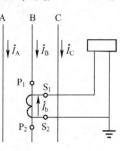

图 4-30　一相式接线

1）一相式接线，如图 4-30 所示。

互感器通常接在 B 相，电流互感器二次线圈中流过的电流值是将 B 相的一次电流成比例地缩小了，反应的是 B 相一次电流的大小。通常用于三相负荷对称的系统中，供测量电流或过负荷保护装置用。

2）两相 V 形接线，如图 4-31 所示。

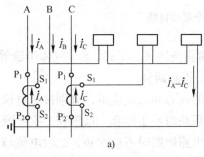

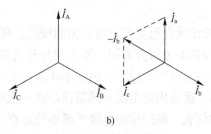

图 4-31　两相 V 形接线在继电保护系统中又称为两相三继电器

两相 V 形接线也叫两相不完全星形接线，电流互感器通常接在 A、C 相上，由相量图 4-13 可知，正常运行时公共线上的电流为 $\dot{i}_a + \dot{i}_c = -\dot{I}_b$，反映的正是未接互感器的那一相的电流。

在中性点不接地的三相三线制系统中，用于测量三相电流、电能及作过电流继电保护之用，作为相间短路保护。

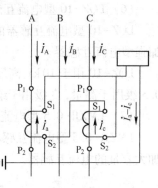

图 4-32　两相电流差式接线

3）两相电流差式接线，如图 4-32 所示。

两相电流差式接线（图 4-32）又叫两相一继电器式接线，该接线的二次侧公共线中流过的电流为其他两相电流之差，即 $\dot{i}_a - \dot{i}_c$。适用于中性点不接地的三相三线制系统中，作过电流继电保护之用。

4）三相完全星形接线，又叫作三相三继电器式接线，如图 4-33 所示。

三相完全星形接线中的 3 个电流线圈正好反映了各相电流，被广泛用于三相负荷不平衡的三相四线制系统中，也用在负荷可能不平衡的三相三线制系统中作三相电流、电能测量及过电流继电保护之用。

（5）电流互感器的类型

1）按一次电压分可分为高压和低压电流互感器。

2）按一次绕组匝数分可分为单匝式（包括母线式、芯柱式、套管式）和多匝式（包括线圈式、线环式、串级式）电流互感器。

3）按用途分可分为测量用和保护用。

4）按准确度级分可分为测量用电流互感器（有 0.1、0.2、0.5、1，3、5 等级）和保护用电流互感器（一般为 5P 和 10P 两级）。

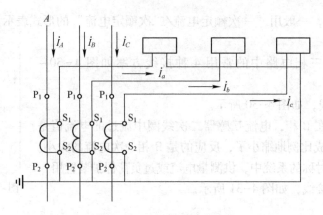

图 4-33 三相完全星形接线

5）按绝缘介质类型分可分为油浸式、环氧树脂浇注式、干式、SF_6 气体绝缘等。

6）按铁心分可分为同一铁心和分开（两个）铁心两种。

有的高压电流互感器有两个不同准确度等级的铁心和二次绕组，分别接测量仪表和继电器的线圈。测量用的电流互感器铁心在一次电路短路时易于饱和，以限制二次电流的增长倍数，保护仪表。保护用的电流互感器铁心在一次电路短路时不应饱和，二次电流与一次电流成比例增长，以保证保护灵敏度的要求。

（6）LQZ-10 型电流互感器

LQZ-10 型电流互感器的外形图如图 4-34 所示，它是户内线圈式环氧树脂浇注的绝缘加强型电流互感器。

LQZ-10 用于 10 kV 高压开关柜中，有两个铁心和两个二次绕组，分别为 0.5 级和 3 级，0.5 级用于测量，3 级用于继电保护。

（7）LMZJl-0.5 型电流互感器

LMZJl-0.5 型电流互感器的外形图如图 4-35 所示，是户内母线式环氧树脂浇注的绝缘加大容量的电流互感器。

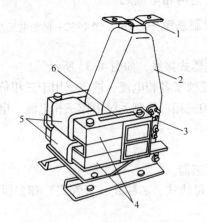

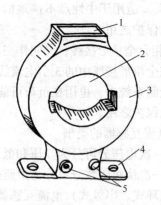

图 4-34　LQZ-10 型电流互感器　　　　图 4-35　LMZJ1-0.5 型电流互感器
1—一次接线端　2—一次绕组　3—二次接线端　　1—铭牌　2—一次母线穿孔　3—铁心
4—铁心　5—二次绕组　6—警示牌　　　　　　4—安装板　5—二次接线端

LMZJl-0.5用于低压配电屏和其他低压电路中，本身无一次绕组，穿过其铁心孔的母线就是其一次绕组。

（8）电流互感器的型号

电流互感器标注形式如下：

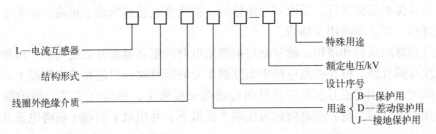

其结构形式中各字母含义：R为套管式、Z为支柱式、Q为线圈式、F为贯穿式（复匝）、D为贯穿式（单匝）、M为母线式 、K为开合式、V为倒立式、A为链式。

线圈外绝缘介质的字母含义：J为树脂浇注、G为空气（干式）、C为瓷绝缘）、Q为气体、Z为浇注成型固体绝缘、K为塑料绝缘外壳。

（9）电流互感器的使用注意事项

1）电流互感器在工作时二次侧不能开路。

如果开路，二次侧会出现危险的高电压，危及设备及人身安全；而且铁心会由于二次侧开路磁通剧增而过热，并产生剩磁，使得互感器准确度降低。因此，电流互感器安装时，二次侧接线要牢固，且二次回路中不允许接入开关和熔断器。

实际工作中，往往发现电流互感器二次侧开路后，并没有什么异常现象。这主要是因为一次电路中没有负载电流或负载很轻，铁心没有磁饱和的缘故。

在带电检修和更换二次仪表、继电器时，必须先将电流互感器二次侧短路，才能拆卸二次元件。运行中，如果发现电流互感器二次侧开路，应及时将一次电路电流减小或降至零，将所带的继电保护装置停用，并采用绝缘工具进行处理。

2）电流互感器二次侧有一端必须接地。

为了防止一、二次绕组间绝缘击穿时，一次侧高电压窜入二次侧，危及设备和人身安全。电流互感器二次侧有一端必须接地。

3）电流互感器在接线时，要注意其端子的极性。

电流互感器的一、二次侧绕组端子分别用P1、P2和S1、S2表示，用"减极性"法规定其为"同名端"，又称"同极性端"（因其在同一瞬间，同名端同为高电平或低电平）。

如果接错端子，二次侧的仪表和继电器流过的电流不是要求的电流，甚至会导致事故的发生。

（10）电流互感器的操作和维护

电流互感器在运行中，值班人员应定期检查下列项目：互感器是否有异音及焦味；互感器接头是否有过热现象；互感器油位是否正常，有无漏油、渗油现象；互感器瓷质部分是否清洁，有无裂痕、放电现象；互感器的绝缘状况。

电流互感器的二次侧开路是最主要的事故。在运行中造成开路的原因有：端子排上导线端子的螺钉因受振动而脱扣；保护屏上的压板未与铜片接触而压在胶木上，造成保护回路开路；可读三相电流值的电流表的切换开关经切换而接触不良；机械外力使互感器二次侧断线等。

在运行中，如果电流互感器二次侧开路，则会引起电流保护的不正确动作，铁心发出异音，在二次绕组的端子处会出现放电火花。此时，应先将一次电流减少或降至零，然后将电流互感器所带保护退出运行。采取安全措施后，将故障互感器的端子短路，如果电流互感器有焦味或冒烟，应立即停用互感器。

电流互感器的运行和停用，通常是在被测量电路的断路器断开后进行的，以防止电流互感器的二次线圈开路。但在被测电路中断路器不允许断开时，只能在带电情况下进行。

在停电时，停用电流互感器应将纵向连接端子板取下，将标有"进"侧的端子横向短接。在启用电流互感器时，应将横向短接端子板取下，并用取下的端子板将电流互感器纵向端子接通。

在运行中，停用电流互感器时，应将标有"进"侧的端子先用备用端子板横向短接，然后取下纵向端子板。在启用电流互感器时，应使用备用端子板将纵向端子接通，然后取下横向端子板。

在电流互感器启、停用时，应注意在取下端子板时是否出现火花。如果发现火花，应立即把端子板装上并拧紧，然后查明原因。工作中，操作员应站在绝缘垫上，身体不得碰到接地物体。

2．电压互感器

简称 PT，文字符号是 TV，是变换电压用的设备。

（1）基本原理和结构

电压互感器的基本结构原理如图 4-36 所示。

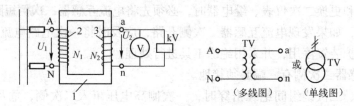

图 4-36　电压互感器的基本结构和接线图
1—铁心　2——一次绕组　3——二次绕组

1）组成：主要由一次绕组、二次绕组和铁心组成。

2）结构特点。

① 一次绕组并联在一次回路中，二次绕组与二次回路中的仪表、继电器等的电压线圈并联，由于这些二次绕组的电压线圈阻抗很大，电压互感器正常工作时二次绕组接近于开路状态。

② 一次绕组匝数较多，二次绕组的匝数较少，相当于降压变压器。

③ 一次绕组的导线较细，二次绕组的导线较粗。

二次侧额定电压一般为 100 V，用于接地保护的电压互感器二次侧额定电压为（100/$\sqrt{3}$）V，辅助二次绕组侧为（100/3）V。

108

3）工作原理。

$$K_U = U_{1N}/U_{2N} \approx N_1/N_2$$

式中，U_{1N}为电压互感器一次绕组额定电压；U_{2N}为电压互感器二次绕组额定电压；N_1为一次绕组的匝数；N_2为二次绕组的匝数；K_u为电压互感器的变压比，通常表示成如10/0.1 kV的形式。

电压互感器有单相和三相两类，在成套装置内，采用单相电压互感器较为常见。

（2）电压互感器的接线方案

电压互感器在三相电路中有如图4-37所示的四种常见的接线方案。

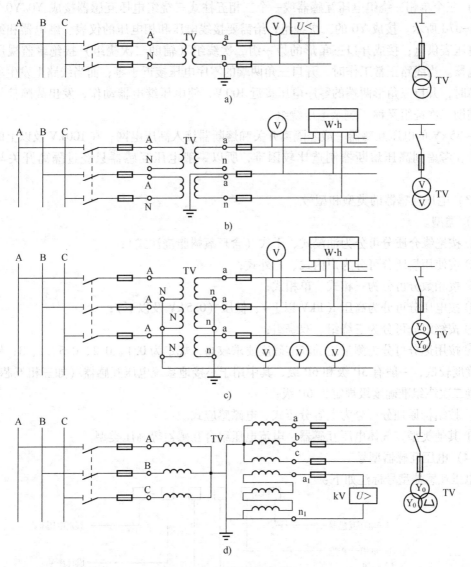

图4-37 电压互感器的接线方案

a）一个单相电压互感器 b）两个单相电压互感器接成 V/V c）三个单相电压互感器接成 Y0/Y0 形

d）三个单相三绕组电压互感器或一个三相五心柱式三绕组电压互感器接成 Y0/Y0/△形

1）一个单相电压互感器的接线，如图4-37a所示。供仪表和继电器接一个线电压，适用于电压对称的三相线路，如用于监视供配电系统运行是否正常。

2）两个单相电压互感器接成V/V形，如图4-37b所示。供仪表和继电器接于各个线电压，适用于6~10kV三相三线制供电系统的高压配电装置。

3）三个单相电压互感器接成Y0/Y0形，如图4-37c所示。给需要接线电压和相电压的仪表和继电器供电；在小接地电流系统中，给接相电压的绝缘监视电压表供电。这种接线方式应按线电压选择，否则在单相接地时电压表可能会被烧坏。常用于三相三线和三相四线制线路。

4）三个单相三绕组电压互感器或一个三相五柱式三绕组电压互感器接成Y0/Y0/△形，如图4-37d所示。接成Y0的二次绕组，给需要接线电压和相电压的仪表、继电器和绝缘监视用电压表供电；接成开口三角形的另一组二次绕组（辅助二次绕组）接绝缘监视用的电压继电器。当线路正常工作时，开口三角两端的零序电压接近于零；而当线路上发生单相接地故障时，开口三角形两端的零序电压接近100V，使电压继电器动作，发出故障信号。所以，辅助二次绕组又称"剩余电压绕组"。

3~35kV的电压互感器一般经隔离开关和熔断器接入高压电网；在100kV及以上的配电装置中，考虑到高压熔断器制造比较困难，所以一般电压互感器只经过隔离开关与电网连接。

（3）电压互感器的类型和型号

1）类型。

① 按绝缘介质分可分为油浸式、干式（含环氧树脂浇注式）；

② 按使用场所分可分为户内式、户外式；

③ 按相数分可分为三相式、单相式；

④ 按电压分可分为高压（1kV以上）、低压（0.5kV及以下）；

⑤ 按绕组分可分为三绕组、双绕组；

⑥ 按用途分可分为测量用的其准确度要求较高，规定为0.1、0.2、0.5、1、3；保护用的准确度较低，一般有3P级和6P级，其中用于小接地系统电压互感器（如三相五芯柱式）的辅助二次绕组准确度级规定为6P级；

⑦ 按结构原理分可分为电容分压式、电磁感应式。

⑧ 其他类型，气体电压互感器、电流电压组合互感器等高压类型。

（4）电压互感器型号

电压互感器型号标注如下：

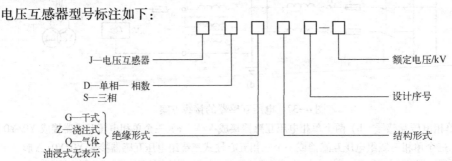

110

结构形式的字母含义：X 为带零序（剩余）电压绕组，B 为三相带补偿绕组，W 为五柱三绕组，J 为接地保护。

（5）JDZJ-3、6、10 型电压互感器

JDZJ-3、6、10 型电压互感器的外形结构如图 4-38 所示。

单相双绕组环氧树脂浇注的户内型电压互感器，准确度级有 0.5、1、3 级；适用于 10 kV 及以下的供配电线路中供测量电压、电能、功率和继电保护、自动装置用，采用三台可接成图 4-37d 所示的 Y0/Y0/△形接线。

（6）JDG6-0.5 型电压互感器

JDG6-0.5 型电压互感器的外形结构如图 4-39 所示。它是单相双绕组干式户内型电压互感器。相对于油式电压互感器，干式电压互感器因没有油，也就没有火灾、爆炸、污染等问题。它主要由铁心、绕组等组成，适用于 500 V 以下低压接线。供测量电压、电能、功率及继电保护、自动装置用，可用于单相线路，三相线路（用两台可接成 V/V 型）中。

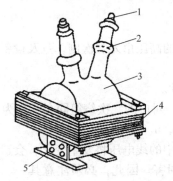

图 4-38　JDZJ-10 型电压互感器　　　　图 4-39　JDG6-0.5 型电压互感器
1—一次接线端子　2—高压绝缘套管
3—一、二次绕组　4—铁心　5—二次接线端

（7）浇注型电压互感器

JZW-12 型浇注型电压互感器如图 4-40 所示，用于 35 kV 及以下电压等级，有单相双绕组、单相三绕组之分。环氧树脂浇注体下部涂有半导体漆并与金属底板相连，以改善电场的不均匀性和电力线畸变的情况。该型互感器优点是运行维护方便，但一旦损坏，不能检修只有更新。

（8）油浸式电压互感器

JSJW-10 型和 JDJ2-35 型油浸式电压互感器如图 4-41 所　图 4-40　JZW-12 型电压互感器
示，普通油浸式电压互感器的额定电压制成 3~35 kV 等级，
铁心和绕组均放于充满油的油箱内，绕组通过套管引出。

（9）电压互感器使用注意事项

1）电压互感器在工作时，其一、二次侧不得短路。

电压互感器在工作时二次侧不能短路。由于电压互感器二次回路中，二次绕组的额定电压一般为 100 V，二次回路的负载阻抗较大，其运行状态接近于开路，当发生短路时，将产生很大的短路电流，有可能造成电压互感器烧毁。因此电压互感器一、二次侧都必须装设熔

图 4-41　JSJW-10 型电压互感器和 JDJ2-35 型电压互感器

断器进行短路保护。电压互感器的一次绕组侧并联在主回路中，若发生短路会影响主电路的安全运行。当发现电压互感器的一次侧熔丝熔断后，首先应将电压互感器的隔离开关拉开，并取下二次侧熔丝，检查是否熔断。在排除电压互感器本身的故障后，可重新更换合格熔丝后将电压互感器投入运行。若二次侧熔断器一相熔断时，应立即更换。若再次熔断，则不应再次更换，待查明原因后处理。

2）电压互感器二次侧有一端必须接地。

为了防止一、二次绕组间的绝缘击穿时，一次侧的高压窜入二次侧，危及设备及人身安全。通常二次绕组要有一个可靠的接地点。

3）电压互感器在结线时，必须注意其端子的极性。

三相电压互感器一次绕组两端标成 A、B、C、N，对应的二次绕组同名端标为 a、b、c、n；单相电压互感器的对应同名端分别标为 A、N 和 a、n。

在接线时，若将其中的一相绕组接反，二次回路中的线电压将发生变化，会造成测量误差和保护误动作（或误信号），甚至可能对仪表造成损害。因此，必须注意其一、二次极性的一致性。

（10）电压互感器的运行和维护

电压互感器在额定容量下允许长期运行，但不允许超过最大容量运行。电压互感器在运行中不能短路。在运行中，值班员必须注意检查二次回路是否有短路现象，并及时消除。当电压互感器二次回路短路时，一般情况下高压熔断器不会熔断，但此时电压互感器内部有异响，将二次熔断器取下后异响停止，其他现象与断线情况相同。

3. 高压熔断器

熔断器是一种结构最简单、应用最广泛的保护电器。一般由熔管、熔体、灭弧填充物、指示器、静触座等构成。

高压熔断器分为限流式和不限流式两种。限流式熔断器的灭弧能力强，可以在短路电流上升到最大值之前灭弧。

高压熔断器起短路和严重过载保护作用，当熔断器通过的电流超过规定值并经过一定的时间后熔体（熔丝或熔片）熔化而分断电流，进而断开电路来完成过电流保护功能。熔断器的体积很小，但却能分断很大的短路电流。

过电流是短路和过负荷的统称，是输配电线路中时常出现的一种故障。当电路通过的实际电流超过其规定条件下的额定值，即是过电流，简称过流。

过负荷电流是指超过额定值相对不多的一种电流。因此，过负荷只要不是过大，持续时间不是过长，或过于频繁，一般对系统的影响不大。

短路电流可达额定电流的十多倍甚至几十、上百倍，从而产生相当严重的后果，须设法避免和防护。

（1）作用

在输配电系统中，对容量小且不太重要的负荷，广泛采用高压熔断器作为高压输配电线路、电力变压器、电压互感器和电力电容器等电气设备的短路和过负荷保护。

户内广泛采用 RN 系列的高压管式限流熔断器。户外则广泛使用 RW4、RW10F 等型号的高压跌落式熔断器或 RW10-35 型的高压限流熔断器。

（2）高压熔断器的型号

高压熔断器型号表示和含义如下：

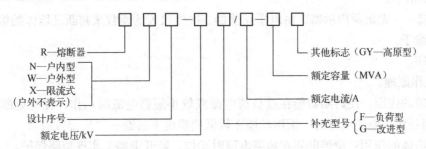

注：对于"自爆式"熔断器，在"R"前面加字母"B"。

（3）高压熔断器的结构

RN 系列户内高压管式熔断器，主要用于 3~35 kV 配电系统中作短路保护和过负荷保护用。RN1 型用于高压电力线路及其设备和电力变压器的短路保护，也能作过负荷保护。RN3 和 RN1 相似；RN2、RN4、RN5 则用于电压互感器的短路保护，RN4 和 RN2 相似，只是技术数据有所差别；RN6 型主要用于高压电动机的短路保护。RN5 和 RN6 是以 RN1 和 RN2 为基础的改进型，具有体积小、重量轻、防尘性能好、维修和更换方便等特点。

下面以 RN1、RN2 户内高压管式熔断器为例介绍高压熔断器的结构及工作原理。

图 4-42 和图 4-43 为 RN1、RN2 型高压熔断器的外形和熔管内部结构图。

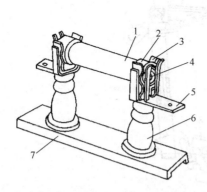

图 4-42　RN1 及 RN2 型高压熔断器外形
1—瓷熔管　2—金属管帽　3—弹性触座
4—熔断指示器　5—接线端子
6—瓷绝缘子　7—铸铁底座

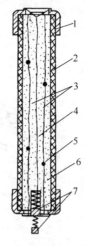

图 4-43　RN1 及 RN2 型熔管内部结构图
1—金属管帽　2—瓷管　3—工作熔体
4—指示熔体　5—锡球（熔体上）　6—石英砂填料
7—熔断指示器（熔断后弹出状态）

1）主要组成部分。

① 瓷管：一般为瓷质管，RN1 和 RN2 型都是管内填有石英砂填料的密闭管式熔断器。

② 熔体：铜丝上焊有小锡球，均埋放在石英砂填料中，其灭弧能力强、灭弧速度快，属于限流熔断器。

③ 弹性触座。

④ 熔断指示器。

RN1 型——当工作熔体熔断后，指示熔体也相继熔断，其熔断指示器弹出，给出熔体熔断的指示信号。

RN2 型——无熔断指示器，由电压互感器二次侧仪表的读数来判断其熔体的熔断情况。

⑤ 绝缘子。

⑥ 底座。

2）工作原理。

① 锡球的作用：使熔断器能在过负荷电流或较小短路电流时动作，提高熔断器保护的灵敏度。当过负荷电流通过时，铜熔丝能在较低的温度下熔断——"冶金效应"。

② 铜熔体的作用：使熔断器在短路电流时动作，断开电路，实现短路保护。

③ "限流"式熔断器：能在短路后不到半个周期即短路电流未达到冲击电流值（i_{sh}）时就能完全熄灭电弧、切断短路电流的特性称"限流"式。

④ 灭弧能力：具有"粗弧分细、长弧切短和狭沟灭弧"等灭弧方法，因此，该熔断器的灭弧能力很强，具有"限流"式特性，因此 RN 系列熔断器为"限流"式熔断器。

由于电压互感器的二次侧近于开路状态，RN2 型的额定电流一般为 0.5 A，而 RN1 型的额定电流从 2~300 A 不等。

（4）RW 系列户外高压跌落式熔断器

RW 系列户外高压跌落式熔断器，如图 4-44 所示。一般户外高压跌开式熔断器用文字符号 FD 表示。

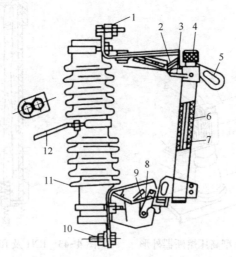

图 4-44　RW4-10（G）型跌落式熔断器

1—上接线端子　2—上静触头　3—上动触头　4—管帽　5—操作环　6—熔管　7—铜熔体
8—下动触头　9—下静触头　10—下接线端子　11—绝缘瓷瓶　12—安装板

1）作用：被广泛用于环境正常的户外场所，作高压线路和设备的短路保护用。

2）种类：

① 一般跌落式熔断器，如 RW4、RW7 型等。

② 负荷型跌落式熔断器，如 RW10-10 型等。

③ 限流型户外跌落式熔断器，如 RW10-35、RW11 型等。

④ 爆炸型跌落式熔断器，如 RW-B 系列熔断器。

（5）RW4-10（G）型跌落式熔断器

1）作用：常用于额定电压 10kV，额定容量 315kV·A 及以下的电力变压器的过流保护，尤其以居民区和街道等场合居多。

2）特点：

① 隔离开关的作用。

② 短路保护功能。

③ "非限流" 式熔断器，不能在短路电流达到冲击电流（I_{sh}）前熄灭电弧的灭弧特性称 "非限流" 式。

④ 不容许带负荷操作。

（6）RW10-10 负荷型跌落式熔断器

RW10-10 负荷型跌落式熔断器结构图如图 4-45 所示，其文字符号一般用 FDL 表示。

由于在上静触头上加装了简单的灭弧室，其操作要求和 "负荷开关" 相同。可以作为隔离开关使用，具有短路保护功能，是 "非限流" 式熔断器。

（7）RW10-35 型限流型户外高压熔断器

RW10-35 型限流型户外高压熔断器的外形结构如图 4-46 所示。限流型户外高压熔断器一般用文字符号为 FU 表示。RW10-35 型限流型户外高压熔断器的短路和过负荷保护功能与 RN 型相同。瓷质熔管内充有石英砂，熔体结构和 RN 型的户内高压熔断器相似。

该熔断器的熔管是固定在棒形支柱绝缘子上的，熔体熔断后不能自动跌开，无明显可见的断开间隙，不能作 "隔离开关" 用。

（8）RW-B 系列的高压爆炸型跌落式熔断器

RW-B 系列的高压爆炸型跌落式熔断器结构和 RW 系列基本相似，有 B 型和 BZ 型两种。

1）B 型为自爆炸型跌落式。

2）BZ 型是爆炸重合型跌落式。其熔断器每相有两根熔管，若为瞬时性故障，可投入重合熔管来保证系统的继续工作；如果是永久性故障，则重合熔管会再动作一次，将故障切

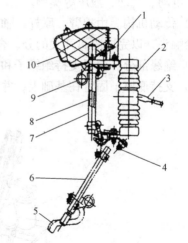

图 4-45　RW10-10 负荷型跌开式熔断器

1—上接线端子　2—绝缘瓷瓶　3—固定安装板
4—下接线端子　5—灭弧触头　6—熔丝管
（闭合位置）7—熔丝管（跌落位置）　8—熔丝
9—操作环　10—灭弧罩

除，以保护系统。

（9）HH-熔断器

它是一种高压高分断能力的熔断器，能在短路电流产生的瞬间就将短路电路开断，有效地保护电气设备和线路，以免其受巨大的短路电流造成的危害。

4. 高压隔离开关

（1）隔离开关的结构及各部分的作用

隔离开关由导电部分、操作机构、操作机构、绝缘部分及支持底座等5部分组成，如图4-47所示。

1）导电部分。导电部分包括触头、闸刀、接线座。主要起传导电路中的电流、接通和断开电路的作用。

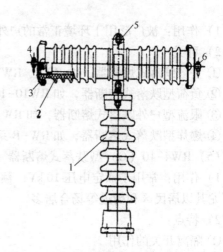

图4-46　RW10-35型限流式户外高压熔断器
1—棒形支柱绝缘子　2—瓷质熔管
（内装特制熔体及石英砂）　3—铜管帽
4、6—接线端子　5—固定抱箍

2）操动机构。高压隔离开关操作机构分为手动、电动、气动、液压等类型。

3）传动机构。由拐臂、联杆、轴齿或操作绝缘子组成。接受操动机构的力矩，将运动传动给触头，以完成隔离开关的分、合闸动作。

4）绝缘部分。包括支持绝缘子和操作绝缘子，实现带电部分和接地部分的绝缘。

5）支持底座。固定在基础上，并将绝缘子、传动机构、操动机构等固定为一体。

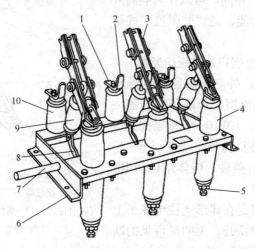

图4-47　GN8-10型高压隔离开关外形
1—上接线端子　2—静触头　3—闸刀　4—套管绝缘子　5—下接线端子
6—框架　7—转轴　8—拐臂　9—升降绝缘子　10—支柱绝缘子

（2）结构特点

没有灭弧装置，断开后具有明显可见的断开间隙，且断开间隙的绝缘及相间绝缘都是可靠的。

116

（3）主要功能

不容许带负荷操作，它不能用于正常负荷接通和断开电路，一般隔离开关只能在电路断开的情况下进行分合闸操作，或接通及断开符合规定的小电流电路。如用于励磁电流不超过 2 A 的 35 kV、1000 kV·A 及以下的空载变压器电路；电容电流不超过 5 A 的 10 kV 及以下、长 5 km 的空载输电线路以及电压互感器和避雷器等回路。

高压隔离开关通常与高压断路器配合使用，隔离高压电源，以保证对其他电器设备及线路的安全检修及人身安全。

改变运行方式时用隔离开关将电气设备或线路从一组母线切换到另一组母线上。

（4）类型

1）按安装地点分为户内式和户外式。

2）按有无接地开关分为不接地、单接地、双接地。

（5）高压隔离开关型号的表示和含义

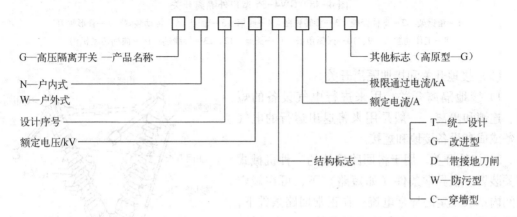

（6）高压隔离开关的符号

高压隔离开关用文字符号 QS 表示。

（7）户内式高压隔离开关

户内式高压隔离开关型号较多，常用的有 GN8、GNl9、GN24、GN28、GN30 等系列，GN 型高压隔离开关一般采用手动操动机构进行操作。

（8）户外高压隔离开关

户外高压隔离开关常用的有 GW4、GW5、和 GW1 等系列。

GW4-35 型的户外高压隔离开关的外形如图 4-48 所示。为了熄灭小电流电弧，该隔离开关安装有灭弧角条。采用的是三柱式结构。户外式隔离开关的工作条件比较恶劣，绝缘要求较高，应保证在冰雪、雨水、风、灰尘、严寒和酷暑等条件下可靠地工作。户外隔离开关应具有较高的机械强度，因为隔离开关可能在触点结冰时操作，这就要求隔离开关触点在操作时有破冰能力。

图 4-49 为 GW5-35D 型户外式隔离开关的外形图。它是由底座、支柱绝缘子、导电回路等部分组成，两绝缘子呈"V"型，交角 50°，借助连杆组成三极联动的隔离开关。底座部分有两个轴承，用以旋转棒式支柱绝缘子，两轴承座间用齿轮啮合，即操作任一柱，另一柱可随之同步旋转，以达到分断、关合的目的。

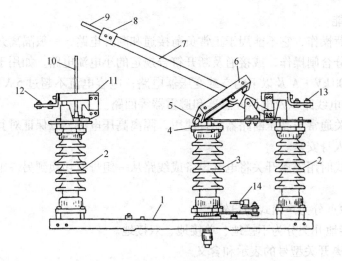

图 4-48　GW4-35 型户外隔离开关

1—角钢架　2—支柱瓷瓶　3—旋转瓷瓶　4—曲柄　5—轴套　6—传动装置　7—管形闸刀
8—工作动触头　9、10—灭弧角条　11—插座　12、13—接线端　14—曲柄传动机构

（9）接地开关和接地隔离开关

1）接地隔离开关。用来进行电气设备的短接、连锁和隔离，一般是用来将退出运行的电气设备或成套设备接地和短接。

2）接地开关。用于将回路接地的一种机械式开关装置。在异常条件（如短路）下，可在规定时间内承载规定的异常电流；在正常回路条件下，不要求承载电流。大多与隔离开关构成一个整体，并且在接地开关和隔离开关之间有相互连锁装置。

3）图 4-50 所示为西门子公司产品 3CJ1 户内高压接地隔离开关的外形图。它是一种多用途、可模块化配置的高压电气设备，可以配置接地开关、熔断器等设备，成为一个多功能的装置。

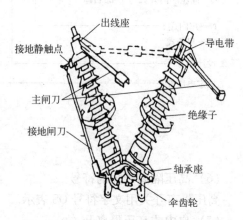

图 4-49　GW5-35D 型户外式隔离开关

4）图 4-51 是该公司的另一种户内高压 3D 型接地隔离开关的外形图。它用于 12~36kV 的室内高压供配电线路上，可采用手动操动机构或电动操动机构进行操作。

图 4-50　3CJ1 接地隔离开关

图 4-51　3D 型接地隔离开关

（10）隔离开关的操动机构

1）手动杠杆操动机构 CS6 型。用于 110 kV 及以下、额定电流小于 2000 A 的隔离开关。

2）手动蜗轮操动机构 CS9 型。用于 110 kV 及以下、额定电流为 2000 A 及以上的隔离开关。

3）电动操动机构。其传动原理与手动蜗轮操动机构相同，不同之处是利用电动机拖动蜗杆转动来完成分合闸操作。

4）电动液压操动机构。它是利用电动机驱动的油泵产生高压油，再利用高压油推动油缸中的活塞运动，由活塞带动传动机构完成分合闸操作。

（11）隔离开关的操作方法

1）对无远程操作回路的隔离开关，拉动隔离开关时应保证操作动作正确，操作后应检查隔离开关位置是否正常。

2）必须正确使用防误操作装置，运行人员无权解除防误装置（事故情况下除外）。

3）手动操作，合闸时应迅速果断，但不宜用力过猛，以防振碎瓷瓶，合上后检查三相接触情况。合闸时发生电弧应将隔离开关迅速合上，禁止将隔离开关再行拉开。拉隔离开关时应缓慢而谨慎，刚拉开时如发生异常电弧应立即反向，重新将隔离开关合上。如已拉开，电弧已断，则禁止重新合上。拉、合隔离开关终了时，机构的定位闭锁销子必须正确就位。

4）电动操作，必须确认操作按钮分、合标志，操作时看隔离开关是否动作，若不动作要查明原因，防止电动机烧坏，然后，检查刀片分、合角度是否正常并拉开电动机电源隔离开关。倒闸操作完后，拉开电动操作总电源隔离开关。

（12）高压隔离开关的维护

1）清扫瓷件表面的尘土，检查瓷件表面是否掉釉、破损、有无裂纹和闪络痕迹，绝缘子的铁、瓷结合部位是否牢固。若破损严重，应进行更换。

2）用汽油擦净刀片、触点或触指上的油污，检查接触表面是否清洁，有无机械损伤、氧化和过热痕迹及扭曲、变形等现象。

3）检查触点或刀片上的附件是否齐全，有无损坏。

4）检查连接隔离开关、母线和断路器的引线是否牢固，有无过热现象。

5）检查软连接部件有无折损、断股等现象。

6）检查并清扫操作机构和传动部分，并加入适量的润滑油脂。

7）检查传动部分与带电部分的距离是否符合要求；定位器和制动装置是否牢固，动作是否正确。

8）检查隔离开关的底座是否良好，接地是否可靠。

（13）高压隔离开关的常见故障

从隔离开关整体结构来进行故障分类可分为 4 种：导电回路故障（触头和接线座故障）、支柱式绝缘子故障、传动部分故障、操作机构（电动机主回路、控制回路公用部分、分闸和合闸终了时电动机的故障）故障。

1）触头故障。

① 触头接触不良，引起触头过热。

② 动、静触头烧损严重，接触不良引起过热。

③ 触指弹簧失效，压力不够引起过热。

④ 各连接部分松动引起过热。

2）接线座故障。

① 导电管与接线座接触不良引起过热。

② 接线座内导电带两端接触面接触不良引起过热。

③ 出线端子与接线板接触不良引起过热。

3）支柱式绝缘子故障。

① 支柱式绝缘子外绝缘闪络。

② 支柱式绝缘子断裂。

4）传动部分故障。

① 传动用连杆轴销生锈而卡死。

② 转动用轴承生锈损坏而卡死。

③ 主刀闸与地刀闸形成闭锁板而卡死。

④ 伞形齿轮脱齿。

⑤ 垂直连杆进水冬天冻冰，严重时使操作机构变形，无法操作。

5）电动机主回路故障。

① 电动机电源缺相。

② 电动机绕组匝间或相间短路。

③ 分、合闸交流接触器主接点断线或松动，可动部分卡住。

④ 热继电器主接点断线或松动。

⑤ 电动机用小型断路器接点断线或松动。

6）控制回路公用部分故障。

① 控制用小型断路器接点断线或接触不良。

② 急停按钮常闭接点断线或接触不良。

③ 热继电器辅助常闭接点断线或接触不良。

⑤ 手动机构辅助开关常闭接点断线或接触不良。

7）分闸终了时电动机不停止或分闸不到位。

① 分闸定位行程开关常闭接点短路。

② 对分闸定位行程开关弹片调整不合理（动作太灵敏，开关没有完全分开时就把分闸控制回路切断）。

8）合闸终了时电动机不停止或合闸不到位。

① 合闸定位行程开关常闭接点短路。

② 对合闸定位行程开关弹片调整不合理（动作太灵敏，开关没有完全合上闸时就把合闸控制回路切断）。

5. 高压负荷开关

FN3-10RT 户内压气式负荷开关外形结构如图 4-52 所示。户内压气式负荷开关国内目前多采用 FN2-10RT 及 FN3-10RT 型。

（1）结构特点

有明显分断间隙，有简单的灭弧装置。

（2）结构组成

1）上绝缘子兼汽缸：是一个简单的灭弧室，如图 4-53 所示。

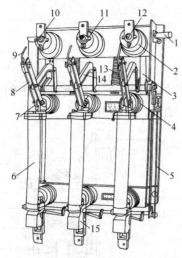

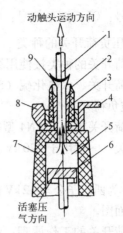

图 4-52　FN3—10RT 型高压负荷开关

1—主轴　2—上绝缘子兼气缸　3—连杆　4—下绝缘子

5—框架　6—RN1 型高压熔断器　7—下触座　8—闸刀

9—弧动触头　10—绝缘喷嘴（内有弧静触头）

11—主静触头　12—上触座　13—断路弹簧

14—绝缘拉杆　15—热脱扣器

图 4-53　高压负荷开关的压气式灭弧装置

1—弧动触头　2—绝缘喷嘴　3—弧静触头

4—接线端子　5—气缸　6—活塞

7—上绝缘子　8—主静触头　9—电弧

2）传动机构包括主轴、连杆、活塞等。

3）绝缘喷嘴和弧静触头在上绝缘子上部。

4）闸刀和弧动触头。

（3）工作原理

当负荷开关分闸时，弧动触头与弧静触头之间产生电弧，同时分闸时主轴转动而带动活塞，压缩气缸内的空气，从喷嘴向外吹弧，使电弧迅速熄灭。同时，其外形与户内式隔离开关相似，也具有明显的断开间隙。因此，它同时具有隔离开关的作用。

（4）作用

1）能通断一定的负荷电流和过负荷电流，但是不能用它来断开短路电流。

2）高压负荷开关大多还具有隔离高压电源、保证其后的电气设备和线路安全检修的功能，这种负荷开关又称"功率隔离开关"或"负荷隔离开关"。

（5）高压负荷开关的类型

1）根据所采用的灭弧介质不同分：固体产气式、压气式、油浸式、真空式和六氟化硫（SF6）等。

2）按安装场所分：户内式和户外式两种。

（6）高压负荷开关型号的表示和含义如下：

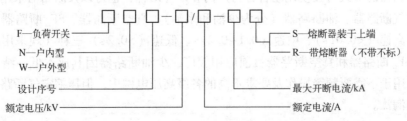

（7）高压负荷开关的符号

文字符号：QL；图形符号：$\searrow$。

（8）高压负荷开关的种类

高压负荷开关的种类按使用场合分为户内和户外两种；按高压负荷开关采用的灭弧介质分为真空负荷开关、六氟化硫（SF₆）负荷开关、油浸式负荷开关等。

1）真空负荷开关

真空负荷开关国内有 FN4 型等户内用真空负荷开关，一般用于 220 kV 及以下电网中。

图 4-54 为西门子公司 12 kV 的真空负荷开关的剖面图。

真空负荷开关的工作原理：利用真空灭弧原理来工作，因而能不受限制地可靠完成开断工作；配用手动操动机构或电动操动机构。

真空负荷开关的特点：可频繁操作，灭弧性能好，使用寿命长；但必须和 HH-熔断器相配合，才能开断短路电流；而且开断时，不形成隔离间隙，不能作隔离开关用。

2）其他负荷开关

六氟化硫（SF₆）负荷开关（如FW11-10 型）、油浸式负荷开关（如

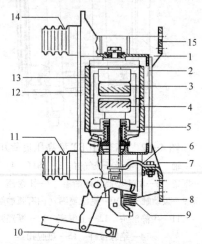

图 4-54 西门子公司 12 kV 的真空负荷开关的剖面图
1—上支架　2—前支撑杆　3—静触头　4—动触头
5—波纹管　6—软联结　7—下支架
8—下结线端子　9—接触压力弹簧和分闸弹簧
10—操作杆　11—下支持绝缘子
12—后支撑杆　13—陶瓷外壳
14—上支持绝缘子　15—上结线端子

FW2、FW4 型）的基本结构都为三相共箱式，其中六氟化硫负荷开关利用 SF₆ 气体作为灭弧和绝缘介质，而油浸式负荷开关是利用绝缘油作为灭弧和绝缘介质，它们的灭弧能力强、容量大，但都必须与熔断器串联使用才能断开短路电流，而且断开后无可见间隙，不能作隔离开关用。适用于 35 kV 及以下的户外电网。

6. 高压断路器（QF）

（1）高压断路器的结构特点、分类及作用

高压断路器是高压输配电线路中非常重要的电气设备。它具有可靠的灭弧装置，没有明显的分断间隙。因此，它不仅能通断正常的负荷电流，而且能接通和承担一定时间的短路电流，并能在保护装置作用下自动跳闸，切除短路故障。

高压断路器的形式可按使用场合分为户内和户外两种；也可以按断路器采用的灭弧介质分为压缩空气断路器、油断路器（分为少油和多油）、真空断路器、SF₆ 断路器等；按分断速度分，有高速（<0.01 s）、中速（0.1~0.2 s）、低速（>0.2 s）三种（现采用高速断路器比较多）。SF₆ 断路器和真空断路器目前应用较广，少油断路器因其成本低、结构简单，依然被广泛应用于不需要频繁操作及要求不高的各级高压电网中，但压缩空气断路器和多油断路器已基本淘汰。

122

（2）高压断路器的型号

高压断路器的型号表示和含义如下：

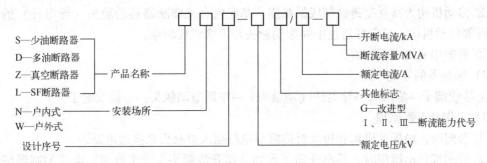

```
S—少油断路器
D—多油断路器
Z—真空断路器       产品名称
L—SF断路器

N—户内式          安装场所
W—户外式

设计序号
```

```
开断电流/kA
断流容量/MVA
额定电流/A

其他标志
G—改进型
Ⅰ、Ⅱ、Ⅲ—断流能力代号

额定电压/kV
```

（3）高压少油断路器（SW、SN型）

一般6~35kV户内配电装置中主要采用的高压少油断路器，它是我国统一设计、推广应用的一种新型少油断路器。按其断流容量（Soc）分有Ⅰ、Ⅱ、Ⅲ型。SN10-10Ⅰ型断流容量为300MVA；SN10-10Ⅱ型断流容量为500MV·A；SN10-10Ⅲ型断流容量为750MV·A。

图4-55和图4-56分别是SN10-10型高压少油断路器的外形结构和油箱内部结构图。

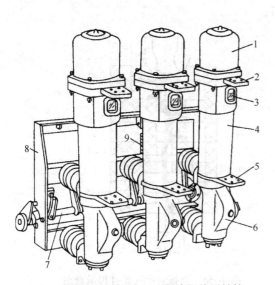

图4-55　SN10-10型少油断路器外形结构
1—铝帽　2—上接线端子　3—油标
4—绝缘筒　5—下接线端子　6—基座
7—主轴　8—框架　9—断路弹簧

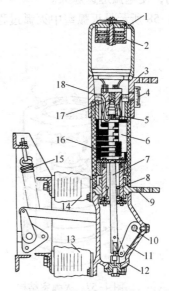

图4-56　少油断路器内部剖面结构
1—铝帽　2—油气分离器　3—上接线端子　4—油标
5—静触头　6—灭弧室　7—动触头　8—中间滚动触头
9—下接线端子　10—转轴　11—拐臂　12—基座
13—下支柱瓷瓶　14—上支柱瓷瓶　15—断路弹簧
16—缘筒　17—逆止阀　18—绝缘油

1）组成结构。

① 油箱。断路器的核心部分。油箱的上部为"铝帽"，铝帽的上部为"油汽分离室"，其作用是将灭弧过程中产生的油汽混合物旋转分离，气体从顶部排气孔排出，而油则沿内壁流回灭弧室。

铝帽的下部装有"插座式静触头"，有3~4片弧触片。断路器在合闸或分闸时，电弧总在弧触片和"动触头（导电杆）"端部的弧触头之间产生，从而保护了静触头的工作触片。油箱的中部为"灭弧室"，外面套的是高强度的绝缘筒，灭弧室的结构如图4-57所示。

②传动机构为高强度铸铁制成的基座，基座内有操作断路器动触头（导电杆）的转轴和拐臂等传动机构，导电杆通过中间滚动触头与下接线柱相连。

③框架用来固定断路器。

2）断路器的导电回路。

上接线端子→静触头→导电杆（动触头）→中间滚动触头→下接线端子。

3）工作及灭弧原理。

①合闸时，经操动机构和传动机构将导电杆插入静触头来接通电路。

②分闸或自动跳闸时，导电杆向下运动并离开静触头，产生电弧；电弧的高温使油分解形成气泡，使静触头周围的油压骤增，压力使逆止阀上升堵住中心孔，致使电弧在封闭的空间内燃烧，灭弧室内的压力迅速增大。同时，导电杆迅速向下运动，产生的油气混合物在灭弧室内的一、二、三道灭弧沟和下面的纵吹灭弧囊中对电弧进行强烈地横、纵吹；下部的绝缘油与被电弧燃烧的油迅速对流，对电弧起到油吹弧和冷却的作用。由于上述灭弧方法的综合作用，使电弧迅速熄灭。

图4-58所示是灭弧室中灭弧过程示意图。

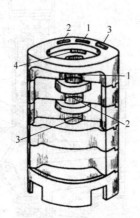

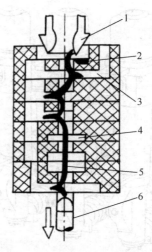

图4-57　灭弧室结构
1—第一道灭弧沟　2—第二道灭弧沟
3—第三道灭弧沟　4—吸弧钢片

图4-58　灭弧室中灭弧过程示意图
1—静触头　2—吸弧钢片　3—横吹灭弧沟
4—纵吹灭弧囊　5—电弧　6—动触头

4）特点。

①少油断路器的油量少，绝缘油只起灭弧作用而无绝缘功能，结构简单，体积小，重量轻。用于不需频繁操作和不要求高速开断的电网中。

注意：在通电状态下，油箱外壳带电，必须与大地绝缘，人体不能触及。但燃烧爆炸的危险性小。在运行时，要注意观察油标，以确定绝缘油的油量，防止因油量的不足使电弧无法正常熄灭而导致油箱爆炸事故的发生。

②SNl0-10型断路器可配用CS2型手动操动机构、CD型电磁操动机构或CT型弹簧操纵机构。

（4）高压真空断路器（ZN、ZW 型）

高压真空断路器是利用"真空"作为绝缘和灭弧介质，灭弧能力强、无爆炸、低噪声、体积小、重量轻、寿命长、电磨损少、结构简单、无污染、可靠性高、维修方便，属高速断路器，是实现无油化改造的理想设备。因此，虽然价格较贵，在要求频繁操作和高速开断的场合，尤其是安全要求较高的工矿企业、住宅区、商业区等被广泛采用。

根据其结构分有落地式、悬挂式、手车式三种形式；

按使用场合分有户内式和户外式。

ZN3-10 型真空断路器的外形结构如图 4-59 所示。

1）组成。

① 真空灭弧室。真空灭弧室如图 4-60 所示，由圆盘状的触头、屏蔽罩、波纹管屏蔽罩、绝缘外壳（陶瓷或玻璃制成外壳）等组成。

② 操动机构。操动机构可配用 CD 型列电磁操动机构或 CT 型列弹簧操纵机构。

③ 绝缘体传动件。

④ 底座。

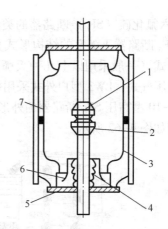

图 4-59　ZN3-10 型真空断路器外形
1—上接线端子（后出线）　2—真空灭弧室
3—下接线端子（后出线）　4—操动机构箱　5—合闸
电磁铁　6—分闸电磁铁　7—断路弹簧　8—底座

图 4-60　真空断路器灭弧室结构
1—静触头　2—动触头　3—屏蔽罩
4—波纹管　5—与外壳封接的金属法兰盘
6—波纹管屏蔽罩　7—绝缘外壳

2）工作原理。

在触头刚分离时，触头间只产生真空电弧。电弧的温度很高，使金属触头表面产生金属蒸气，由于触头的圆盘状设计使真空电弧在主触头表面快速移动，其金属离子在屏蔽罩内壁上凝聚，以致电弧在自然过零后极短的时间内，触头间隙又恢复了原有的高真空度。因此，电弧暂时熄灭，触头间的介质强度迅速恢复；电流过零后，外加电压虽然很快恢复，但触头间隙不会再被击穿，真空电弧在电流第一次过零时就能完全熄灭。

（5）六氟化硫（SF_6）断路器（LN、LW 型）

1）SF_6 气体的特性。

SF_6 气体是一种五色、无味、无毒且不易燃的惰性气体，兼有灭弧和绝缘功能，在150℃以下时，其化学性能相当稳定。其用于灭弧的优点如下：

① 由于 SF_6 中不含碳（C）元素，对于灭弧和绝缘介质来说，具有极为优越的特性，不需要像油断路器那样要经常检修。

② SF_6 不含氧（O）元素，因此不存在触头氧化问题，所以其触头磨损少，使用寿命长。

③ SF_6 具有优良的电绝缘性能，在电流过零时，电弧暂时熄灭后，SF_6 能迅速恢复绝缘强度，从而使电弧很快熄灭。

④ 在电弧的高温作用下，SF_6 会分解出氟（F_2），具有较强的腐蚀性和毒性，且能与触头的金属蒸气化合为一种具有绝缘性能的白色粉末状的氟化物，因此，SF_6 断路器的触头一般都设计成具有自动净化的作用。这些氟化物在电弧熄灭后的极短时间内能自动还原。对残余杂质可用特殊的吸附剂清除，基本上对人体和设备没有什么危害。

2）六氟化硫（SF_6）断路器的特点。

利用 SF_6 气体作灭弧和绝缘介质，触头磨损少，使用寿命长，无须经常检修，电绝缘性能好，结构简单，灭弧能力强，无燃烧爆炸危险，属高速断路器。但是，SF_6 断路器的要求加工精度高，密封性能要求严，价格相对昂贵。适用于需频繁操作及有易燃易爆炸危险的场所。

3）六氟化硫（SF_6）断路器的类型。

按 SF_6 断路器灭弧室的结构形式分，有压气式、自能灭弧式（旋弧式、热膨胀式）和混合灭弧式（一般采用以上几种灭弧方式的组合，如压气+旋弧式等）。我国生产的 LN1、LN2 型为压气式，LW3 型户外式采用旋弧式。

LN2-10 型高压 SF_6 断路器的外形结构如图 4-61 所示，其绝缘筒内灭弧室的剖面图和工作原理如图 4-62 所示。

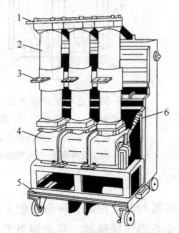

图 4-61　LN2-10 高压 SF_6 断路器

1—上接线端子　2—绝缘筒　3—下接线端子
4—操动机构箱　5—小车　6—断路弹簧

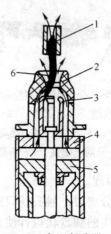

图 4-62　SF_6 高压断路器灭弧室

1—静触头　2—绝缘喷嘴　3—动触头
4—汽缸　5—压气活塞　6—电弧

LN2-10 型高压 SF_6 断路器由绝缘筒、灭弧室、操动机构箱、固定用小车等组成。主要采用弹簧、液压操动机构。断路器的静触头和灭弧室中的压气活塞是相对固定的。当跳闸时，装有动触头和绝缘喷嘴的汽缸由断路器的操动机构通过连杆带动离开静触头，电弧在动、静触头间产生，汽缸和活塞的相对运动压缩 SF_6 气体并使之通过绝缘喷嘴吹出，用吹弧法来迅速熄灭电弧。

(6) 高压开关设备常用的操动机构

操动机构又称操作机构,是供高压断路器、高压负荷开关和高压隔离开关进行分、合闸及自动跳闸的设备。一般常用的有手动操作机构、电磁操作机构和弹簧储能操作机构。

操动机构的型号表示和含义如下:

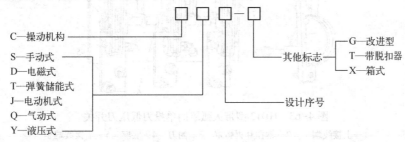

4.4.3 工厂供配电系统常用的低压电气设备

工厂低压供配电系统中常用的低压电气设备有刀开关、刀熔开关、负荷开关、熔断器、断路器等。下面介绍常用的刀开关、刀熔开关、负荷开关、低压断路器及低压熔断器等的基本结构、用途和性能。

1. 刀开关

低压刀开关是一种最普通的低压开关电器,适用于交流 50 Hz、额定电压 380 V,直流 440 V,额定电流 1500 A 及以下的配电系统中,作不频繁手动接通和分断电路或作隔离电源之用,以保证安全检修。文字符号用 QK 表示。

(1) 类型

低压刀开关按灭弧结构分为不带灭弧罩和带灭弧罩的刀开关。不带灭弧罩的刀开关只能无负荷操作,起"隔离开关"的作用;带灭弧罩的刀开关能通断一定的负荷电流,同时也具有"隔离开关"的作用。按极数分为单极、双极和三极刀开关。按操作方式分为手柄直接操作式和杠杆传动操作式。按用途分为单投刀开关和双投刀开关;单投刀开关的刀闸是单向通断;双投刀开关的刀闸为双向通断,可用于切换操作,即用于两种以上电源或负载的转换和通断。

(2) 低压刀开关的型号

低压刀开关的型号和含义表示如下:

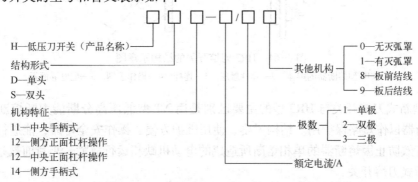

常用的低压刀开关有 HD13 型、HD17 型、HS13 型等,HD13 型带灭弧罩的单投刀低压

刀开关的基本结构如图 4-63 所示。

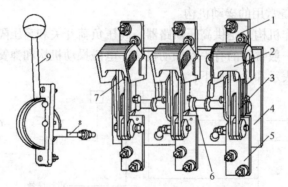

图 4-63　HD13 型带灭弧罩的单投刀低压刀开关

1—上接线端子　2—钢栅片灭弧罩　3—闸刀　4—底座　5—下接线端子
6—主轴　7—静触头　8—连杆　9—操作手柄（中央杠杆操作）

它依靠手动来实现触刀插入插座与脱离插座来控制电路的通、断。其参数包括额定电压、额定电流、通断能力、动稳定电流、热稳定电流。其额定电压、额定电流应大于电路的额定电压、额定电流。

安装时手柄向上推为合闸，闸刀侧的接线端子上电源接上端、负载接下端。

2. 刀熔开关

刀熔开关是一种由低压刀开关和低压熔断器组合而成的低压电器，通常是把刀开关的闸刀换成熔断器的熔管。所以具有刀开关和熔断器的双重功能，因此又称熔断器式刀开关。因为其结构紧凑简化，又能对线路实现控制和保护的双重功能，被广泛地应用于低压配电网络中。文字符号用 QKF 或 FU-QK 表示。

HR3 刀熔开关是最常见的刀熔开关之一。其结构如图 4-64 所示。它是将 HD 型刀开关的闸刀换成 RT0 型熔断器的具有刀形触头的熔管。

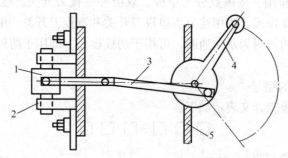

图 4-64　HR3 刀熔开关的结构示意图

1—RT0 型熔断器的熔体　2—弹性触座　3—连杆　4—操作手柄　5—配电屏面板

HR5 型新式刀熔开关与 HR3 型的主要区别是用 NT 型低压高分断能力断熔断器取代了RT0 型熔断器以作短路保护用。结构紧凑、使用维护方便、操作安全可靠；能进行单相熔断的监测，有效防止因熔断器的单相熔断所造成的电动机缺相运行故障。是目前被越来越多采用的一种新式刀熔开关，

低压刀熔开关型号的表示和含义如下：

128

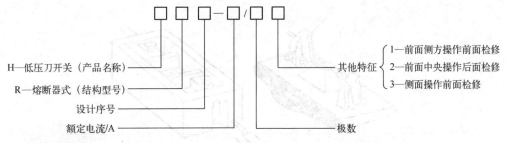

H—低压刀开关（产品名称）
R—熔断器式（结构型号）
设计序号
额定电流/A
极数
其他特征
1—前面侧方操作前面检修
2—前面中央操作后面检修
3—侧面操作前面检修

3. 低压熔断器

低压熔断器在低压配电系统中主要起短路和严重过载保护作用。

低压熔断器串接于被保护电路的首端，流过电路的电流过大时电流产生的热效应使熔断器的熔丝（安秒特性曲线）熔断，从而断开电路，起短路和严重过载保护。用于小容量低压分支电路。

低压熔断器的优点：结构简单，维护方便，价格便宜，体积小且重量轻；缺点：熔断器的熔体熔断后必须更换，引起短时停电，保护特性和可靠性相对较差，在一般情况下，须与其他电器配合使用。

低压熔断器的图形符号和文字符号为：

FU

国产低压熔断器的全型号的表示和含义如下：

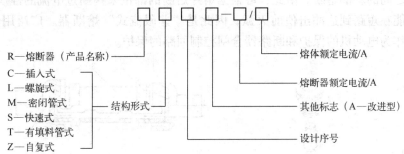

R—熔断器（产品名称）
C—插入式
L—螺旋式
M—密闭管式
S—快速式
T—有填料管式
Z—自复式
结构形式
设计序号
熔体额定电流/A
熔断器额定电流/A
其他标志（A—改进型）

注：上述型号不适用于引进技术生产的熔断器，如NT、gF、aM等。

（1）低压熔断器的种类

低压熔断器的种类很多，国产的有插入式（RC型）、螺旋式（RL型）、无填料密闭管式（RM型）、有填料封闭管式（RT型），引进技术生产的有填料管式gF、aM型和高分断能力的NT型等。

1）RC1型瓷插式熔断器。

图4-65所示为RC1A型瓷插式熔断器，其特点：结构简单、价格低、使用方便、断流容量小、动作误差大。一般用于500V以下的线路末端，作为不重要负荷的电力线路、照明设备和小容量电动机的短路保护用。如居民区、办公楼、农用负荷等，保护供电可靠性要求不高的供配电线路末端的负荷。

2）RL1型螺旋式熔断器。

RL1型螺旋式熔断器的结构如图4-66所示。瓷质熔管装在瓷帽和瓷底座间，内装熔丝和熔断指示器（红色色点），并填有石英砂。RL1系列螺旋式熔断器灭弧能力强，属"限流"式熔断器；其体积小、重量轻、价格低、使用方便、熔断指示明显，具有较高的分断

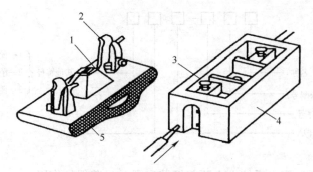

图4-65　RC₁型瓷插式熔断器

1—动触点　2—熔体　3—瓷插件　4—静触点　5—瓷座

能力和稳定的电流特性。

一般用于500 V以下的低压动力干线和支线上作短路保护用。

3）RM10型无填料密闭管式熔断器。

RM10型熔断器的结构如图4-67所示，熔体用锌片冲制成变截面形状。由纤维熔管、变截面锌片和触头、管帽、管夹等组成。RM10型熔断器结构简单、价格低廉、更换熔体方便。

当短路电流通过时，熔片窄部由于截面小电阻大而首先熔断，并将产生的电弧分成几段而易于熄灭；在过负荷电流通过时，由于电流加热时间较长，而窄部的散热条件不好，这时往往在宽窄之间的斜部熔断。由此，可根据熔片熔断的部位来判断过电流的性质。RM10型的熔断器不能在短路到达冲击值前灭弧，因此是"非限流式"熔断器。广泛用于发电厂和变电所中，作为电动机的保护和断路器合闸控制回路的保护。

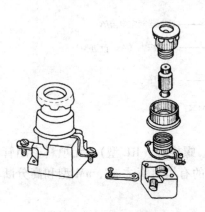

图4-66　RL型熔断器

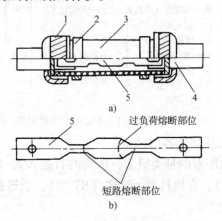

图4-67　RM10型低压熔断器

a）熔管　b）熔片

1—铜管帽　2—管夹　3—纤维熔管　4—熔片　5—触头

4）RTO型有填料封闭管式熔断器。

RTO型有填料封闭管式熔断器外形及内部结构如图4-68所示，主要由瓷熔管、铜熔体（栅状）和底座三部分组成。熔管内装石英砂。熔体由多条冲有网孔和变截面的紫铜片并联组成，中部焊有"锡桥"，指示器熔体为康铜丝，与工作熔体并联。熔管上盖板装有明显的红色熔断指示器。这种熔断器具有较强的灭弧能力，因而属于"限流式"熔断器。熔体熔断后，其熔断指示器（红色）弹出，以方便工作人员识别故障线路和进行处理。熔断后的

130

熔体不能再用，须重新更换，更换时应采用绝缘操作手柄进行操作。

RT0 型熔断器具有很高的分断能力和良好的安秒特性，在低压电网保护中与其他保护电器配合，能组成具有一定选择性的保护，广泛用于短路电流较大的低压网络和配电装置中，作输电线路和电气设备的短路保护，特别适用于重要的供电线路（如电力变压器的低压侧主回路及靠近变压器场所出线端的供电线路）。

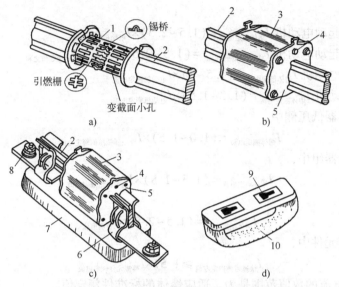

图 4-68　RT0 型有填料封闭管式熔断器

a）熔体　b）熔管　c）熔断器　d）绝缘操作手柄

1—栅状铜熔体　2—触头　3—瓷熔管　4—熔断指示器　5—盖板　6—弹性触座
7—瓷质底座　8—接线端子　9—扣眼　10—绝缘拉手手柄

5）NT 型熔断器。

NT 型熔断器是引进技术生产的一种高分断能力熔断器，现广泛应用于低压开关柜中，适用于 660 V 及以下电力网络及配电装置作过载和保护用。该系列熔断器由熔管、熔体和底座组成，外形结构与 RT0 型相似。熔管为高强度陶瓷管，内装优质石英砂，熔体采用优质材料制成。主要特点为体积小、重量轻、功耗小、分断能力高、限流特性好。

6）gF、aM 型圆柱形管状有填料熔断器。

gF、aM 型圆柱形管状有填料熔断器也属引进技术生产的熔断器，具有体积小、密封好、分断能力高、指示灵敏、动作可靠、安装方便等优点，适用于低压配电系统。其中，gF 型用于线路的短路和过负荷保护，aM 型用于电动机的短路保护。

（2）熔断器的安秒特性

熔断器的熔断电流与熔断时间之间的关系（表 4-13）称为熔断器的安秒特性（图 4-69），呈反时限特性。

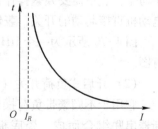

图 4-69　熔断器的安秒特性

表 4-13　熔断电流与熔断时间之间的关系

熔断电流	$1.25\sim1.3I_N$	$1.6I_N$	$2I_N$	$2.5I_N$	$3I_N$	$4I_N$
熔断时间	∞	1 h	40 s	8 s	4.5 s	2.5 s

（3）熔断器的选择

熔断器的额定电压不小于线路的工作电压。熔断器的额定电流不小于熔断器熔体的额定电流。熔断器的选择有如下 6 种情况：

1）照明电路中

$$I_{熔体额定电流} \geq I_{被保护电路上所有照明电器工作电流之和}$$

2）电动机中，

① 单台直接起动电动机 $I_{熔体额定电流} = (1.5 \sim 2.5) \times I_{电动机额定电流}$

② 多台直接起动电动机 $I_{总的熔体额定电流} = (1.5 \sim 2.5) \times I_{各台电动机电额定流之和}$

③ 降压起动电动机 $I_{熔体额定电流} = (1.5 \sim 2) \times I_{电动机额定电流}$

④ 绕线式电动机 $I_{熔体额定电流} = (1.2 \sim 1.5) \times I_{电动机额定电流}$

3）配电变压器低压侧中，

$$I_{熔体额定电流} = (1.0 \sim 1.5) \times I_{变压器低压侧额定电流}$$

4）并联电容器组中，

$$I_{熔体额定电流} = (1.3 \sim 1.8) \times I_{电容器组额定电流}$$

5）电焊机中，

$$I_{熔体额定电流} = (1.5 \sim 2.5) \times I_{负荷电流}$$

6）电子整流元件中，

$$I_{快速熔体额定电流} \geq 1.57 \times I_{整流元件额定电流}$$

其熔体额定电流的数值范围是为了适应熔体的标准件额定值。

4. 低压负荷开关

低压负荷开关是由带灭弧装置的刀开关与熔断器串联而成，外装封闭式铁壳或开启式胶盖的开关电器，又称"开关熔断器组"。所以，低压负荷开关具有带灭弧罩的刀开关和熔断器的双重功能，既可带负荷操作，也能进行短路保护，但一般不能对其频繁操作，熔体熔断后需重新更换熔体才能恢复正常供电，所以供电可靠性较差。用文字符号 QL 表示。

根据低压负荷开关结构的不同，分为封闭式负荷开关和开启式负荷开关两种类型。

（1）封闭式负荷开关（HH 系列）

将刀开关和熔断器的串联组合安装在金属盒（过去常用铸铁，现用钢板）内，因此又称"铁壳开关"。一般用于粉尘多、不需要频繁操作的场合，作为电源开关和小型电动机直接起动的开关，兼作短路保护用。

图 4-70 所示为一个 HH 系列封闭式负荷开关的结构示意图。

（2）开启式负荷开关（HK 系列）

它用于不频繁带负荷操作和短路保护。由刀开关和熔断器串联组合而成。瓷底板上装有进线座、静触头、熔丝、出线座及刀片式动触头，工作部分用胶木盖罩住，以防电弧灼伤人手。分为单相双极和三相三极两种。其结构和符号如图 4-71 所示。

图 4-70　HH 系列封闭式负荷开关

常用于照明和电热电路中作不频繁通断电路和短路保护用。它依靠手动来实现闸刀插入插座与脱离插座来控制电路的通、断。其参数包括额定电压、额定电流、通断能力、动稳定电

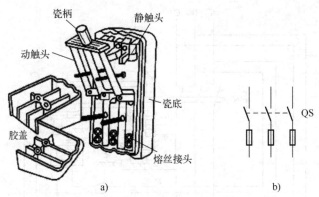

图 4-71　开启式负荷开关的结构和符号

a）结构　b）符号

流、热稳定电流。应使额定电压、额定电流大于电路的额定电压、额定电流。安装时应垂直安装，电源接上端、负载接下端闸刀侧的接线端子，手柄向上推为合闸，向下拉为分闸，不可平装或倒装，否则在检修时，可能会出现在手柄的自身重量作用下，自动合闸，发生触电事故。

5. 低压断路器

低压断路器是低压供配电系统中主要的电器元件，不仅能带负荷情况下通断电路，而且能在短路、过负荷、欠压或失压的情况下自动跳闸，断开故障电路。用作交、直流线路的过载、短路和欠电压或失压保护，被广泛应用于建筑照明和动力配电线路、用电设备作为控制开关和保护设备的电路，也可用于不频繁起动电动机以及操作或转换的电路。文字符号为QF，俗称"低压自动开关""自动空气开关"或"空开"等。

低压断路器的实物图如图 4-72 所示。

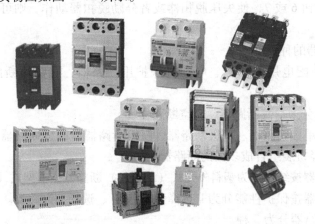

图 4-72　低压断路器的实物图

（1）低压断路器的结构及工作原理

其结构和工作原理示意图如图 4-73 所示。结构中各部件作用如下。

1）主触头：用于通断主电路。

2）跳钩：它带有弹簧，用来控制主触头的通断动作。

3）锁扣：用来锁住或释放跳钩。

4）分励脱扣器：如果按下按钮 6，使分励脱扣器动作，将锁扣顶开，从而释放跳钩使

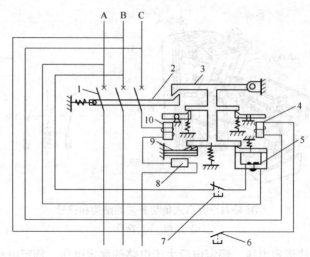

图 4-73　低压断路器结构和工作原理示意图
1—主触头　2—跳钩　3—锁扣　4—分励脱扣器　5—失压脱扣器
6、7—脱扣按钮　8—电阻　9—热脱扣器　10—过电流脱扣器

主触头断开，则可以实现开关的远距离跳闸。

5）过电流脱扣器：当线路出现短路故障时，过电流脱扣器动作，将锁扣顶开，从而释放跳钩使主触头断开。

6）热脱扣器：如果线路出现过负荷或失压情况，通过热脱扣器的动作，也使主触头以上述的同样原理断开。

7）失压脱扣器：如果线路出现失压情况，通过失压脱扣器的动作，使主触头断开。

8）如果按下按钮6或7，使失压脱扣器或者分励脱扣器动作，则可以实现开关的远距离跳闸。

（2）低压断路器的种类

1）按用途分为配电用断路器、电动机保护用断路器、照明用断路器、漏电保护断路器。

2）按灭弧介质分为空气断路器、真空断路器。

3）按极数分为单极断路器、双极断路器、三极断路器、四极断路器。小型断路器可由几个单极的断路器经拼装组合成多极的断路器。

4）配电用断路器按结构分为塑料外壳式（装置式）断路器、框架式（万能式）断路器。

5）配电用断路器按保护性能分为非选择型断路器、选择型断路器。

① 非选择型断路器分为3种。

● 瞬时动作特性：只作短路保护用。

● 长延时动作特性：只作过负荷保护用。

● 两段保护特性：为瞬时和长延时的组合。

② 选择型断路器分为两种。

● 两段保护特性：为瞬时和短延时两段组合。

● 三段保护特性：为瞬时、短延时和长延时三段组合。

图4-74所示为低压断路器的三种保护特性曲线。

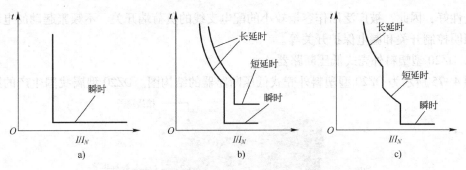

图 4-74 低压断路器的三种保护特性曲线

a) 瞬时动作特性　b) 两段保护特性　c) 三段保护特性

智能型断路器：脱扣器动作由微型计算机控制，保护功能更多，选择性更好。

6) 按断路器中安装的脱扣器种类分。

① 分励脱扣器：用于远距离跳闸（远距离合闸操作可采用电磁铁或电动储能合闸）。

② 欠电压或失电压脱扣器：用于欠电压或失电压（零压）保护，当电源电压低于定值时自动断开断路器。

③ 热脱扣器：用于线路或设备长时间过负荷保护，当线路电流出现较长时间过载时，金属片受热变形，使断路器跳闸。

④ 过电流脱扣器：用于短路、过负荷保护，当电流大于动作电流时自动断开断路器。分瞬时短路脱扣器和过电流脱扣器（又分长延时和短延时两种）。

⑤ 复式脱扣器：既有过电流脱扣器又有热脱扣器的功能。

(3) 国产低压断路器型号的结构和含义

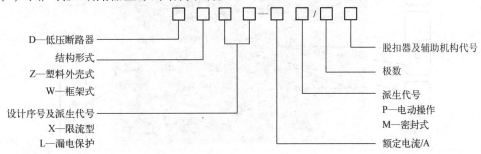

(4) 塑料外壳式低压断路器

1) 结构。

它采用封闭式结构，即所有机构及导电部分都装在塑料壳内，只在塑壳正面中央有外露的操作手柄供手动操作用。

目前常用的塑料外壳式低压断路器主要有 DZ20、DZ15、DZX10 型，及引进国外技术生产的 H、S、3VL、TO 和 TG 型等。

2) 特点。

① 保护方案少。主要保护方案有热脱扣器保护和过电流脱扣器保护两种。

② 操作方法少。有手柄操作和电动操作（较大容量用）。

③ 电流容量和断流容量都较小，但分断速度较快（断路时间一般不大于 0.02 s）。

3) 应用。塑料外壳式低压断路器结构紧凑，体积小，重量轻，操作简便，封闭式外壳的安全性好，因此，被广泛用作容量较小的配电支线的负荷端开关、不频繁起动的电动机开关、照明控制开关和漏电保护开关等。

4）DZ20型塑料外壳式低压断路器。

图4-75所示为DZ20型塑料外壳式低压断路器的结构图。DZ20型属我国生产的第二代

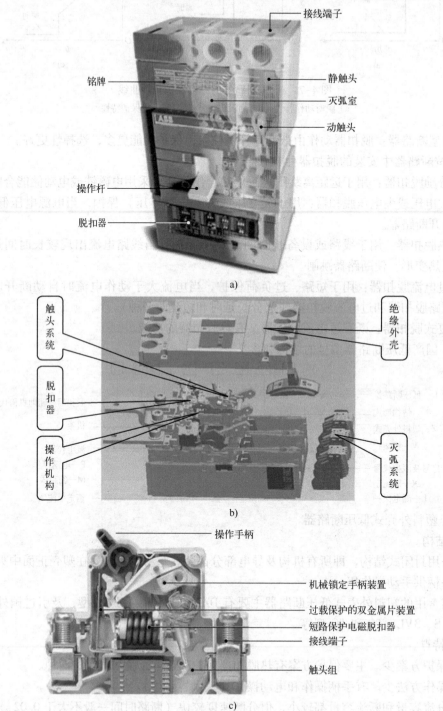

图4-75　DZ20型塑料外壳式低压断路器

产品，目前的应用较为广泛。它具有较高的分断能力，外壳的机械强度和电气绝缘性能也较好，而且所带的附件较多。

低压塑料外壳式断路器操作手柄的三个位置，如图4-76所示。在壳面中央有分、合位置指示。

① 合闸位置（图4-76a）：手柄扳向上方，跳钩被锁扣扣住，断路器处于合闸状态。

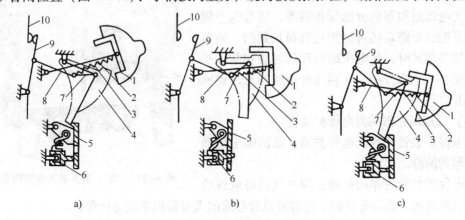

a)   b)   c)

图4-76 低压断路器操作手柄位置示意图

a）合闸位置 b）自由脱扣位置 c）分闸和再扣位置

1—操作手柄 2—操作 3—弹簧 4—跳钩 5—锁扣 6—牵引杆

7—上连杆 8—下连杆 9—动触头 10—静触头

② 自由脱扣位置（图4-76b）：手柄位于中间位置，是当断路器因故障自动跳闸，跳钩被锁扣脱扣，主触头断开的位置。

③ 分闸和再扣位置（图4-76c）：手柄扳向下方，这时，主触头依然断开，但跳钩被锁扣扣住，为下次合闸做好准备。断路器自动跳闸后，必须把手柄扳在此位置，才能将断路器重新进行合闸，否则是合不上的。

（5）框架式低压断路器（万能式低压断路器）

1）结构：为框架式结构，整个装置装设在金属或塑料的框架上。

目前，主要有DWl5、DWl8、DW40、CB11（DW48）、DW 914型等，及引进国外技术生产的ME、AH型等。其中DW40、CB11型采用智能型脱扣器，可实现微型计算机保护。

2）特点。

① 框架式低压断路器的保护方案和操作方式较多，既有手柄操作，又有杠杆操作、电磁操作和电动操作等。而且其安装地点也很灵活，既可装在配电装置中，又可安在墙上或支架上。

② 相对于塑料外壳式低压断路器，框架式低压断路器的电流容量和断流能力较大，不过，其分断速度较慢（断路时间一般大于0.02 s）。

③ 应用。框架式低压断路器主要用于配电变压器低压侧的总开关、低压母线的分段开关和低压出线的主开关。

3）DW15型低压断路器。

图4-77所示是目前应用广泛的DW15型框架式低压断路器的外形图。

DW15型低压断路器触头系统安装在绝缘底板上，由静触头、动触头和弹簧、连杆、支架等组成。灭弧室里采用钢质板材料和数十片铁片作灭弧栅来加强电弧的熄灭。

其操作机构由操作手柄和电磁铁操作机构及强力弹簧组成。

脱扣系统有过负荷长延时脱扣器、短路瞬时脱扣器、欠电压脱扣器和分励脱扣器等；带有电子脱扣器的万能式断路器还可以把过负荷长延时、短路瞬时、短路短延时、欠电压瞬时和延时脱扣的保护功能汇集在一个部件中，并利用分励脱扣器来使断路器断开。

（6）低压断路器的漏电保护装置

漏电保护装置又称漏电保护器，是漏电电流动作保护器的简称。

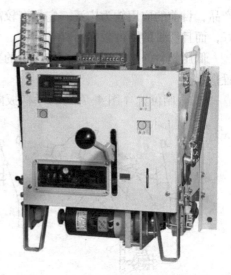

图4-77　DW15型框架式低压断路器

漏电保护装置的作用是防止因电气设备或线路漏电而引起火灾、爆炸等事故，并对有致命危险的人身触电事故进行保护。

由于漏电电流大多小于过电流保护装置（如低压断路器）的动作电流，因此当因线路绝缘损坏等造成漏电时，过电流保护装置不会动作，从而无法及时断开故障回路，以保护人身和设备的安全。因此，对TN-C和TN-S系统，必须考虑装设漏电保护装置。

1）漏电保护器的结构。

漏电保护器是在漏电电流达到或超过其规定的动作电流值时能自动断开电路的一种开关电器。结构分为三个功能组：

①故障检测用的零序电流互感器。

②将测得的电参量变换为机械脱扣的漏电脱扣器。

③包括触头的操作机构。

2）工作原理。

当电气线路正常工作时，通过零序电流互感器一次侧的三相电流相量和或瞬时值的代数和为零，因此其二次侧无电流。

在出现绝缘故障时，漏电电流或触电电流通过大地与电源中性点形成回路，这时，零序电流互感器一次侧的三相电流之和不再是零，从而在二次绕组中产生感应电流并通过漏电脱扣器和操作机构的动作来断开带有绝缘故障的回路。

3）漏电保护器的种类。

①漏电开关。它由零序电流互感器、漏电脱扣器和主回路开关组装在一起，同时具有漏电保护和通断电路的功能。其特点是在检测到触电或漏电故障时，能直接断开主回路。

②漏电断路器。它由塑料外壳断路器和带零序电流互感器的漏电脱扣器组成，除了具有一般断路器的功能外，还能在线路或设备出现漏电故障或人身触电事故时，迅速自动断开电路，以保护人身和设备的安全。漏电断路器又分为单相小电流家用型和工业用型两类。常见的型号有DZ15L、DZ47L、DZL29和LDB型等，适用于低压线路中，作线路和设备的漏电和触电保护用。

③漏电继电器。它由零序电流互感器和继电器组成，只有检测和判断漏电电流的功能，

但不能直接断开主回路。

④ 漏电保护插座。它由漏电断路器和插座组成，这种插座具有漏电保护功能，但电流容量和动作电流都较小，一般用于可携带式用电设备和家用电器等的电源插座。

⑤ 电磁式漏电保护器。由零序电流互感器检测到的信号直接作用于释放式漏电脱扣器，使漏电保护器动作，其结构和工作原理如图 4-78 所示。

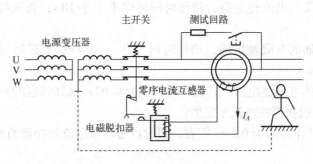

图 4-78　电磁式漏电保护器的结构和保护原理示意图

⑥ 电子式漏电保护器

利用零序电流互感器检测到的信号通过电子放大线路放大后，触发晶闸管或晶体管控制的开关电路来接通漏电脱扣器线圈，使漏电保护器动作，其结构和工作原理如图 4-79 所示。

（7）低压断路器的选用要点

表示低压断路器性能的主要指标有分断能力和保护特性。

分断能力是指开关在指定的使用和工作条件及在规定的电压下实现接通和分断的最大电流值（kA）。

保护特性主要分为过电流保护、过载保护和欠电压保护三种。

1）额定电压。

断路器的额定电压应大于线路额定电压，主要用于交流 380 V 或直流 220 V 的供电系统。按线路额定电压进行选择时应满足下列条件：

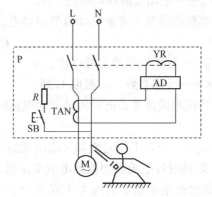

图 4-79　电子式漏电保护器的结构和保护原理示意图
YR—漏电脱扣器　AD—电子放大器　TAN—零序电流互感器
R—电阻　SB—试验按钮　M—电动机或其他负荷

$$U_N \geqslant U_{NL}$$

式中　U_N——低压断路器的额定电压，V；

　　　U_{NL}——线路的额定电压，V。

2）额定电流。

断路器的额定电流与过电流脱扣器的额定电流应大于线路计算负荷电流。当按线路的计算电流选择时，应能满足下式：

$$I_N \geqslant I_{30}$$

式中 I_N——低压断路器的额定电流，A；

I_{30}——线路的计算电流或实际电流，A。

如果环境温度低于+40℃，则电器产品温度每低1℃，允许电流比额定电流值增加0.5%。但增加总数不得超过20%。

3）断路器的电流整定值。

① 长延时脱扣器的电流整定值，动作时间可以不小于10s；长延时脱扣器只能作过载保护。

② 短延时脱扣器的电流整定值，动作时间为0.1~0.4s；短延时脱扣器可以作短路保护，也可以作过载保护。

③ 瞬时脱扣器的电流整定值，其动作时间约为0.02s。瞬时脱扣器一般用作短路保护。

4）瞬时过电流脱扣器的电流整定值。

瞬时脱扣器的动作时间为0.02s左右。瞬时或短时过电流脱扣器的整定电流应能躲开线路的尖峰电流。

① 负载是单台电动机，电流整定值按下式计算：

$$I_{szd} \geqslant KI_{SM}$$

式中 I_{szd}——瞬时或短时过电流脱扣器电流整定值，A；

K——可靠系数，对动作时间大于0.02s的断路器，K取1.35，对动作时间小于0.02s的断路器K取1.7~2.0；

I_{SN}——电动机的起动电流，A。

② 当配电线路不考虑电动机的起动电流时，按下式计算整定值：

$$I_{szd} \geqslant KI_{jf}$$

式中 I_{jf}——配电线路的尖峰电流，A；

K——可靠系数，一般取1.35。

③ 当配电线路考虑电动机的起动电流时，按下式计算整定值：

$$I_{szd} \geqslant KI_{SMz}$$

式中 I_{SMz}——正常工作电流和可能出现的自起动电动机的起动电流的总和，A。

5）短延时过电流脱扣器的电流整定值。

本级动作电流整定值应大于或等于下一级低压断路器短延时或瞬时动作电流整定值的1.2倍。若下一级有多条分支线，则取各支路低压断路器中最大整定值的1.2倍。

6）长延时过电流脱扣器电流整定值。

长延时过电流脱扣器电流整定值应大于线路中计算电流：

$$I_{gzd} \geqslant KI_{30}$$

式中 I_{gzd}——过电流脱扣器的长延时动作电流整定值，A；

K——可靠系数，一般取1.1；

I_{30}——线路的计算电流，单台电动机是指电动机的额定电流，A。

7）断路器的分断能力。

① 断路器的额定短路分断能力应大于线路中最大短路电流。

② 断路器的额定极限短路分断能力应大于断路器额定运行短路分断能力（对于直流线路，两者的数值相同）。

③ 断路器的额定运行短路分断能力应大于线路中最大短路电流。

④ 断路器的额定短时耐受电流（0.5 s、3 s）应大于线路中短时持续短路电流。

当分断能力不够，一般的线路，可用有填料式熔断器（RT0）来替代低压断路器。对于特别重要的供电线路，应采用更大容量的低压断路器。

8）断路器欠电压脱扣器额定电压等于线路额定电压。

9）直流快速断路器需考虑过电流脱扣器的动作方向（极性）、短路电流上升率。

10）剩余电流保护断路器需选择合理的剩余电流动作电流和剩余电流不动作电流。注意能否断开短路电流，如不能断开短路电流则需要适当的熔断器配合使用。

11）灭磁断路器选择时需考虑发电机的强励电压、励磁线圈的时间常数、放电电阻及断开强励电流的能力。

4.4.5 变电所的电气主接线

1. 电气主接线

电气主接线（主电路）指发电厂或变电站中的一次设备按照设计要求连接起来，表示生产、汇聚和分配电能的电路。

2. 电气主接线图

主接线图中变压器、互感器、开关、保护器件的图形符号和文字符号见表 4-14、4-15、4-16。

表 4-14　变压器的图形符号和文字符号

序　号	图形符号	文字符号	说　明
1	形式1  形式2 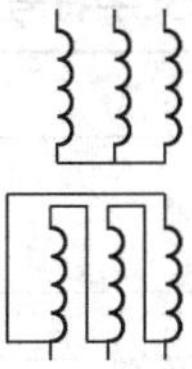	TM	三相变压器 星形-三角形联结
2	形式1 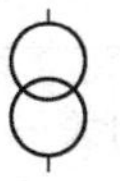 形式2 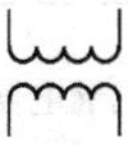 形式3 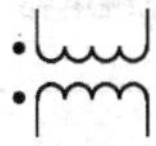	TM	双绕组变压器
3	形式1 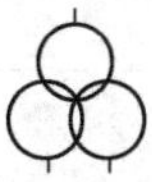 形式2 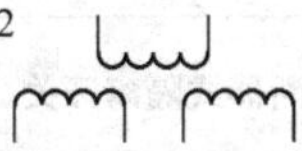	TM	三绕组变压器

表 4-15　互感器的图形符号和文字符号

序　号	图形符号	文字符号	说　明
1	形式1 形式2 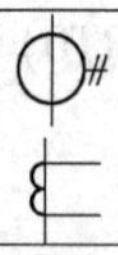	TA	电流互感器
2	形式1 形式2 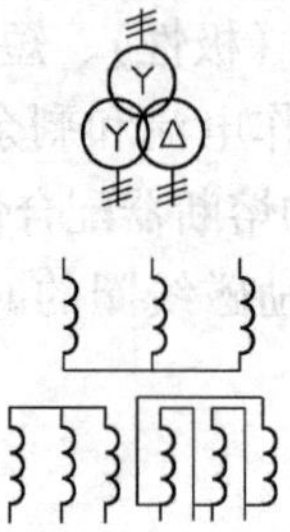	TV	三相三绕组电压互感器
3	形式1 形式2 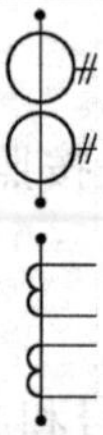	TA	具有两个铁芯，每个铁芯有一个次级绕组
4	形式1 形式2 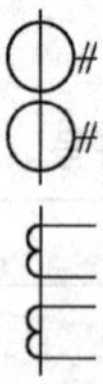	TA	在一个铁芯上具有两个次级绕组的电流互感器

表 4-16　开关和保护器件的图形符号和文字符号

序　号	图形符号	文字符号	说　明
1		QF	断路器
2		QS	隔离开关
3		QL	负荷开关
4	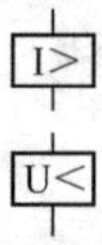 I> U<	K	过电流继电器 欠电流继电器
5		FU	熔断器
6		F	避雷器
7		QSF	熔断器式隔离开关

3. 主接线的作用

1）是电气运行人员进行各种操作和事故处理的重要依据。

2）表明了发电机、变压器、断路器和线路等电气设备的数量、规格、连接方式及可能的运行方式。

3）直接关系到电力系统的安全、稳定、灵活和经济运行。

4. 对电气主接线的基本要求

1）运行的可靠性：主接线系统应保证对用户供电的可靠性，特别是保证对重要负荷的供电。

2）运行的灵活性：主接线系统应能灵活地适应各种工作情况，特别是当一部分设备检修或工作情况发生变化时，能够通过倒换开关的运行方式，做到调度灵活，不中断向用户的供电，在扩建时应能很方便的从初期建设到最终接线。

3）主接线系统还应保证运行操作的方便以及在保证满足技术条件的要求下做到经济合理，尽量减少占地面积，节省投资。

5. 主接线的基本形式

（1）单母线接线

单母线接线如图4-80所示。

电源（进线）：功率流向是指向母线。

出线（馈线）：功率流向是从母线流向用户。

母线侧刀闸（QSW）：紧靠母线的隔离开关，如QS1、QS2等。

线路侧刀闸（QSL）：紧靠线路的隔离开关，如QS3等。

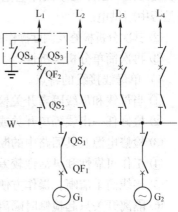

图4-80 单母线接线

接地刀闸：检修线路或设备用，电压在110 kV及以上，QF两侧的QS及线路QS均应带接地刀闸，如QS3等。

1）隔离开关的配置原则。

① 当出线回路对侧有电源，断路器两侧均必须装设QSW、QSL；对侧无电源时，可以不装设QSL。

② 发电机与断路器之间也可以不装设隔离开关。

断路器与隔离开关的主要区别：断路器带有灭弧装置，断口是密封的，不可见，用来接通和切断电路。隔离开关没有灭弧装置，断口是可见的，不能接通和切断5 A以上的电流。在停电检修一次设备时，形成明显的断口，以确保检修人员的安全。用来倒换电源操作。

2）操作顺序。

隔离开关没有灭弧装置，不能接通和切断5 A（高压系统中）以上的电流，因此，操作时必须严格遵守下述两个基本原则：

① 隔离开关与断路器的操作顺序。

隔离开关"先通后断"（没有形成闭合回路）或在等电位下（没有电位差）操作。先通：接通电路时，先合隔离开关，后合断路器；后断：断开电路时，先断断路器，后断隔离开关。

② 母线侧刀闸（QSW）与线路侧刀闸（QSL）的操作顺序。

"母线（电源）侧刀闸（QSW）先通后断"。其意义在于：万一发生误操作，可使误操作事故影响范围降低到最小程度。

例 4-15 如图 4-81 所示，分析下列操作程序会发生什么后果？设 QS₂、QS₃、QF₂ 均处于断开位置，现给线路 L1 送电，有如下两种操作：

第 1 种操作：1）合 QF₂；2）合 QS₂；3）合 QS₃，在线路侧发生短路。

第 2 种操作：1）合 QF₂；2）合 QS₃；3）合 QS₂，在母线侧发生短路。

用隔离开关带负荷拉闸或带负荷合闸，即破坏了 QS 的操作程序，这一种操作称为误操作。

防止误操作的方法：一是严格按照操作规程实行操作票制度；二是在隔离开关和相应的断路器之间，加装电磁闭锁、机械闭锁或电脑钥匙。

3）运行特点分析。

① 首先分析的供电可靠性。主要分析母线、母线侧刀闸、断路器事故停电范围的大小、检修设备是否中断供电。

② 其次分析检修及调度操作的灵活性和方便性。

③ 再次简单分析经济性。

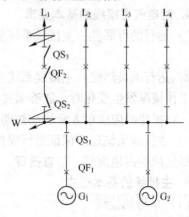

图 4-81 例 4-15 的单母线接线操作示意图

4）单母线接线的特点。

① 当母线和母线隔离开关检修时，在全部检修时间内，各个回路都必须全部停电。

② 检修任一出线隔离开关或断路器时，该线路必须停电。

③ 检修电源及其回路中的断路器时，如果系统电能不充裕时，会产生功率缺额。

④ 工作可靠性和灵活性较差。

⑤ 接线简单清晰，操作方便，所用电气设备少，配电装置的建造费用低。

⑥ 隔离开关只起检修时隔离电压用。

⑦ 扩建方便。

这种接线主要用于小容量特别是只有一个供电电源的变电所中。

（2）单母线分段接线

为了提高单母线接线的供电可靠性和灵活性，可采用单母线分段接线方式。把单母线分成二段或三段，在各段之间接上分段断路器或分段隔离开关的接线。分段的数目取决于电源数量和容量。从理论上讲，段数分得越多，故障时停电范围越小。但使用隔离开关、断路器等设备增多，且配电装置和运行也越复杂，通常以 2~3 段为宜。应尽量使各分段上的功率平衡。

实践证明：用于 6~10 kV 系统时，每段母线上所接容量不宜超过 2.5×10^4 kW，用于 35~60 kV 系统时，出线回路数不应超过 8 回，用于 110~220 kV 时，出线回路数不应超过 4 回。

单母线分段接线如图 4-82 所示。

1）运行方式。

① 用断路器分段运行特点。

母线分段运行：断路器 QFd 断开运行。

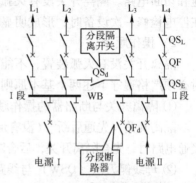

图 4-82 单母线分段接线

正常运行时，相当于两个不分段的单母线接线。若Ⅰ段母线故障时，停止供电或Ⅰ段母线失压时，可由备用电源自动投入装置将电源Ⅰ进线上的断路器断开，然后自动合上 QF_d，Ⅰ段母线恢复供电。Ⅱ段母线不会受到影响而继续供电。

母线并联运行：断路器闭合运行。

正常运行时，相当于不分段的单母线接线。若Ⅰ段母线故障时，继电保护装置使 QF_d 自动跳开，Ⅰ段母线被切除；Ⅱ段母线继续供电；若电源Ⅰ停止供电，则电源Ⅱ通过 QF_d 闭合向Ⅰ段母线供电，不影响对负荷的供电，可靠性高。

② 用隔离开关分段运行特点。

在可靠性要求不高时，可以用隔离开关分段，这样可以节省一个隔离开关和一个断路器，但母线故障时，整个装置仍会短时停电，把分段隔离开关拉开后，完好的一段就可以恢复供电。

母线并联运行：QS_d 闭合运行。

Ⅰ段母线故障→全段停电→找出故障断开分段 QSd→恢复Ⅱ段母线供电。

母线分列运行：QS_d 断开运行。

Ⅰ段母线失电→查出原因→切除Ⅰ段母线上所有进、出线→合上分段隔离开关 QS_d→Ⅰ段母线恢复供电。

2）单母线分段接线的优缺点。

① 在母线发生短路故障的情况下，仅故障段停止工作，非故障段仍可继续工作。

② 对重要用户，可采用从不同母线分段引出的双回线供电，以保证向重要负荷可靠地供电。

③ 当母线的一个分段故障或检修时，必须断开该分段上的电源和全部引出线。因此，使部分用户供电受到限制和中断。

④ 任一回路的断路器检修时，该回路必须停止工作。

⑤ 具有接线简单、清晰、经济、方便等优点；缩小了母线故障和母线检修时的停电范围（停一半）；提高了供电可靠性、灵活性。

因此，为了克服任一回路的断路器检修时，该回路必须停止工作的缺点，对于电压为 35 kV 及以上的配电装置，当引出线较多时，广泛采用单母线带旁路母线的接线。

3）应用。

适用于以下 3 种情况。

6~10 kV 配电装置出线回路数在 6 回及以上；

35~60 kV 配电装置出线回路数在 4~8 回；

110~220 kV 配电装置出线回路数在 4 回。

（3）单母线带旁路母线的接线

1）加装专用旁路断路器 QF_a 的接线。

单母线带旁路母线接线如图 4-83 所示，旁路母线 WBa 是通过旁路断路器 QF_a 与主母线 WB 相连，通过旁路隔离开关 QS_a 与每一出线相连。旁路隔离开关 QS_a 倒闸操作用。

正常运行时：旁路断路器 QF_a 和旁路隔离开关 QS_a 均在断开位置，旁路母线 WB_a 不带电。但 QF_a 两侧的隔离开关处于合闸位置。

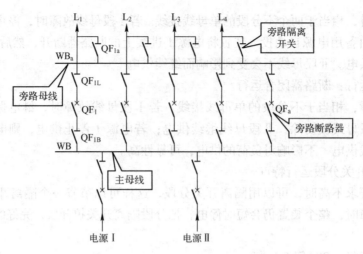

图 4-83 单母线带旁路母线接线

当检修出线断路器 QF_1 时：

① 先合旁路断路器 QF_a，向旁路母线 WB_a 充电，充电 5 min，若不跳闸，说明旁路母线 WB_a 完好，使 WB_a 带电。

② 再合该回路旁路隔离开关 QS_{1a}，实现旁路与正常工作回路并联运行。

③ 再断开该回路出线断路器 QF_1。

④ 最后分别断开 QF_1 两侧隔离开关 QS_{1L} 和 QS_{1B}。使 QF_1 退出运行，做好安全措施即可对 QF_1 进行检修。此时，线路 1 继续由旁路保持供电。通过主母线 WB→旁路断路器 QF_a→旁路母线 WB_a→旁路隔离开关 QS_{1a} 对线路 1 供电。利用旁路断路器 QF_a 替代 QF_1 来完成通断电路及保护作用。

断路器 QF_1 检修完成后，将旁路断路器 QF_a 退出，恢复正常工作的操作步骤是：合上 QF_1 两侧隔离开关，合上 QF_1 断路器，然后拉开旁路断路器 QF_a 及其两侧的隔离开关和出线旁路隔离开关 QS_{1a}。

2）单母线分段接线兼作旁路接线。

为了节省投资，少用断路器，通常采用分段断路器兼作旁路断路器的接线，图 4-84 的接线，旁路母线可与任一段母线连接，但在断路器作旁路断路器工作时，两段母线不能并列运行。为了改进上述缺点，在两段母线之间，装设一组分段隔离开关 QSD，如图 4-84 所示接线。当断路器作旁路断路器工作时，两段母线可以并列运行，但当任一段母线发生短路故障时，将使整个配电装置中断工作，必须在拉开分段隔离开关后，才能恢复非故障母线的工作。

适用于 6~10 kV 出线较多而且对重要负荷供电的装置；35 kV 及以上有重要联络线路或较多重要用户的装置。

如图 4-84 所示，分段断路器 QF_D 兼作旁路断路器。正常运行时，WP 不带电，QF_D、QS_1、QS_2 在闭合位置，QS_3、QS_4、QS_D 在断开位置，以单母线分段运行。

例 4-16 如图 4-84 所示，正常运行时，WP 不带电，QF_D、QS_1、QS_2 在闭合位置，QS_3、QS_4、QS_D 在断开位置，写出检修 QF_1 的操作票。

146

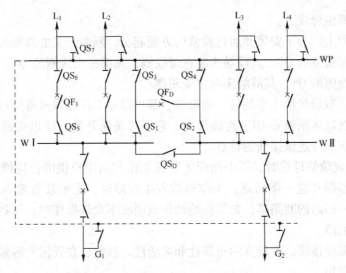

图 4-84　单母线分段接线兼作旁路接线

第 1 步：检查旁母是否完好（先现场目测，后充电检查）。

①合 QS_D；②断 QF_D；③断 QS_2（也可 QS_1）；④合 QS_4（也 QS_3）；⑤合 QF_D，并投入继电器保护，如旁路完好，则 QF_D 便不会跳闸。

第 2 步：检修操作。

⑥合 QS_7；⑦断 QF_1；⑧断 QS_6；⑨断 QS_5。

（4）双母线接线

单母线及单母线带分段接线的主要缺点是在母线或者母线隔离开关故障或检修时，连接在该母线上的回路都要在故障或检修期间长时间停电，而双母线接线则克服这一弊病。

如图 4-85 所示，双母线接线中有两组母线，每一电源或每条引出线，通过一台或两台断路器，分别接到两组母线上。双母线接线，根据每一回路中所用断路器的数目不同，有以下几种接线方式。

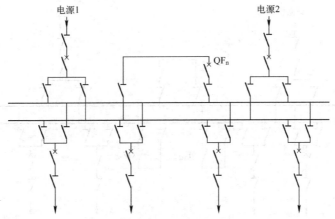

图 4-85　双母线不分段接线

1）双母线不分段接线。

单断路器的双母线接线如图 4-85 所示，每一电源和引出线，通过一台断路器和两组隔离开关，连接在两组母线上。

说明：在工程上，为了安装和运行检修的方便起见，隔离开关的静触头的安装位置有如下规定：凡接在母线侧的 QS，其静触头装在母线侧；凡接在出线侧的 QS，其静触头装在负荷侧；凡接在主变侧的 QS，其静触头与主变相连。

正常运行时，双母线接线中的任一组母线，都可以是工作母线或备用母线。工作母线或备用母线利用母线联络断路器 QF_m 连接起来，它平时是断开的。所以提高了装置工作的可靠性和灵活性，下面分述该接线的特点。

① 优点：轮流检修母线时，不中断配电装置工作和向用户供电；检修任一回路的母线隔离开关时，只需断开这一条回路；工作母线发生故障时，配电装置能迅速地恢复正常工作。运行中的任一回路的断路器，如果拒绝动作或因故不允许操作时，可利用母线联络断路器来代替断开该回路。

单断路器双母线接线，有较高的可靠性和灵活性。目前，在我国大容量的重要发电厂和变电所中已广泛采用。

② 单断路器双母线接线的缺点及解决措施。

单断路器双母线接线的主要缺点是，操作过程比较复杂，容易造成错误操作。其次是双母线接线平时只有一组母线工作，因此，当工作母线短路时，仍要使整个配电装置短时停止工作。在检修任一回路的断路器时，此回路仍需停电。

为了消除这种接线的上述缺点，在实际工作中可采用如下措施：为了防止错误操作，要求运行人员必须熟悉操作规程，另外还应在隔离开关与断路器之间装设特殊的闭锁装置，以保证正确的操作顺序；为了消除工作母线故障，使整个配电装置停止工作的缺点，可以用双母线同时工作的运行方式，双母线同时工作时，母线段联络断路器平时是接通的，电源和引出线均衡的分配在两组母线之间。当一组母线故障时，母线段联络断路器和连接在该组母线上的电源回路的断路器断开。将所有接于故障母线的回路换至另一组母线后，因母线故障而停电的部分就可以恢复工作。但母线保护较复杂；为了消除工作母线故障停电这一缺点的另一方法，是将双母线接线中的一组母线用断路器分段，如图 4-86 所示。

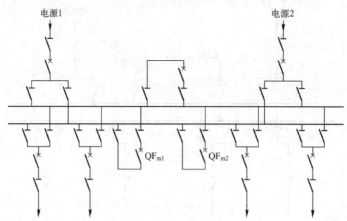

图 4-86　双母线分段接线

2）双母线分段接线。

平时分段的一组母线作为工作母线，另一组为备用母线。

工作母线的每一分段，分别装有母线段联络断路器 QF_{m1} 和 QF_{m2}。

当检修任一段工作母线时，将连接在该段上的电源和所有引出线，全部转移到备用母线上去。

此时，检修母线段联络断路器和分段断路器是断开的，其两侧隔离开关打开。

非检修母线段联络断路器是接通的，作为分段断路器使用，通过该断路器，两个电源仍可保持并联运行。

3）双母线带旁路母线的接线。

当检修某一回路中的断路器时，为了不使该回路停电，可采取增设旁路母线的方法，如图 4-87 所示。

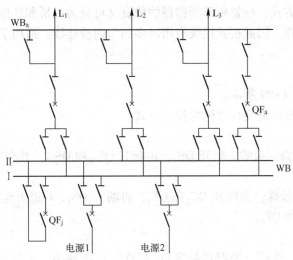

图 4-87　双母线带旁路母线接线

（5）3/2 接线（也称一个半断路器接线）

如图 4-88 所示，实质上属于一个回路由两台断路器供电的双重连接的多环形接线。其运行特点：

① 正常运行时，所有断路器均接通，两组母线同时工作，形成多环网供电，具有较高的供电可靠性和运行灵活性。

② 任一进出线故障，该故障线两侧断路器均跳闸，其他照常工作。

③ 任一母线故障或检修时，连接在该组母线上的所有断路器都断开，所有回路仍可以在另一组母线上继续工作。

④ 除联络断路器（如 QF_2 等）内部故障不能操作时，与其相连的两条线路短时停电外，其他 QF（如 QF_1 等）内部故障时，与其直接相连的一回线路须短路时停电；检修任一台断路器都不会影响供电，且检修操作方便。

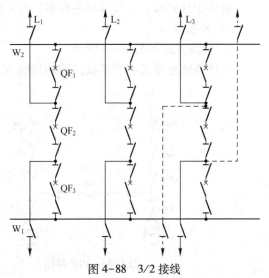

图 4-88　3/2 接线

⑤ 两组母线同时故障（或一组检修时，另一组又故障）的极端情况下，功率仍能继续输送。

⑥ 断路器只在检修时起隔离电压作用。

⑦ 设备多，且继保配置较复杂。

⑧ 要求出线与进线尽量相等。

当该接线仅两串时，在进出线上应装设隔离开关。当串数等于或大于3串时，进出线可不装设隔离开关。

此接线特别适宜于500~750 kV的超高压、大容量系统。

（6）桥形接线

桥形接线采用4个回路、3台断路器和6个隔离开关，是接线中断路器数量较少，也是投资较省的一种接线方式，根据桥形断路器的位置又可分为内桥和外桥两种接线，由于变压器的可靠性远大于线路，因此桥式接线应用较多的为内桥接线。适用于仅有两台变压器和两条出线的装置中。

1）内桥接线。

① 接线方式如图4-89所示。

连接桥断路器接在靠近变压器侧的接线方式。

② 运行方式。

线路 L_1 故障或检修：只需先断开 QF_1，再断开 QS_{1L} 和 QS_{1B}，其余三回路可以继续工作，不影响供电。

变压器 T_1 故障或检修：先断开 QF_1 和 QF_3，再断开 QS_1，T_1 退出运行。如果线路 L_1 仍需恢复供电，再合 QF_1 和 QF_3。

③ 特点。

优点：接线简单、经济（断路器最少）；布置简单占地小，可发展为单母线分段接线；线路投切操作灵活，不影响其他电路的工作。

缺点：变压器投切操作复杂，变压器故障检修时影响出线回路连续供电；桥断路器故障检修时两个回路单元失去联系；出线断路器故障检修时该回路停电。

④ 适用范围。

适用于线路较长、故障机率较多，而主变压器不经常切换的场合。

2）外桥接线。

① 接线方式如图4-90所示。

连接桥断路器接在靠近线路侧的接线方式。

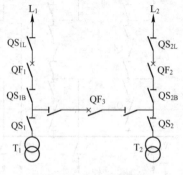

图4-89　内桥接线

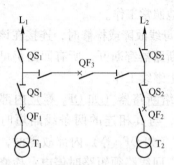

图4-90　外桥接线

② 运行方式。

线路 L₁ 故障或检修：先断开 QF₁ 和 QF₃，再断开 QS₁，L₁ 退出运行。如果变压器 T₁ 仍需恢复供电，再合 QF₁ 和 QF₃。

变压器 T₁ 故障或检修：只需先断开 QF₁，再断开 QS₁，其余 3 回路可以继续工作，不影响供电。

③ 特点。

优点：接线简单、经济（断路器最少）；布置简单占地小，可发展为单母线分段接线；变压器投切操作灵活，不影响其他电路的工作。

缺点：线路投切操作复杂，故障检修影响其他回路；桥断路器故障检修全厂分列为两部分；变压器断路器故障检修该变压器停电。

④ 适用范围。

适用于主变压器经常切换、而线路较短、故障机率少或有穿越功率的场合。

6. 车间变电所的电气主接线

（1）车间变电所高压侧主接线方案

1）工厂有总降压变电所或高压配电所。

工厂有总降压变电所或高压配电所时车间变电所高压侧主接线方案如图 4-91 所示。车间变电所的电源进线上的开关电器、保护装置和测量仪表等，一般都安装在高压配电线路的首端，而车间变电所通常只设变压器室和低压配电室，高压侧大多不装开关或只装简单的隔离开关、熔断器（室外为跌落式熔断器）、避雷器等。

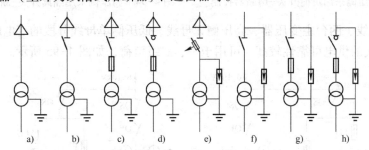

图 4-91　工厂有总降压变电所时车间变电所高压侧主接线

2）工厂无总降压变电所或高压配电所。

车间变电所高压侧的开关电器、保护装置和测量仪表等，都必须配备齐全，一般要设置高压配电室。在变压器容量较小，供电可靠性要求不高时，也可不设高压配电室，其高压熔断器、隔离开关、负荷开关或跌落式熔断器，装设在变压器室的墙上或室外杆上，在低压侧计量电能。当高压开关柜不多于 6 台时，高压开关柜也可设在低压配电室，在高压侧计量电能。

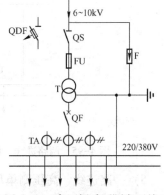

图 4-92　高压侧采用隔离开关-熔断器或跌落式熔断器控制

（2）常见的车间变电所主接线方案

1）高压侧采用隔离开关-熔断器或跌落式熔断器控制。

结构简单经济，供电可靠性不高，一般只用于 500 kV·A 及以下容量的变电所，对不重要的三级负荷供电，如图 4-92 所示。

2）高压侧采用负荷开关–熔断器控制。

结构简单、经济，供电可靠性仍不高，但操作比上述方案要简便灵活，也只适于不重要的三级负荷，如图4-93所示。

3）高压侧采用隔离开关–断路器控制。

这种接线由于采用了断路器，因此变电所的停电、送电操作灵活方便。但供电可靠性仍不高，一般只用于三级负荷。如果变压器低压侧有与其他电源的联络线时，可用于二级负荷。如图4-94所示。

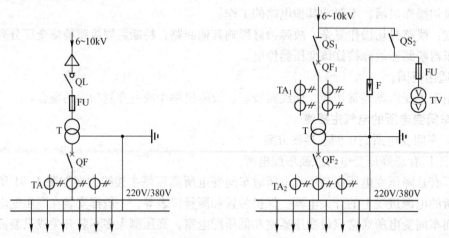

图4-93　高压侧采用负荷开关–熔断器控制　　图4-94　高压侧采用隔离开关–断路器控制

4）两路进线、两台主变压器、高压侧无母线、低压侧单母线分段的变电所。

这种主接线的供电可靠性较高，可用于一、二级负荷，如图4-95所示。

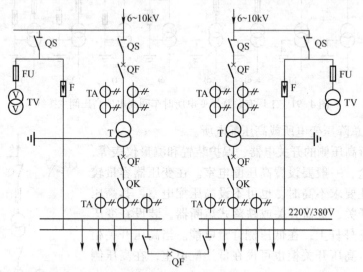

图4-95　两路进线、两台主变压器、高压侧无母线、低压侧单母线分段的变电所

5）一路进线、高压侧单母线、两台主变压器、低压侧单母线分段的变电所，如图4-96所示。这种接线可靠性也较高，可供二、三级负荷，如果有低压或高压联络线时可供一、二级负荷。

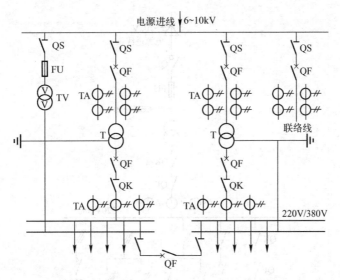

图 4-96 一路进线、高压侧单母线、两台主变压器、低压侧单母线分段的变电所

6）两路进线、高压侧单母线分段、两台主变压器、低压侧单母线分段的变电所，如图 4-97 所示。这种接线的供电可靠性高，可供一、二级负荷。

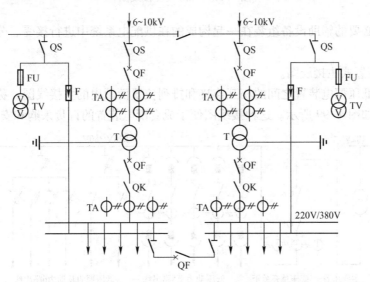

图 4-97 两路进线、高压侧单母线分段、两台主变压器、低压侧单母线分段的变电所

7. 原理式和配电装置式主接线图

（1）原理式主接线图

按照电能输送和分配的顺序用规定的符号和文字来表示设备的相互连接关系的主接线图，称为原理式主接线图，如图 4-98 所示。用于在设计过程中进行分析、计算和选择电气设备时使用，以及在运行中的变电所值班室中用于模拟演示供配电系统运行状况。

（2）配电装置式主接线图

1）配电装置。

配电装置是指按电气主接线的要求，把一、二次电气设备如开关设备、保护电器、监测

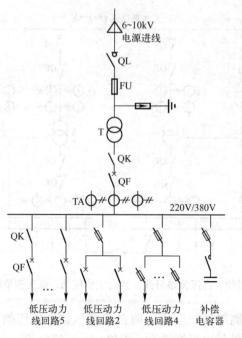

图 4-98 原理式主接线图

仪表、母线和必要的辅助设备组装在一起构成的在供配电系统中进行接受、分配和控制电能的总体装置。

2）配电装置式主接线图。

按高压或低压配电装置之间的相互连接和排列位置而画出的主接线图，称之为配电装置式主接线图，如图 4-99 所示。这种接线图便于成套配电装置的订货采购和安装施工。

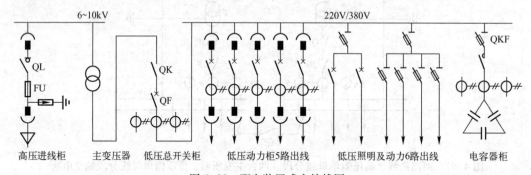

图 4-99 配电装置式主接线图

4.4.6 成套配电装置

1. 配电装置的类型

（1）按安装的地点分

可分为户内配电装置和户外配电装置（为了节约用地，一般 35 kV 及以下配电装置宜采用户内式）。

（2）按装配方式分

可分为装配式配电装置和成套配电装置。

1）装配式配电装置。

电气设备在现场组装的配电装置称为装配式配电装置。

2）成套配电装置。

成套配电装置是制造厂成套供应的设备，在制造厂按照一定的配电装置式主接线方案预先把电器组装成柜再运到现场安装。

一般企业的中小型变配电所多采用成套配电装置。制造厂可生产各种不同的一次线路方案的成套配电装置供用户选用。

（3）按电压不同分

可分为高压成套配电装置和低压成套配电装置。

高压成套配电装置是按不同用途和使用场合，将所需一、二次设备按一定的线路方案组装而成的一种成套配电设备，用于供配电系统中的馈电、受电及配电的控制、监测和保护，主要安装有高压开关电器、保护设备、监测仪表和母线、绝缘子等。高压成套配电装置（高压开关柜）有户内式和户外式两种。

低压成套配电装置（低压配电屏和配电箱）通常只有户内式一种。

另外还有一些成套配电装置，如高、低压无功功率补偿成套装置和高压综合启动柜等也常使用。

2. 高压成套配电装置

高压成套配电装置按主要设备的安装方式分为固定式和移开式（手车式）。

按开关柜隔室的构成形式分为铠装式、间隔式、箱型、半封闭型等。

按母线系统分为单母线型、单母线带旁路母线型和双母线型。

根据一次电路安装的主要元器件和用途分为断路器柜、负荷开关柜、高压电容器柜、电能计量柜、高压环网柜、熔断器柜、电压互感器柜、隔离开关柜、避雷器柜等。

高压开关柜的"五防"功能如下：

① 防止误操作断路器。

② 防止带负荷拉合隔离开关（防止带负荷推拉小车）。

③ 防止带电挂接地线（防止带电合上接地开关）。

④ 防止带接地线（接地开关处于接地位置时）送电。

⑤ 防止误入带电间隔。

高压开关柜的型号和含义如下：

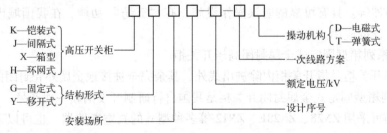

（1）固定式高压开关柜

柜内所有电器部件包括其主要设备如断路器、互感器和避雷器等都固定安装在不能移动的台架上。

1）固定式高压开关柜的特点。

155

① 优点：构造简单，制造成本低，安装方便等优点。

② 缺点：内部主要设备发生故障或需要检修时，必须中断供电，直到故障消失或检修结束后才能恢复供电。

2）固定式高压开关柜的应用。

一般用在工厂的中小型变配电所和负荷不是很重要的场所。

① HXGN 系列固定式高压环网柜。

高压环网柜是为适应高压环形电网的运行要求设计的一种专用开关柜，如图 4-100 所示。

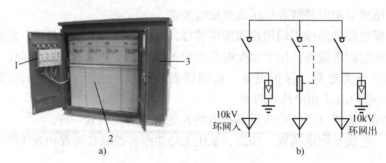

图 4-100　环网柜及主接线

a）外形图　b）主接线

1—电动操作箱　2—10kV 环网入柜　3—户外防护箱 IP33

高压环网柜主要采用负荷开关和熔断器的组合方式，正常电路通断操作由负荷开关实现，而短路保护由具有高分断能力的熔断器来完成。

这种负荷开关加熔断器的组合柜与采用断路器的高压开关柜相比，体积和重量都明显减少，价格也便宜很多，而一般 6~10kV 的变配电所，负荷的通断操作较频繁，短路故障的发生却是个别的，因此，采用负荷开关-熔断器的环网柜更为经济合理。

主要适用于环网供电系统、双电源辐射供电系统或单电源配电系统，可作为变压器、电容器、电缆、架空线等电器设备的控制和保护装置，亦适用箱式变电站，作为高压电器设备。

HXGN1-10 高压环网柜由三个间隔组成：电缆进线间隔、电缆出线间隔、变压器回路间隔。主要电气设备有高压负荷开关、高压熔断器、高压隔离开关、接地开关、电流和电压互感器、避雷器等。具有可靠的防误操作设施，有"五防"功能。在我国城市电网改造和建设中得到广泛的应用。

② XGN 系列箱型固定式金属封闭高压开关柜。

金属封闭开关柜是指开关柜内除进出线外，其余完全被接地金属外壳封闭的成套开关设备。XGN 系列箱型固定式金属封闭开关柜是我国自行研制开发的新一代产品。

该开关柜可采用 ZN28、ZN28E、ZN12 等多种型号的真空断路器，也可以采用少油断路器；隔离开关采用先进的 GN30-10 型旋转式隔离开关。

该开关柜技术性能高，设计新颖；柜内仪表室、母线室、断路器室、电缆室用钢板分隔以封闭，使之结构更加合理、安全，可靠性高，运行操作及检修维护方便；在柜与柜之间加装了母线隔离套管，避免一个柜子故障时波及邻柜。

XGN2—10 系列开关柜外形和内部结构图如图 4-101 所示。金属封闭箱型结构，柜体骨架由角钢焊接而成，柜内由钢板分割成断路器室、母线室、电缆室、继电器室，并可通过门面的观察窗和照明灯观察柜内各主要元件的运行情况。具有较高的绝缘水平和防护等级，内部不采用任何形式的相间和相对地隔板及绝缘气体，二次回路不采用二次插头（即无论在何种状态下，保护和控制回路始终是贯通的），产品的各项技术指标符合 GB 3906—2006《6kV～40.5kV 交流金属封闭开关设备》和国际标准（IEC）及"五防"要求。适用于 3～10kV 单母线、单母线带旁路系统中作为接受和分配电能的高压成套设备。

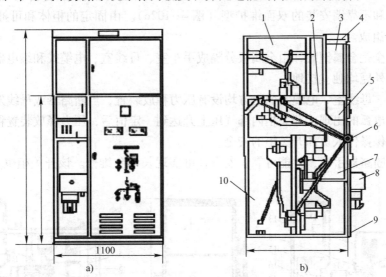

图 4-101　XGN2-10-07D 型金属封闭高压开关柜

a）外形图　b）内部结构图

1—母线室　2—压力释放通道　3—仪表室　4—二次小母线室　5—组合开关室

6—手动操动机构及联锁机构　7—主开关室　8—电磁操动机构　9—接地母线　10—电缆室

③ KGN 系列的固定式交流金属铠装高压开关柜。

金属铠装开关柜是指柜内的主要组成部件（如断路器、互感器、母线等）分别装在接地金属隔板隔开的隔室中的金属封闭开关设备。它具有"五防"功能，其性能符合 IEC 标准。

（2）手车式（移开式）高压开关柜

1）结构特点。

成套高压配电装置中的某些主要电器设备（如高压断路器、电压互感器和避雷器等）固定在可移动的手车上，另一部分电器设备则安装在固定的台架上。当手车上安装的电器部件发生故障或需检修、更换时，可以随同手车一起移出柜外，再把同类备用手车（与原来的手车同设备、同型号）推入，就可立即恢复供电。因为可以把手车从柜内移开，又称之为移开式高压开关柜。

2）使用特点。

相对于固定式开关柜，手车式高压开关柜的停电时间大大缩短；检修方便安全，恢复供电快，供电可靠性高，但价格较高。主要用于大中型变配电所和负荷较重要、供电可靠性要求较高的场所。手车式高压开关柜的主要新产品有 JYN 系列、KYN 系列等。

① KYN 系列金属铠装移开式高压开关柜。

KYN 系列金属铠装移开式高压开关柜是消化并吸收国内外先进技术，根据国内特点设计研制的新一代开关设备。用于接受和分配高压、三相交流 50 Hz 单母线及母线分段系统的电能并对电路实行控制、保护和监测的户内成套配电装置。主要用于发电厂，中小型发电机送电，工矿企业配电以及电业系统的二次变电所的受电，送电及大型高压电动机起动及保护等。

② KYN28A-12 型金属铠装移开式高压开关柜。

其外形结构和内部剖面图如图 4-102 所示。该类型可分为靠墙安装的单面维护型（图 4-102c）和不靠墙安装的双面维护型（图 4-102c）。由固定的柜体和可抽出部件（手车）两大部分组成。

开关柜完全是金属铠装，由金属板分隔成手车室、母线室、电缆式和继电器仪表室，每一单元的金属外壳均独立接地。

在手车室、母线室、电缆室的上方均设有压力释放装置，当断路器或母线发生内部故障电弧时，伴随电弧的出现，开关柜内部气压上升达到一定值后，压力释放装置释放压力并排泄气体，以确保操作人员和开关柜的安全。

配用真空断路器手车，性能可靠、安全，可实现长年免维修。该开关柜也具有"五防"功能。

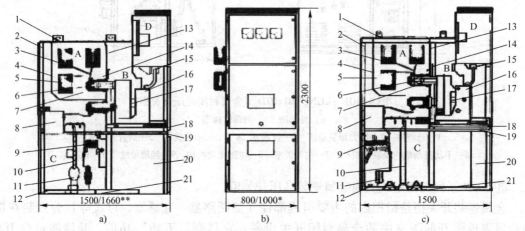

图 4-102 KYN28A-12 型金属铠装移开式高压开关柜

a) 不靠墙安装的结构图 b) 外形图 c) 靠墙安装的结构图

A—母线室 B—断路器手车室 C—电缆室 D—继电器仪表室

1—泄压装置 2—外壳 3—分支母线 4—母线套管 5—主母线 6—静触头装置 7—静触头盒 8—电流互感器 9—接地开关 10—电缆 11—避雷器 12—接地母线 13—装卸式隔板 14—隔板（活门） 15—二次插头 16—断路器手车 17—加热去湿器 18—可抽出式隔板 19—接地开关操作机构 20—控制小线槽 21—底板

③ JYN 系列户内交流金属封闭移开式高压开关柜。

JYN1-35 型金属封闭移开式高压开关柜其外形如图 4-103 所示。整个柜是间隔型结构，由固定的壳体和可移开的手车组成。柜体用钢板或绝缘板分隔成手车室、母线室、电缆室和继电器仪表室，而且具有良好的接地装置和"五防"功能。用于高压、三相交流 50Hz 的单母线及单母线分段系统中作为接受和分配电能用的户内成套配电装置。

3. 低压成套配电装置

低压成套配电装置包括低压配电屏（柜）和配电箱，它们是按一定的线路方案将有关的低压一、二次设备组装在一起的一种成套配电装置，在低压配电系统中作控制、保护和计量之用。

（1）低压配电屏（柜）的类型

1）固定式。

所有电器元件都为固定安装、固定接线；结构简单，价格低廉，故应用广泛。目前使用较广的有 PGL、GGL、GGD 等型号。适用于发电厂、变电所和工矿企业等电力用户作动力和照明配电用。

① PGL 型固定式低压配电屏。

PGL 型固定式低压配电屏的外形图如图 4-104 所示。其结构合理、互换性好、安装方便、性能可靠，目前使用较广，但它的开启式结构使在它的带电部件，如母线、各种电器、接线端子和导线从各个方面都可触及，所以，只允许安装在封闭的工作室内，现正在被更新型的 GGL、GGD 和 MSG 等型号所取代。

② GGL 型固定式低压配电屏。

图 4-103　JYN1-35 型金属封闭移开式高压开关柜外形图
a）外形图　b）剖面

其技术先进，符合 IEC 标准，其内部采用 ME 型的低压断路器和 NT 型的高分断能力熔断器，它的封闭式结构排除了在正常工作条件下带电部件被触及的可能性，因此安全性能好，可安装在有人员出入的工作场所中。

③ GGD 型交流固定式低压配电屏。

它是按照安全、可靠、经济、合理为原则而开发研制的一种较新产品，和 GGL 一样都属封闭式结构。它的分断能力高，热稳定性好，接线方案灵活，组合方便，结构新颖，外壳防护等级高，系列性实用性强，是一种国家推广使用的更新换代产品。适用于发电厂、变电所、厂矿企业和高层建筑等电力用户的低压配电系统中，作动力、照明和配电设备的电能转换和分配控制用。它的外形如图 4-105 所示。

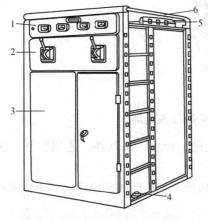

图 4-104　PGL 型低压配电屏外形
1—仪表板　2—操作板　3—检修门
4—中性母线绝缘子　5—母线绝缘框　6—母线防护罩

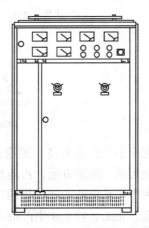

图 4-105　GGD 型低压配电屏的外形图

2）抽屉式。

电器元件是安装在各个抽屉内，再按一、二次线路方案将有关功能单元按抽屉形式叠装在封闭的金属柜体内，可按需要推入或抽出；体积小、结构新颖、通用性好、安装维护方便、安全可靠，被广泛应用于工矿企业和高层建筑的低压配电系统中作受电、馈电、照明、电动机控制及功率补偿之用。

国外的低压配电屏几乎都为抽屉式，尤其是大容量的还做成手车式。近年来，我国通过引进技术生产制造的各类抽屉式配电屏也逐步增多。

目前，常用的抽屉式配电屏有 BFC、GCL、GCK 等型号，它们一般用作三相交流系统中的动力中心（PC）和电动机控制中心（MCC）的配电和控制装置。

① GCK 型抽屉式低压配电屏。

图 4-106 所示为 GCK 型抽屉式低压配电柜的结构图。是一种用标准模件组合成的低压成套开关设备，分动力配电中心（PC）柜、电动机控制中心（MCC）柜和功率因数自动补偿柜。柜体采用拼装式结构，开关柜各功能室严格分开，主要隔室有功能单元室、母线室、电缆室等，一个抽屉为一个独立功能单元，各单元的作用相对独立，且每个抽屉单元均装有可靠的机械连锁装置，只有在开关分断的状态下才能被打开。

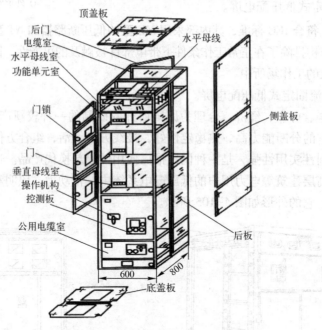

图 4-106　GCK 型低压抽屉式配电屏

该配电柜分断能力高，热稳定性好，结构先进、合理，系列性、通用性强，防护等级高，安全可靠，维护方便，占地少等。

适用于厂矿企业与建筑物的动力配电、电动机控制、照明等配电设备的电能转换分配控制及冶金、化工、轻工业生产的集中控制之用。

3）混合式。

安装方式为固定和插入的混合安装。混合式低压配电屏（柜）的安装方式为既有固定式的，又有插入式的，类型有 ZH1、GHL 等，兼有固定式和抽屉式的优点。其中，GHK-1

型配电屏内采用了 NT 系列熔断器，ME 系列断路器等先进新型的电气设备，可取代 PGL 型低压配电屏、BFC 抽屉式配电屏和 XL 型动力配电箱。

低压配电屏（柜）的型号及含义如图 4-107 所示：

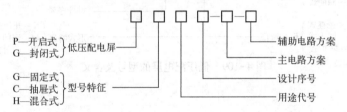

图 4-107　低压配电屏型号及含义

（2）低压配电屏

从低压配电屏引出的低压配电线路一般经动力或照明配电箱接至各用电设备，它们是车间和民用建筑的供配电系统中对用电设备的最后一级控制和保护设备。

配电屏的安装方式有 3 种。

有靠墙式、悬挂式、嵌入式。

1）配电屏的类型。

① 动力配电屏。

动力配电屏通常具有配电和控制两种功能，主要用于动力配电和控制，但也可用于照明的配电与控制，如图 4-108 所示。

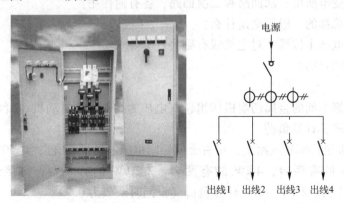

图 4-108　XL 型动力配电箱

常用的动力配电屏有 XL、XLL2、XF-10、BGL、BGM 型等，其中，BGL 和 BGM 型多用于高层建筑的动力和照明配电。

② 照明配电屏。

照明配电屏主要用于照明和小型动力线路的控制、过负荷和短路保护。照明配电屏的种类和组合方案繁多，其中 XXM 和 XRM 系列适用于工业和民用建筑的照明配电，也可用于小容量动力线路的漏电、过负荷和短路保护。

低压配电屏的型号及含义如图 4-109 所示。

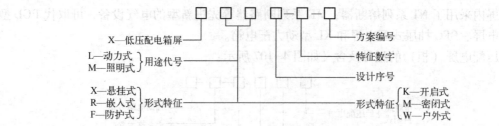

图 4-109　低压配电屏的型号及含义

项目训练

一、填空题

1. 负荷曲线按负荷的功率性质不同，分为_____负荷曲线和_____负荷曲线。

2. 因线路具有电阻和电抗，所以其功率损耗包括_____和_____两部分。

3. 有功功率损耗是电流流过线路_____所引起的，无功功率损耗是电流流过线路_____所引起的。

4. 提高功率因数的方法有_____、_____。

5. 三相交流系统的短路种类主要有_____、_____、_____和_____。

二、简答题

1. 短路的危害主要有哪些？

2. 何谓工厂变电所由一次回路和二次回路，各有何作用？

3. 电气设备选择的一般原则是什么？

4. 什么叫变电所主接线？对主接线有哪些基本要求？

5. 短路计算的目的？

三、计算题

1. 已知某机修车间的金属切削机床组，有电压为 380 V 的电动机 30 台，其总的设备容量为 120 kW。试求其计算负荷。

2. 一机修车间的 380V 线路上，接有金属切削机床电动机 20 台、共 50 kW，其中较大容量电动机 7.5 kW 的有两台，4 kW 的有两台，2.2 kW 的有 8 台；另接通风机两台、共 2.4 kW；电阻炉 1 台、2 kW。试求计算负荷（设同时系数为 0.9）。

3. 一机修车间的 380 V 线路上，接有金属切削机床电动机 20 台、共 50 kW，其中较大容量电动机 7.5 kW 的有两台，4 kW 的有两台，2.2 kW 的有 8 台；另接通风机两台、共 2.4 kW；电阻炉 2 kW 的有 1 台。试用二项式法求计算负荷。

4. 某厂的有功计算负荷为 4000 kW，功率因数 $\cos\varphi_1 = 0.55$，$\tan\varphi_1 = 1.52$，现计划在 10 kV 母线上安装补偿电容器，使功率因数提高到 $\cos\varphi_2 = 0.9$，$\tan\varphi_2 = 0.48$，求应补偿的无功容量。

5. 已知某一班制锅炉制造厂共有用电设备容量 4000 kW，$\cos\varphi = 0.73$，$\tan\varphi = 0.94$，需要系数为 0.27，试估算该厂的计算负荷。

6. 一机修车间的 380 V 线路上，接有金属切削机床电动机 20 台，其中 7.5 kW 的有 4 台，4 kW 的有 8 台，2 kW 的有 8 台；另接通风机两台、共 2.4 kW，电焊机 20 kV·A 的 1 台，$\varepsilon N = 65\%$，$\cos\varphi = 0.5$。试计算此车间的设备容量。

第5章 供配电线路的运行与维护

供配电线路是工厂供配电系统的一个重要组成部分，本章中通过完成高、低压供配电线路导线和电缆的型号及截面选择、接线方式选择及设计、敷设及运行维护等任务，使学生了解导线的种类、用途、型号及截面选择方法；能看懂配电线路接线方式电路图；了解高、低压配电线路的敷设及运行维护方法，为设计和敷设工厂供配电线路及从事供配电系统安装、运行与维护工作打下良好的基础。

5.1 导线、电缆的选择

本节中通过完成架空线路、电缆线路、低压配电线路导线型号及截面选择等任务，使学生了解导线的种类、型号、用途及截面选择方法，为设计工厂供配电线路打基础。

【学习目标】

1. 了解导线种类、型号及用途；掌握导线型号的选择方法。
2. 掌握导线截面的选择方法。

5.1.1 导线和电缆型号的选择

1. 架空线路导线种类及型号选择

架空线路常用的导线有钢芯铝绞线、铝绞线、铜绞线和钢绞线等，有时也采用绝缘导线。

（1）钢芯铝绞线（LGJ）

钢芯铝绞线是用钢线和铝线绞合而成，此种导线的外围用铝线，中间线芯用钢线，解决了铝绞线机械强度差的缺点。由于交流电的趋肤效应，电流实际上只从铝线通过，所以钢芯铝绞线的截面面积是指铝线部分的面积。在机械强度要求较高的场所和 35 kV 及以上的架空线路上多被采用。

（2）铝绞线（LJ）

铝绞线的机械强度比钢芯铝绞线小，重量轻，一般用于 10 kV 及以下的架空线路上，电杆间距不超过 100~150 m。

（3）铜绞线（TJ）

铜绞线的机械强度高、导电性能好，对风雨及化学腐蚀作用的抵抗力强，但造价高，且密度过大，重量重，应节约使用，选用要根据实际需要而定。

（4）钢绞线（G）

钢绞线的机械强度大，导电性能次于铜和铝，易氧化生锈，仅用于小功率架空线路中，常用作接地装置的地线。

（5）绝缘导线

就是在导线外围均匀而密封地包裹一层不导电的材料，如树脂、塑料、硅橡胶、PVC等，形成绝缘层，防止导电体与外界接触造成漏电、短路、触电等事故发生。

1）绝缘导线的主要优点。

① 绝缘性能好。绝缘导线由于多了一层绝缘层，绝缘性能比裸导线优越，可减少线路相间距离，降低对线路支持件的绝缘要求，提高同杆架设线路的回路数。

② 防腐蚀性能好。绝缘导线由于外层有绝缘层，比裸导线受氧化腐蚀的程度小，抗腐蚀能力较强，可延长线路的使用寿命。

③ 防外力破坏，减少受树木、飞飘物、金属膜和灰尘等外在因素的影响，减少相间短路及接地事故。

④ 机械强度达到要求。绝缘导线虽然少了钢芯，但坚韧，使整个导线的机械强度达到应力设计的要求。

2）绝缘导线种类。

① 按电压等级可分为：中压绝缘导线：电压等级为 1~10 kV 的绝缘导线。低压绝缘导线：电压等级为 0.6~1 kV 以下的绝缘导线。

② 按架设方式可分为：分相架设、集束架设。

③ 按结构形式一般可以分为：低压分相式绝缘导线、高压分相式绝缘导线、低压集束型绝缘导线、高压集束型半导体屏蔽绝缘导线、高压集束型金属屏蔽（或称全屏蔽）绝缘导线等。

④ 按绝缘保护层分为：厚绝缘（3.4mm）和薄绝缘（2.5mm）两种。厚绝缘条件下运行时允许与树木频繁接触，薄绝缘的只允许与树木短时接触。

3）架空配电线路的绝缘导线型号及主要用途。

架空配电线路的绝缘导线，按电压等级可以分为中压绝缘导线和低压绝缘导线；按架设方式可以分为分相架设和集束架设。

额定电压 1 kV 及以下架空绝缘电缆的型号及主要用途，见表 5-1。

表 5-1　额定电压 1 kV 及以下架空绝缘电缆的型号及主要用途

型　　号	名　　称	主 要 用 途
JKV-0.6/1	额定电压 0.6/1 kV 铜芯聚氯乙烯绝缘架空电缆	用于架空固定敷设、接户线等
JKLV-0.6/1	额定电压 0.6/1 kV 铝芯聚氯乙烯绝缘架空电缆	
JKHLV-0.6/1	额定电压 0.6/1 kV 铝合金芯聚氯乙烯绝缘架空电缆	
JKY-0.6/1	额定电压 0.6/1 kV 铜芯聚乙烯绝缘架空电缆	
JKLY-0.6/1	额定电压 0.6/1 kV 铝芯聚乙烯绝缘架空电缆	
JKLHY-0.6/1	额定电压 0.6/1 kV 铝合金芯聚乙烯绝缘架空电缆	
JKYL-0.6/1	额定电压 0.6/1 kV 铜芯交联聚乙烯绝缘架空电缆	
JKLYJ-0.6/1	额定电压 0.6/1 kV 铝芯交联聚乙烯绝缘架空电缆	
JKLHYJ-0.6/1	额定电压 0.6/1 kV 铝合金芯交联聚乙烯绝缘架空电缆	

2. 电缆的型号及选择

（1）电缆的型号

电缆的型号由 4 部分组成，如图 5-1 所示。

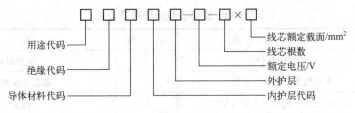

图 5-1　电缆的型号表示方法

1）用途代码：不标为电力电缆，K 为控制缆，P 为信号缆；

2）绝缘代码：Z 为油浸纸，X 为橡胶，V 为聚氯乙烯，YJ 为交联聚乙烯；

3）导体材料代码：不标为铜，L 为铝；

4）内护层代码：Q 为铅包，L 为铝包，H 为橡套，V 为聚氯乙烯护套。

5）外护层代码：2 代表聚氯乙烯套，3 代表聚乙烯套等。

（2）电缆种类及用途

电缆有电力电缆、控制电缆、补偿电缆、屏蔽电缆、高温电缆、计算机电缆、信号电缆、同轴电缆、耐火电缆、船用电缆等。它们都是由多股导线组成，用来连接电路、电器等。

在工程设计中，最常选用的低压电力电缆有交联聚乙烯绝缘聚氯乙烯护套铜芯电缆（YJV 型）和聚氯乙烯绝缘聚氯乙烯护套铜芯电缆（VV 型）两种。VV 与 YJV 型电缆允许长期工作最高温度不同：VV 型电缆导体的长期工作最高温度为 70℃；YJV 型电缆导体长期最高工作温度为 90℃。所以两种电缆载流量不同，YJV 型的要大一些，同规格（相同的导体截面）的两种电缆价格相差较大，YJV 型电缆比 VV 型电缆价格高出很多，可是最近几年来，由于铜材价格的飞涨，绝缘及护套占电缆的比重越来越小，相同规格的 YJV 型电缆和 VV 型电缆价格越来越接近，但是同规格的 YJV 型电缆电流载流量比 VV 型电缆要高出许多。

（3）电缆的敷设方式及选择

电缆敷设方式不同决定了选用的电缆型号不同：

1）直埋敷设应使用具有铠装和防腐层的电缆。

2）在室内、沟内和隧道内敷设的电缆，应采用不应有黄麻或其他易燃外护层的铠装电缆，在确保无机械外力时，可选用无铠装电缆；易发生机械振动的区域必须使用铠装电缆。

3）水泥排管内的电缆应采用具有外护层的无铠装电缆。

电缆直埋敷设，施工简单、投资省，电缆散热好，因此在电缆根数较少时应首先考虑采用。同一通路少于 6 根的 35 kV 及以下的电力电缆，由厂区通往远距离辅助设施或城郊等地方不宜有经常性开挖的地段，宜用直埋，在城镇人行道下较易翻修处或道路边缘，也可用直埋。厂区内地下管网较多的地段、可能有高温液体的场所、待开发、有较频繁开挖的地方，不宜直埋电缆。有化学腐蚀或杂散电流腐蚀的土壤范围，不得采用直埋电缆。

4）垂直敷设或敷设在高度差较大的地方，应选用塑料电缆。

3. 绝缘导线的型号选择

（1）绝缘导线的型号及含义

绝缘导线的型号及含义见表 5-2。

表 5-2　绝缘导线的型号及含义

字　　符	含　　义	字　　符	含　　义
A	安装铝塑料护层	S	钢塑料护套
B	布电线类、扁平、平行	V	聚氯乙烯塑料绝缘
F	聚四氟乙烯、泡沫聚乙烯（YF）	X	橡皮绝缘
K	控制	Y	聚乙烯绝缘
L	铝芯（铜芯不表示）	ZR	阻燃
R	软线	NH	耐火

工厂车间内采用的配电线路及从电杆上引进户内的线路多为绝缘导线。配电干线也可采用裸导线和电缆。绝缘导线的线芯材料有铝芯和铜芯两种。塑料绝缘导线的绝缘性能好，价格较低，又可节约大量橡胶和棉纱，在室内敷设可取代橡皮绝缘线。由于塑料在低温时要变硬变脆，高温时易软化，因此塑料绝缘导线不宜在户外使用。

车间内常用的塑料绝缘导线型号有：BLV 塑料绝缘铝芯线，BV 塑料绝缘铜芯线，BLVV（BVV）塑料绝缘塑料护套铝（铜）芯线。BVR 塑料绝缘铜芯软线。常用橡皮绝缘导线型号有：BLX（BX）棉纱编织橡皮绝缘铝（铜）芯线，BBLX（BBX）玻璃丝编织橡皮绝缘铝（铜）芯线，BLXG（BXG）棉纱编织、浸渍、橡皮绝缘铝（铜）芯线（有坚固保护层，适用面宽），BXR 棉纱编织橡皮绝缘软铜线等。上述导线中，软线宜用于仪表、开关等活动部件，其他导线除注明外，一般均可用于户内干燥、潮湿场所固定敷设。

5.1.2　电缆、母线及导线的截面选择与校验

1. 电缆、导线的截面的选择

（1）导体的类型应按敷设方式及环境条件选择

选择导体截面时应符合下列要求：

1）按敷设方式及环境条件确定的导体载流量，不应小于计算电流；

2）导体应满足线路保护的要求；

3）导体应满足动稳定与热稳定的要求；

4）线路电压损失应满足用电设备正常工作及起动时端电压的要求；

5）导体最小截面应满足机械强度的要求，固定敷设的导体最小芯线截面，应根据敷设方式、绝缘子支持点间距和导体材料按表 5-3 的规定确定。

表 5-3　固定敷设的导线最小芯线截面

敷 设 方 式	绝缘子支持点间距/m	导体最小截面/mm²	
		铜导体	铝导体
裸导体敷设在绝缘子上		10	16
绝缘导体敷设在绝缘子上	≤2	1.5	10
	>2，且≤6	2.5	10
	>6，且≤16	4	10
	>16，且≤25	6	10
绝缘导体穿过导管敷设或在槽盒中敷设		1.5	10

6）用于负荷长期稳定的电缆，经技术经济比较确认合理时，可按经济电流密度选择导体截面，且应符合现行国家标准 GB 50217—2007《电力工程电缆设计规范》的有关规定。

（2）选择导线截面常用的方法

根据实际经验，具体选择方法如下：

1）选择架空线：

当线路长度 $L \leqslant 2 \, \text{km}$ 时，可按照正常发热条件选择，再校验机械强度和电压损失。

当线路长度 $L>2 \, \text{km}$ 时，可按照电压损失选择，再校验正常发热条件和机械强度。

2）选择 10 kV 及以下的电缆线时：可按照正常发热条件选择，再校验电压损失和热稳定最小允许截面。

3）选择长距离、大电流线路或 35 kV 及以上的线路时：应按照经济电流密度确定经济截面，再校验其他条件。

4）低压线路：动力线，可按照正常发热条件选择，再校验机械强度和电压损失。照明线，可按照电压损失选择，再校验机械强度和正常发热条件。

按上述方法选择截面，容易满足要求，减少返工。

2. 按发热条件来选择导线截面

（1）按正常发热条件选择三相系统相线截面

1）导体的允许温度与允许载流量。

导体的长期允许温度为 θ_{al}，对应于导体长期允许温度下，导体中所允许通过的长期工作电流，称为该导体的允许载流量 I_{al}。

导体的允许载流量，不仅和导体的截面、散热条件有关，还与周围的环境温度有关。在附表中所查得的导体允许载流量是对应于周围环境温度为 $\theta_0 = 25 \, ℃$ 时的允许载流量，如果环境温度不等于 25℃，允许载流量应乘以温度修正系数 K_θ。

$$K_\theta = \sqrt{\frac{\theta_{\text{al}} - \theta_0'}{\theta_{\text{al}} - \theta_0}} \qquad (5-1)$$

式中　K_θ——温度校正系数。

　　　θ_0——测导线允许载流量时采用的环境温度，一般为 25℃。

　　　θ_0'——导体敷设地点实际环境温度。绝缘导体或电缆敷设处的环境温度应按表 5-5 的规定取值。

　　　θ_{al}——导线电缆正常工作时的最高允许温度。一般铝导线为 70℃ ，铜导线为 70 ~ 85℃，电缆为 60 ~ 80℃。

选择导线时所用的环境温度：室外时取当地最热月平均最高气温；室内时取当地最热月平均最高气温加 5℃。

选择电缆时所用的环境温度：土中直埋时取当地最热月平均气温；有室外电缆沟、电缆隧道时取当地最热月平均最高气温。有室内电缆沟时取当地最热月平均最高气温加 5℃。

绝缘导体或电缆敷设处的环境温度如表 5-4 和表 5-5 所列。

表 5-4　各类绝缘最高允许温度　　　　　　　　　　　（℃）

绝 缘 类 型	导体的绝缘	护　套
聚氯乙烯	70	
交联氯乙烯和乙丙橡胶	90	
聚氯乙烯护套矿物绝缘电缆或可触及的裸护套矿物绝缘电缆		70
不允许触及和不与可燃物相接触的裸护套矿物绝缘电缆		105

表 5-5　绝缘导体或电缆敷设处的环境温度

电缆敷设场所	有无机械通风	选取的环境温度
土中直直埋		埋深处的最热月平均值
水下		最热月的日最高水温平均值
户外空气中、电缆		最热月的日最高温度平均值
有热源设备的厂房	有	通风设计规范
	无	最热月的最高温度平均值另加5℃
一般性厂房及其他建筑物内	有	通风设计温度
	无	最热月的日最高温度平均值
户内电缆沟	无	最热月的日最高温度平均值另加5℃
隧道、电气竖井		
隧道、电气竖井	有	通风设计规范

2）按发热条件选择导线和电缆的相线截面。

为保证电线、电缆的实际工作温度不超过允许值，电线、电缆的允许载流量（I_{al}），应不小于线路的工作电流（I_{30}）。应满足下式：

$$K_\theta I_{al} \geqslant I_{30} \tag{5-2}$$

式中　I_{al}——导线在一定环境温度下的允许载流量，其值查附表 8~21。

　　　I_{30}——线路的计算电流，有以下 3 种情况：

- 选择降压变压器高压侧的导线时，应取变压器额定一次电流，$I_{30}=I_{1NT}$
- 选高压电容器的引入线应为电容器额定电流的 1.35 倍，$I_{30}=1.35I_{NC}$
- 选低压电容器的引入线应为电容器额定电流的 1.5 倍（主要考虑电容器充电时有较大涌流）。

按正常发热条件查附表 8~21，选出三相系统相线截面 A_ϕ。

注意：对低压绝缘导线和电缆，按发热条件选择时，还应注意与保护（熔断器和自动开关）的配合，以避免发生线路已烧坏，而保护未动作的情况。

对熔断器保护：

$$I_{N \cdot FE} \leqslant K_{OL} I_{al} \tag{5-3}$$

式中　$I_{N \cdot FE}$——熔断器的熔体的额定电流；

　　　K_{OL}——绝缘导线和电缆允许短时过负荷系数。

当熔断器作短路保护时，绝缘导线和电缆的过负荷系数取 2.5，明敷导线取 1.5；当熔断器作过负荷保护时，各类导线的过负荷系数取 0.8~1，对有爆炸危险的场所的导线过负荷系数取下限值 0.8。

对自动开关保护：$\qquad\qquad\qquad I_{OP} \leqslant K_{OL} I_{al}$ （5-4）

式中 I_{OP}——自动开关的过电流脱扣器的动作电流；

$\quad$ K_{OL}——绝缘导线和电缆允许短时过负荷系数。对瞬时和短延时过电流脱扣器，一般取4.5，如果不满足以上配合要求，则应改选脱扣器动作电流，或适当加大导线和电缆的线芯的截面。

（2）中性线（N线）截面的选择

1）符合下列情况之一的线路，中性线截面 A_0 应与相线截面 A_ϕ 相同；

① 单相两线制线路；

② 铜相导体截面≤16 mm^2 或铝相导体截面≤25 mm^2 的三相四线线路；

2）符合下列条件的线路，中性导体的截面可小于相导体的截面：

① 铜相导体截面>16 mm^2 或铝相导体截面>25 mm^2；

② 铜中性导体截面≥16 mm^2 或铝中性导体截面≥25 mm^2；

③ 在日常工作时包括谐波电流在内的中性导体预期电流小于等于中性导体的允许载流量；

④ 对中性导体已进行了过电流保护。

在三相四线制线路中存在谐波电流时，应将中性导体的电流计入谐波电流的效应，当中性导体电流大于相导体电流时，电缆相导体截面应按中性导体电流选择。当三相平衡系统中存在谐波电流，4芯或5芯电缆内中性导体与相导体材料相同和截面相等时，电缆载流量的降低系数应按表5-6的规定确定。

表5-6　电缆载流量的降低系数

相电流中三次谐波分量/（%）	降 低 系 数	
	按相电流选择截面	按中性导体电流选择截面
0~15	1.0	
>15，且≤33	0.86	
>33，且≤45		0.86
>45		1.0

（3）保护线（PE线）截面的选择

保护导体截面积的选择应符合下列规定：

1）应能满足电气系统间接接触防护自动切断电源的条件，且能承受预期的故障电流或短路电流；

2）保护导体的截面积应符合式（5-5）的要求，或按表5-7的规定确定。

$$S \geqslant \frac{I}{k}\sqrt{t}$$ （5-5）

式中 S——保护导体的截面（mm^2）；

$\quad$ I——通过保护电器的预期故障电流或短路电流（A）；

$\quad$ t——保护电器自动切断电流的动作时间（s）；

$\quad$ k——导体的系数。

表 5-7　保护导体的最小截面积　　　　　　　　　　　（mm²）

相导体截面积	保护导体的最小截面积	
	保护导体与相导体使用相同材料	保护导体与相导体使用不同材料
≤16	S	$\dfrac{S \times k_1}{k_2}$
>16，且≤35	16	$\dfrac{16 \times k_1}{k_2}$
>35	$\dfrac{S}{2}$	$\dfrac{S \times k_1}{2 \times k_2}$

注：1. S 为相导体截面积；
　　2. k_1 为相导体的系数；
　　3. k_2 为保护导体的系数。

3）电缆外的保护导体或不与相导体共处于同一外护物内的保护导体，其截面积应符合下列规定：

① 有机械损伤防护时，铜导体不应小于 2.5 mm²，铝导体不应小于 16 mm²；

② 无机械损伤防护时，铜导体不应小于 4 mm²，铝导体不应小于 16 mm²。

4）当两个或更多个回路公用一个保护导体时，其截面积应符合下列规定：

① 应根据回路中最严重的预期故障电流或短路电流和动作时间确定截面积，并应符合公式（5-5）的要求；

② 对应于回路中的最大相导体截面积时，应按表 5-7 的规定确定。

5）永久性连接的用电设备的保护导体预期电流超过 10 mA 时，保护导体的截面积应按下列条件之一确定：

① 铜导体不应小于 10 mm²或铝导体不应小于 16 mm²；

② 当保护导体小于第①项规定时，应为用电设备敷设第二根保护导体，其截面积不应小于第一根保护导体的截面积。第二根保护导体应一直敷设到截面积大于等于 10 mm² 的铜保护导体或 16 mm² 的铝保护导体处，并应为用电设备的第二根保护导体设置单独的接线端子；

③ 当铜保护导体与铜相导体在一根多芯电缆中时，电缆中所有铜导体截面积的总和不应小于 10 mm²；

④ 当保护导体安装在金属导管内并与金属导管并接时，应采用截面积大于等于 2.5 mm²的铜导体。

（4）保护中性线（PEN 线）截面的选择

保护中性线兼有保护线和中性线的双重功能，因此 PEN 线截面选择应同时满足上述 PE 线和 N 线的要求，取其中的最大截面。

相同截面下铜的载流能力是铝的 1.3 倍，因此若导线为 TJ 型铜绞线时，其允许载流量为相同截面 LJ 型铝绞线允许载流量的 1.3 倍。

电缆通过不同散热条件地段，其对应的缆芯工作温度会有差异，应按发热条件最恶劣地段来选择。

按发热条件选择导线截面积小，在同样条件下，其电压损耗及功率损耗，都大于按经济电流选择的导线截面积。

按这种方法选择的导线截面积，只在线路较短的情况下较合适，所以必须进行电压损耗的校验。配电设计中，按电压损耗校验截面，使电压偏差在规定的范围内，一般规定端电压与额定电压的偏差不得相差±5%。

例 5-1 有一条采用 BLX-500 型铝芯橡皮线明敷的 220 V/380 V 的 TN-S 线路，线路的计算电流为 150 A，当地最热月平均最高气温为+30℃。试按发热条件选择此线路的导线截面。

解 （1）相线截面 A_ϕ 的选择

查相应附表：环境温度为 30℃ 时，明敷的 BLX-500 型截面为 50 mm² 的铝芯橡皮线 I_{al} = 163 A>I_{30} = 150 A，满足发热条件。则选得相线截面为：$A_\phi = 50$ mm²

校验机械强度：查相应附表，假设为室外明敷且 15 m<L≤25 m，

查相应附表得：$A_{min} = 10$ mm²。则 $A_\phi > A_{min}$，满足机械强度要求。

（2）中性线的选择

因 $A_0 \geq 0.5 A_\phi$，选 $A_0 = 25$ mm²。

校验机械强度：因 $A_{min} = 10$ mm²。则 $A_\phi > A_{min}$，满足机械强度要求。

（3）保护线截面的选择

因 $A_\phi > 35$ mm²，故选 $A_{PE} \geq 0.5 A_\phi = 25$ mm²

校验机械强度：$A_{min} = 10$ mm²。 则 $A_\phi > A_{min}$，满足机械强度要求。

所选导线型号可表示为：BLX-500-（3×50+1×25+PE25）。

3. 按经济电流密度选择导线、电缆截面

截面选得越大，电能损耗就越小，但线路投资及维修管理费用就越高；截面选得小，线路投资及维修管理费用虽然低，但电能损耗则增加。综合考虑这两方面的因素，定出总的经济效益为最好的截面，称为经济截面。对应于经济截面的电流密度称为经济电流密度。

$$A_{ec} = \frac{I_{max}}{j_{ec}} \tag{5-6}$$

式中　A_{ec}——导线的经济截面；

　　　I_{max}——线路最大长期工作电流；

　　　j_{ec}——经济电流密度，可查表 5-8。

表 5-8　导线和电缆的经济电流密度　　　　　　　　　　　　　（A/mm²）

线 路 类 别	导 线 材 料	年最大有功负荷利用小时		
		3000 h 以下	3000~5000 h	5000 h 以上
架空线路	铜	3.00	2.25	1.75
	铝	1.65	1.15	0.90
电缆线路	铜	2.50	2.25	2.00
	铝	1.92	1.73	1.54

经济电流密度 j_{ec} 与年最大负荷利用小时数有关，年最大负荷利用小时数越大，负荷越平稳，损耗越大，经济截面因而也就越大，经济电流密度就会变小。

例 5-2 有一条采用 LJ 型导线敷设的 5 km 长的 10 kV 架空线路，环境温度为 30℃，计

算负荷为 2000 kW，$\cos\phi = 0.7$，$T_{\max} = 4800$ h，试选取此线路导线的合适截面？

解
$$I_{30} = \frac{P_{30}}{\sqrt{3}\,U_N \cos\phi} = \frac{2000}{1.732 \times 10 \times 0.7} \text{A} = 164.96 \text{A}$$

查表 5-8 得
$$j_{ec} = 1.15 \text{A/mm}^2$$

$$A_{ec} = \frac{I_{\max}}{j_{ec}} = \frac{164.96}{115} \text{mm}^2 = 143.44 \text{mm}^2$$

查相应附表得 LJ-120 型导线的 $I_{al} = 352 \text{A} > I_{30} = 164.96 \text{A}$，满足发热条件。所以，选取截面为 120 mm² 的铝绞线。

4. 按机械强度校验导线截面

架空裸导线和不同敷设方式绝缘导线的截面不应小于其最小允许截面的要求，可查表 5-9 进行校验。1~10 kV 架空线路不得采用单股线。电缆不必校验机械强度。

表 5-9　架空裸导线的最小截面

导线种类	最小允许截面/mm²			备　注
	35 kV	3~10 kV	低压	
铝及铝合金线	35	35	16 *	* 表示与铁路交叉跨越时应为 35 mm²
钢心铝绞线	35	25	16	

5. 按允许电压损失选择导线和电缆截面

因为供配电线路存在电阻和电抗，所以，当电流通过供配电线路时，除有电能损耗外，还会产生电压损耗，影响供电质量。电压损耗是指线路首端电压 U_1 和末端电压 U_2 的代数差，即：$\Delta U = U_1 - U_2$。通常以其额定电压的百分数表示，即

$$\Delta U\% = \frac{\Delta U}{U_N} \times 100\% = \frac{U_1 - U_2}{U_N} \times 100\% \tag{5-7}$$

电压降是指线路始末两端电压的相量差，即 $d\dot{U} = \dot{U}_1 - \dot{U}_2$。

高压配电线路（6~10 kV）的允许电压损耗不得超过线路额定电压的 5%。

从配电变压器二次侧出口到用电设备受电端的低压输配电线路的电压损耗，一般不超过设备额定电压（220 V、380 V）的 5%。

对视觉要求较高的照明线路，则不得超过其额定电压的 2%~3%。

为了保证用电设备端子处电压偏移不超过其允许值，设计线路时，高压配电线路的电压损耗一般不超过线路额定电压的 5%，从变压器低压侧母线到用电设备端子处的低压配电线路的电压损耗，一般也不超过线路额定电压的 5%（以满足用电设备要求为限）。如果线路电压损耗超过了允许值，应适当加大导线截面，减小线路电阻，使电压损耗小于允许电压损耗。

对于输电距离较长或负荷电流较大的线路，必须按允许电压损耗来选择或校验导线的截面。

（1）线路末端接有一个集中负荷的三相线路 ΔU 的计算

1）线路末端接一个集中负荷的三相线路 ΔU 的计算。

因为三相对称，所以取一相进行分析，如图 5-2 所示。

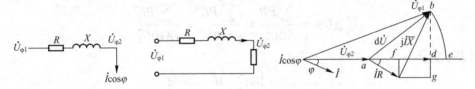

图 5-2　线路末端接一个集中负荷的等值电路图和矢量图

由矢量图可看出：电压损失为 ae 段。为计算方便，用 ad 段代替 ae 段。其误差为实际电压损失的 5% 以内。

ae 段为：$\Delta U_\varphi \approx U_{ad} = U_{af} + U_{fd} = IR\cos\varphi + IX\sin\varphi$

用线电压的电压损失表示为：

$$\Delta U = \sqrt{3}\,\Delta U_\varphi = \sqrt{3}\,I\,(R\cos\varphi + X\sin\varphi)$$

$\because$　　　　$P \approx \sqrt{3}\,U_N I\cos\varphi, \qquad Q \approx \sqrt{3}\,U_N I\sin\varphi$

$\therefore$　　　　　　$$\Delta U = \frac{PR + QX}{U_N}$$

式中，P、Q、U、X、R 单位分别为：W、Var、V、Ω 或 kW、kvar、kV、kΩ、Ω。

（2）线路各段接有三个集中负荷时的三相线路 ΔU 的计算，如图 5-3 所示。

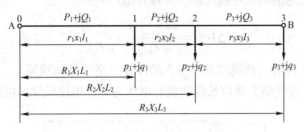

图 5-3　接有三个集中负荷

$$\Delta U = \frac{\sum [P(R_0 l) + Q(X_0 l)]}{U_N} = \frac{\sum (PR + QX)}{U_N} \tag{5-8}$$

式中　ΔU——线路实际的电压损耗；

　　P、Q——干线上总的有功负荷和无功负荷；

　　　　l——线路首端至各负荷点的长度；

R_0、X_0——线路单位长度的电阻和电抗；

　　　U_N——线路的额定电压。

（3）对于无电感的线路

因为 $\cos\varphi \approx 1$ 或 $x = 0$，其线路电压损耗为：

$$\Delta U = \frac{\sum PR}{U_N}(\text{V}) \quad \text{或} \quad \Delta U\% = \frac{\sum PR}{10 U_N^2} = \frac{\sum Pr}{10 U_N^2}$$

$\because$　　　　　$$R = \frac{L}{\gamma A} \quad \text{或} \quad r = \frac{l}{\gamma A}$$

$$\therefore \qquad \Delta U\% = \frac{\sum PR}{10U_N^2} = \frac{\sum PL}{\gamma A 10 U_N^2} = \frac{\sum Pl}{\gamma A 10 U_N^2}$$

或表示为：

$$\Delta U\% = \frac{100\sum M}{\gamma A U_N^2} = \frac{\sum M}{CA} \qquad (5-9)$$

式中：U_N 的单位为 V；P 的单位为 kW；γ 为导线的电导率，单位为 m/Ω·mm²；A 为导线的截面，mm²；L 的单位为 m；M 为功率矩，kW·m；C 为计算系数，可查表 5-10。

表 5-10　计算系数 C

线 路 类 型	线路额定电压/V	计算系数 $C/(kW·m/m^2)$	
		铝 导 线	铜 导 线
三相三线或三相四线	220/380	46.2	16.5
两相三线		20.5	34
单相或直流	220	7.74	12.8
	110	1.94	3.21

（4）对于均一无感的两相三线线路，可推导出：

$$\Delta U\% = \frac{225\sum M}{\gamma A U_N^2} = \frac{\sum M}{CA} \qquad (5-10)$$

（5）负荷均匀分布的三相线路电压损失的计算（适于低压线路）

如图 5-4 所示：设线路上单位长度的负荷电流为 i_0，单位长度的电阻为 R_0。

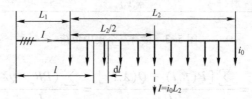

图 5-4　负荷分布均匀的电路

则微小线段 dl 的负荷电流为 $i_0 dl$，线段 l 的电阻为 $R = R_0 l$，不计电抗，电流 $i_0 dl$ 在 l 段上产生的电压损失为：$d\Delta U = \sqrt{3} i_0 dl · R_0 · l$。

整条线路的电压损失为：

$$\Delta U = \int_{l_1}^{l_1+l_2} \sqrt{3} i_0 · R_0 · l dl = \sqrt{3} i_0 · R_0 \int_{l_1}^{l_1+l_2} l dl$$

$$\Delta U = \sqrt{3} i_0 l_2 R_0 \left(l_1 + \frac{l_2}{2} \right) \qquad (5-11)$$

例 5-3　有一条采用 LJ 型导线敷设的 5 km 长的 10 kV 架空线路，环境温度为 30℃，计算负荷为 2000 kW，$\cos\varphi = 0.7$，$T_{max} = 4800$ h，几何均距为 1 m，试选取此线路导线合适的截面？并校验允许电压损耗。

解　1）按经济电流密度选择导线截面

与例题 5-2 一样，按经济电流密度选择导线截面为 120 mm²。

2）校验机械强度：查表 5-9 得 $A_{min}=35\ mm^2$ 满足机械强度要求。

3）线路中总的计算负荷为：$P_{30}=2000\ kW$，因 $cos\varphi=0.7$，所以 $tan\varphi=1$，$Q_{30}=2000\ kV\cdot A$。

4）校验电压损耗，查相应附表知，$R_0=0.253\ \Omega/km$，$X_0=0.327\ \Omega/km$。

电压损失为：

$$\Delta U=\frac{p_{30}LR_0+q_{30}LX_0}{U_N}=\frac{2000\times5\times0.253+2000\times5\times0.327}{10}V=580\ V$$

用电压损耗的百分数表示：

$$\Delta U\%=\frac{\Delta U}{U_N}\times100\%=\frac{580}{10000}\times100\%=5.8\%>5\%$$

因此所选导线截面不满足允许电压损失的要求。所以选导线截面为 185 mm² 的铝绞线，其电压损耗的百分数为 4.75%，满足允许电压损失的要求。

5.2 供配电线路接线方式选择

本节中通过完成高、低压配电线路接线方式的选择；使学生了解高低压配电线路基本接线方式的特点及应用，掌握根据工厂的负荷情况选择高、低压配电线路接线方式的方法。

【学习目标】

1. 了解高、低压配电线路的接线方式、特点及应用；
2. 能根据工厂的负荷情况为工厂合理地选择高、低压配电线路的接线方式。

配电线路是工厂供配电系统的重要组成部分，担负着输送和分配电能的重要任务。

工厂的配电线路分类：按电压高低分为高压配电线路（即 1 kV 以上线路）和低压配电线路（即 1 kV 及以下线路）；按其结构形式分为：架空线路、电缆线路和车间（室内）线路等。

5.2.1 高压配电线路的接线方式

工厂高压配电线路是指厂区中由总降压变电所到车间变电所的高压配电线路，一般采用 10 kV 或 6 kV，一般优先选择 10 kV；

工厂高压配电线路的基本接线方式有：放射式、树干式及环式。

1. 放射式接线方式

高压放射式接线是指由工厂变配电所高压母线上引出的一回线路，只直接向一个车间变电所或高压用电设备供电，沿线不分接其他负荷。

（1）单回路放射式接线方式

如图 5-5a 所示。这种接线方式的特点是简捷，操作维护方便，各配电线路互不影响，供电可靠性较高，还便于装设自动装置，保护装置也较简单。其高压开关设备用得较多，且每台断路器须装设一个高压开关柜，从而使投资增加。某一线路发生故障或需检修时，该线路供电的全部负荷都要停电。用于对容量较大、位置较分散的三级负荷供电。

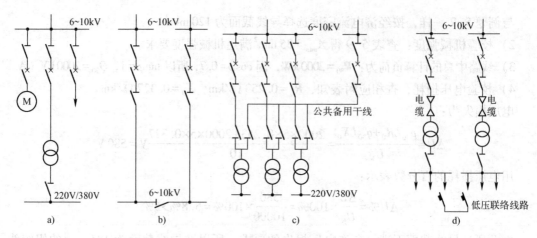

图 5-5　高压放射式接线方式

a）单回路放射式　b）双回路放射式　c）有公共备用干线的放射式　d）采用低压联络线路作备用干线的放射式

（2）双回路放射式接线方式

为了提高供电可靠性，对于重要的用户，为保证供电回路故障时，不影响对用户供电，可采用双回路放射式接线，如图 5-5b 所示。采用两路电源进线，可将双回路的电源端接于不同的电源，以保证电源和线路同时得以备用，再经分段母线用双回路对用户进行交叉供电。其供电可靠性高，但投资相对较大。因此一般仅用于对供电可靠性要求高的一、二级负荷供电。

（3）采用公共备用干线的放射式接线方式

公共备用干线的放射式接线如图 5-5c 所示，和单回路放射式接线相比，除拥有其优点外，供电可靠性得到了提高。开关设备的数量和导线材料的消耗量比单回路放射式接线有所增加。当二级负荷比较分散时，也可采用带公共备用线的放射式接线，以节省投资；如果备用干线采用独立电源供电且分支较少，则可用于一级负荷。

（4）低压联络线路作备用干线的放射式接线方式

如图 5-5d 所示，比较经济、灵活，除了可提高供电可靠性以外，还可实现变压器的经济运行。

2. 树干式接线方式

高压树干式接线是指由工厂变配电所高压母线上引出的每路高压配电干线上，沿线分接了几个车间变电所或高压用电设备的接线方式。

（1）单回路树干式接线方式

单回路树干式接线如图 5-6a 所示。这种接线从变配电所高压母线上引出的配电线路少，与单回路放射式接线比较，出线大大减少，高压开关柜数量也相应减少，同时可节约有色金属的消耗量，投资较少；因多个用户采用一条公用干线供电，各用户之间互相影响，当某条干线发生故障或需检修时，将引起干线上的全部用户停电，所以供电可靠性差。且不容易实现自动化控制。所以一般干线上连接的变压器不得超过 5 台，总容量不应大于 3000 kV · A。一般用于对三级负荷配电，这种接线在城镇街道应用较多。

（2）两端电源供电的单回路树干式接线

两端电源供电的单回路树干式接线如图 5-7b 所示，若一侧干线发生故障，可采用另一侧干线供电，因此供电可靠性较高，和单侧供电的双回路树干式相当。正常运行时，由一侧供电或在线路的负荷分界处断开，由两端电源供电，发生故障时要手动切换，而且寻查故障时也需中断供电。可用于对二、三极负荷供电。

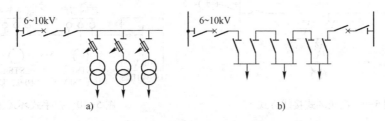

图 5-6　高压树干式接线方式

a）无备用的单回路树干式　b）两端电源供电的单回路树干式

（3）双回路树干式接线方式

双回路树干式接线如图 5-7 所示，对可靠性要求高的用户，采用双回路树干式接线，将双回路引自不同的电源，以保证电源和线路同时得以备用，可用于向一、二级负荷供电。

（4）两端供电的双回路树干式接线方式

两端供电的双回路树干式接线方式如图 5-8 所示，供电可靠性比单侧供电的双回路树干式有所提高，而且其投资不比单侧供电的双回路树干式增加很多，关键是要有双电源供电的条件。主要用于二级负荷，当供电电源足够可靠时，也可用于一级负荷。

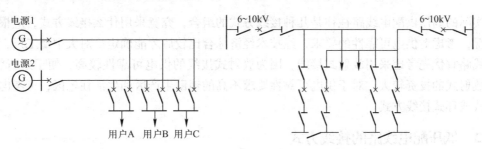

图 5-7　双回路树干式接线方式　　图 5-8　两端供电的双回路树干式接线方式

3. 环式接线方式

高压环式接线其实是树干式接线的改进，如图 5-9 所示。两路树干式线路连接起来就构成了环式接线。这种接线运行灵活，供电可靠性高。当干线上任何地方发生故障时，只要找出故障段，拉开其两侧的隔离开关，把故障段切除后，全部线路可以恢复供电。由于闭环运行时继电保护整定过程比较复杂，同时也为避免环形线路上发生故障时影响整个电网，所以为了简化继电保护，限制系统短路容量，所以正常运行时一般均采用开环运行方式即环形线路中有一处开关是断开的。高压环形电网中通常采用以负荷开关为主开关的高压环网柜。环式接线一般用于城市供配电网络中。可用于对二、三级负荷供电。电源可为多个或一个。

拉手式环式接线如图 5-10 所示，它比普通环式接线多了一侧电源。每段线路检修时，用户不受影响，供电可靠性较高，但发生故障停电时，需要人工倒闸操作，会影响用户用电。

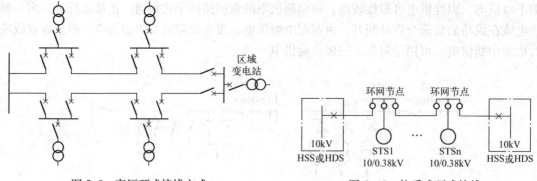

图5-9 高压环式接线方式

图5-10 拉手式环式接线

双路拉手环式接线如图5-11所示，它在拉手式接线的基础上再增加一个回路，对于双电源供电的用户，基本上可以做到不停电。

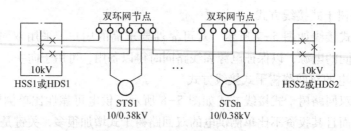

图5-11 双路拉手式接线

实际的高压供配电线路往往是几种接线方式的组合，究竟采用什么接线方式，应根据具体情况，考虑对供电可靠性的要求，经技术经济综合比较后才能确定。对大中型工厂，高压配电线路宜优先考虑采用放射式接线，因为放射式接线的供电可靠性较高，便于运行管理。由于放射式的投资较大，对于供电可靠性要求不高的辅助生产区和生活住宅区，可考虑采用树干式或环式接线方式。

5.2.2 低压配电线路的接线方式

低压配电线路是指由变电所低压母线引出的，将电能送至配电箱或低压用电设备的配电线路。工厂低压配电线路的基本接线方式有放射式、树干式及环式三种类型。

1. 放射式接线方式

低压放射式接线方式是指由变电所低压母线引出的每一路配电干线，只直接接一个配电箱或低压用电设备，沿线不分接其他负荷的接线方式，如图5-12所示。这种接线方式供电可靠性较高，所用开关设备及配电线路也较多、投资高。多用于用电设备容量大、负荷作用重要、车间内负荷排列不整齐及车间为有爆炸危险的厂房等情况。

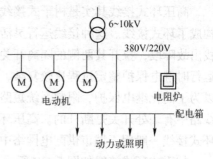

图5-12 低压放射式接线方式

2. 树干式接线方式

低压树干式接线是指由工厂变配电所低压母线上

引出的每路低压配电干线上，沿线分接了几个配电箱或低压用电设备的接线方式。

（1）低压母线放射式配电的树干式接线方式

低压母线放射式配电的树干式接线如图5-13所示，由变电所低压母线上引出配电干线较少，采用的开关设备较少，金属消耗量也少，这种接线多采用成套的封闭式母线槽，运行灵活方便，也比较安全。干线出现故障就会使所连接的用电设备均受到影响，停电的范围大，和放射式相比，供电的可靠性较差。适用于用电容量较小而用电设备分布均匀的场所，如机械加工车间的中小型机床设备以及照明配电。

（2）"变压器-干线组"的树干式接线方式

"变压器-干线组"的树干式接线如图5-14所示，省去了变电所低压侧的整套低压配电装置，简化了变电所的结构，大大减少了投资。为了提高干线的供电可靠性，一般接出的分支回路数不宜超过10条，而且不适用于需频繁起动、容量较大的冲击性负荷和对电压质量要求高的设备。

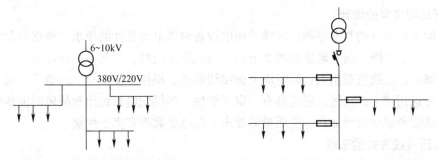

图5-13 低压母线放射式配电的树干式接线方式　　图5-14 "变压器-干线组"的树干式接线

（3）链式接线方式

链式接线是变形的树干式接线，如图5-15所示。适用于用电设备彼此距离近、容量都较小的情况。链式线路只在线路首端设置一组总的保护，可靠性低。链式连接的用电设备台数不能超过5台、配电箱不超过3个，且总容量不宜超过10kW。

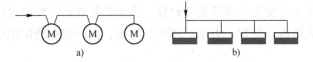

图5-15 链式接线方式

a）电动机链式接线方式　b）配电箱链式接线方式

3. 环式接线方式

环式接线方式如图5-16所示，多用于各车间变电所低压侧之间的联络线，彼此连成环式，互为备用。正常时备用电源不供电，即也采用开环运行方式。供电可靠性高，一般线路故障或检修只是引起短时停电或不停电，经切换操作后就可恢复供电。保护装置整定过程较复杂，所以低压环形供电多采用开环运行。

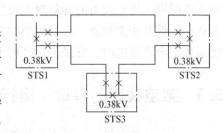

图5-16 车间变电所低压
侧联络线的环式接线

5.2.3 高、低压配电线路接线方式的选择

工厂高、低压配电线路的接线方式选择原则：接线力求简单、经济、操作维护方便。

实际上，工厂的高、低压配电线路接线方式往往是几种接线方式的组合，根据工厂的具体情况而定。一般在环境正常的车间或建筑内，当大部分用电设备容量不大又无特殊要求时，宜采用树干式接线。这一方面是因为树干式接线比放射式接线经济；另一方面是因为我国各工厂的供电人员对采用树干式接线积累了相当成熟的运行经验。运行经验表明供配电系统如果接线复杂，层次过多，不仅浪费投资，维护不便，而且操作错误或元件故障而产生的事故也随之增多，且事故处理和恢复供电的操作也比较麻烦，从而延长了停电时间。同时由于配电级数多，继电保护级数也相应增加，动作时间也相应延长，对供配电系统的故障保护十分不利。因此 GB 50052—2009《供配电系统设计规范》规定：供配电系统应力求简单可靠，同一电压供电系统的变配电级数不宜多于两级。

1. 高压配电网的设计

高压配电网设计的基本原则：应满足用电设备对供电可靠性的要求，根据负荷等级确定电源个数，一、二级负荷一般选取两个电源，双电源进线时，若其中一路停电，另一路应能够承担全部一、二级负荷用电；同时应考虑接线简单、操作方便安全、经济等，对于三级负荷，应优先选用树干式接线；还应具有一定灵活性，当供配电系统出现故障时能尽快恢复供电；此外还要考虑负荷增加和电能质量等要求。配电级数不宜多于两级。

2. 高压接线方式的选取

对于三级负荷，为节省投资可采用树干式；负荷较大且分散时则可采用放射式或分区树干式接线；对一般负荷及容量在 1000 kV·A 及以下的变压器，宜采用普通环式接线。对于重要负荷，可采用双回路放射式或采用工作电源接线为放射式、备用电源接线为树干式的组合形式，也可采用双路拉手环式接线。

3. 低压配电网的设计

低压配电网设计的基本原则：应满足用电设备对供电可靠性和电能质量的要求，同时应注意接线简单、操作方便安全、灵活便于检修、电能质量要高、配电电压等级一般不超过两级；单相用电设备应该适当配置，力求三相负荷平衡；同一流水线的用电设备尽量采用同一线路供电。

4. 低压接线方式的选取

正常环境的车间或建筑物内，当大部分用电设备为中小容量，且无特殊要求时，宜采用树干式配电。用电设备的容量较大或性质重要，宜采用放射式配电；部分用电设备距供电点较远，而彼此相距很近、容量很小的次要用电设备，可采用链式配电。高层建筑物内，当向楼层各配电点供电时，宜采用分区树干式配电。

5.3 架空线路的敷设、运行与维护

通过了解架空线路的结构、敷设方法、运行与维护方法等，能根据故障现象查找故障点并进行相关处理。为从事架空线路安装、运行与维护工作打基础。

1. 了解架空线路的结构、敷设、运行与维护的相关知识；
2. 能正确巡视、运行与维护架空线路；
3. 能根据故障现象查找故障点并进行相关处理。

5.3.1 架空线路的结构

架空线路是用杆塔将导线悬挂在空中，导线利用绝缘瓷瓶被支撑在杆塔的横担上。

工厂架空线路是由电杆、导线、金具、绝缘子、横担构成的，为了平衡电杆各方向的拉力，增强电杆稳定性，有的电杆上还装有拉线。为防雷击，有的架空线路上还架有避雷线。架空线路的基本结构如图 5-17 所示。

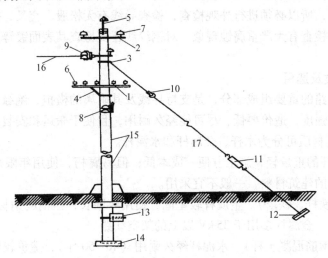

图 5-17　架空线路的基本结构

1—低压横担　2—高压横担　3—拉线抱箍　4—横担支撑　5—高压杆头　6—低压针式绝缘子
7—高压针式绝缘子　8—低压蝶式绝缘子　9—悬式蝶式绝缘子　10—拉紧绝缘子　11—花篮螺栓
12—地锚（拉线盘）　13—卡盘　14—底盘　15—电杆　16—导线　17—拉线

架空线路的造价低、架设简便、取材方便、便于检修，容易发现和排除故障，所以使用广泛。目前，工厂、学校，建筑工地、机关单位以至由公用变压器供电的城市小区、乡镇居民点等的低压输配电线路大都采用架空电力线路。但它受外界环境影响较大，容易出故障，并有碍美观，所以不能普遍采用。

1. 导线的种类及选用

导线是架空线路的主体，担负着输送电能的任务。

（1）导线的种类

常用的架空导线有钢芯铝绞线、铝绞线、铜绞线和钢绞线等，有时也采用绝缘导线。

1）钢芯铝绞线（LGJ）。钢芯铝绞线是用钢线和铝线绞合而成，其内部几股是钢线，外部几股是铝线。导线上所受的力主要由钢线承担，而导线中的电流绝大部分从铝线中通过。

2）铝绞线（LJ）。铝绞线的机械强度比钢芯铝绞线小，一般用于 35 kV 以下的架空线路上，电杆间距不超过 100~150 m。

3）铜绞线（TJ）。铜绞线的机械强度高、导电性能好、抗腐蚀性强，价钱较贵，应节约使用。在有盐雾或化学腐蚀气体存在的地区，宜采用防腐钢芯铝绞线（LGJF）或铜绞线。

4）钢绞线（G）。机械强度很高，且价廉，但导电性差，功率损耗大，并且易生锈，所以，钢线一般只用作避雷线和接地装置的地线，而且必须镀锌、其最小使用截面不得小于 $25\,mm^2$。

5）绝缘导线。低压架空导线大多采用绝缘导线。尤其是工厂、城市 10 kV 及以下的架空线路，适合在安全距离不能满足要求，或者靠近高层建筑、繁华街道及人口密集区，还有空气严重污染和建筑施工等场所敷设。

（2）导线的选用

在选用架空线路的导线时，必须考虑导电性能、截面、绝缘、防腐性、机械强度、敷设环境等要求；此外，还要求重量轻、投资省、施工方便、使用寿命长。其次高压架空线路一般采用多股裸导线，所以必须进行外观检查，检查导线有无松股、交叉、折叠、硬弯、断裂及破损等，然后再检查有无严重腐蚀现象。对钢绞线还要检查其表面镀锌是否完好，有否断股现象。

2. 电杆的种类及选用

电杆是架空线路的重要组成部分，是支持导线及其附属的横担、绝缘子等的支柱。电杆应具有足够的机械强度，造价要低、尽可能经久耐用，且便于搬运和安装。

（1）电杆按其材质可分为木杆、金属杆和水泥杆。

1）木杆。木杆的重量轻，施工方便、成本低；但易腐朽，使用年限短（约 5～15 年），而且木材又是重要的建筑材料，一般不宜采用。

2）金属杆（铁杆、铁塔）。金属杆较坚固，使用年限长；但消耗钢材多，易生锈腐蚀，造价和维护费用大。金属杆多用于 35 kV 以上的架空线路。

3）水泥杆（钢筋混凝土杆）。水泥杆经久耐用（40～50 年），造价较低；但因笨重，施工费用较高。为节约木材和钢材，水泥杆是目前使用最广泛的一种。

常用的杆型有方形和环形两种，一般架空线路采用环形杆。环形杆又分为锥形杆和等径杆两种。电杆长度一般为 8 m、10 m、12 m 和 15 m 等数种。锥形水泥杆应用最广。

（2）电杆按其在线路中的作用和地位，可分为 6 种结构形式。

1）直线杆（又叫中间杆）如图 5-18 所示。位于线路的直线段上，只承受导线的垂直荷重和侧向的风力，承受沿线路方向的导线拉力。

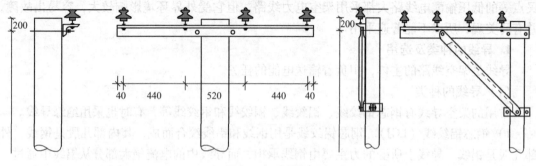

图 5-18 直线杆

2）耐张杆（又叫承力杆）如图5-19所示。位于线路直线段上的数根直线杆之间，或位于有特殊要求的地方（如架空导线需要分段架设等处）。这种电杆在断线事故和架线中紧线时，能承受一侧导线的拉力，所以耐张杆的强度比直线杆大得多。

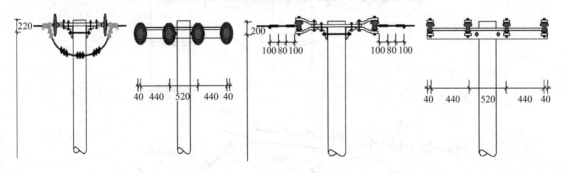

图 5-19 耐张杆

3）转角杆：用于线路改变方向的地方，它的结构应根据转角的大小而定。转角杆可以是直线杆型的，也可以是耐张杆型的。如是直线杆型的，就要在拉线不平衡的反方向一来装设拉线。

4）终端杆：位于线路的始端与终端。在正常情况下，除受导线自重和风力外，还要承受单方向的不平衡拉力。

5）跨越杆：用于铁道、河流、道路和电力线路等交叉跨越处的两侧。由于它比普通电杆高，承受力较大，故一般要增加人字或十字拉线。

6）分支杆：位于干线与分支线相连接处，在主干线路方向上有直线杆型和耐张杆型两种；在分支方向设为耐张杆型，其能承受分支线路导线的全部拉力。

7）合杆：即多回路同杆架架设杆塔。由于线路空间走廊限制，多回路架空线路需在同一杆塔架设。

各种电杆在线路中的特征及应用示例如图5-20所示。

（3）对杆塔的要求

杆身的弯曲不得超过杆长的0.1%，电杆横向裂纹宽度应不超过0.1 mm。电杆表面应平整光滑，内、外壁均不得有露筋等缺陷，杆顶必须有封堵，混凝土杆用的拉盘、底盘、卡盘表面应无裂缝、剥落等缺陷，如因运输碰损，其碰损面积不得超过总面积的2%（深度不大于20 mm）。

3. 绝缘子的种类和选用

绝缘子用来固定导线，使导线与导线之间以及导线与大地之间绝缘，用于支撑、悬挂导线，并将其固定在杆塔的横担上。此外绝缘子还要承受导线的垂直荷重和水平拉力，所以它应有良好的电气绝缘性能和足够的机械强度。

（1）绝缘子的种类

低压架空线路常用的绝缘子有针式、蝶式、柱式、悬式、棒式、瓷横担和拉紧绝缘子。

1）针式绝缘子分为高压和低压两种。高压针式绝缘子用于3 kV、6 kV、10 kV、35 kV线路上；低压针式绝缘子用于1 kV以下的线路上。针式绝缘子按针脚的长短分为长脚和短脚两种：长脚的用在木横担上；短脚的用在铁横担上。

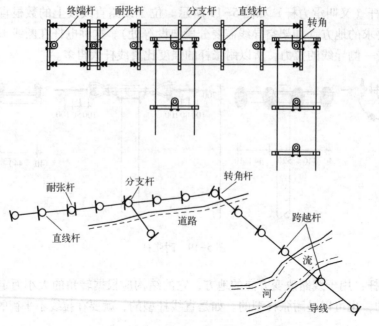

图 5-20　架空线路的电杆特征及应用

低压针式绝缘子型号及含义：

$$P \quad D \quad 1—\square$$

其中，P 为针式绝缘子；D 为低压；1 为 1 kV；□为数字 1、2、3 表示尺寸大小，3 为最小的一种。

2）蝶式绝缘子分为高压和低压两种。高压蝶式绝缘子用于 3 kV、6 kV、10 kV 线路上；低压蝶式绝缘子用于 1 kV 以下线路中，一般组装在耐张杆上。

低压蝶式绝缘子型号及含义：

$$E \quad D \quad \square$$

其中，E 为蝶式绝缘子；D 为低压；□为数字 1、2、3 表示尺寸大小，1 为最大的一种。

3）拉紧绝缘子用于架空线路电杆的拉线中。

（2）绝缘子的选用

1）高压配电线路。

直线杆采用瓷横担、高压针式瓷瓶或柱式瓷瓶。

耐张杆采用两片绝缘子或一片绝缘子和一个 E-10（6）型蝴蝶式绝缘子组成的绝缘子串。

2）低压配电线路。

直线杆采用针式绝缘子，耐张杆采用一片绝缘子和一个蝴蝶式绝缘子。组装时应防止瓷裙积水。

3）电气试验。

10 kV 线路使用的绝缘子其最低绝缘电阻在 500 MΩ 以上，10 kV 线路使用的绝缘子其最低绝缘电阻在 300 MΩ 以上。380 V/220 V 线路使用的绝缘子其最低绝缘电阻在 20 MΩ 以上。

4）外观检查。

瓷面裂纹和硬伤面积超过 100 mm²，瓷沿硬伤面积超过 200 mm²以上绝缘子不得使用。

5）机械强度：安全系数符合相应规程要求。

4. 金具的种类及选用

在架空配电线路中，绝缘子连接成串、横担在电杆上的固定、绝缘子与导线的连接、导线与导线的连接、拉线与杆桩的固定等都需要一些金属附件，这些金属附件在电力线路中称为金具。线路金具要和其他部件配套使用。常用的金具有：悬垂线夹、耐张线夹、连接金具、接续金具、保护金具、拉线金具等。

（1）金具的种类及用途

1）悬垂线夹。

悬垂线夹也称支持金具。用于将导线固定在绝缘子串上，也可用于耐张杆、转角杆固定跳线。常用的悬垂线夹是 U 形螺栓型。

悬垂线夹的型号为：　　　　　　　XGU-1、2、3、4

其中，X 为悬垂线夹；G 为固定型；U 为螺栓型。数值后"A"为带碗头挂板；数值后"B"为带 U 型挂板。

2）耐张线夹。

耐张线夹又名紧固金具，是将导线固定在非直线杆塔的耐张绝缘子串上。常用的耐张线夹是倒装式螺栓型。

3）连接金具。

用来将悬式绝缘子组装成串，并将一串或数串绝缘子连接起来，悬挂在杆塔的横担上。有如下 4 种挂环或挂板：

① 球头挂环——Q-7、QP-7；

② 碗头挂板——W-7A、W-7B、WS-7；

③ 直角挂板——Z-7、ZS-7；

④ U 形挂环——U-7、U-7L，"UP"表示 U 形挂环；"L"表示延长型。

4）接续金具。

接续金具主要用于架空配电线路的导线及避雷线终端的接续。分为承力接续、非承力接续两种。承力接续金具主要有导线、避雷线接续管和接续管预绞丝。用于导线连接的接续管主要有液压管、爆压管和钳压管。

5）保护金具。

① 电气保护金具。一般用于防止绝缘子串或电瓷设备上的电压分布过分不均匀而损坏绝缘子或设备，主要有均压环等。

② 机械保护金具。

机械保护金具种类主要有防振锤、护线条、预绞丝、铝包带、间隔棒和重锤等。防振锤、护线条、预绞丝的作用主要是防止导线、避雷线断股。间隔棒主要防止导线在档距中间互相吸引和鞭击。重锤用于防止直线杆塔悬型绝缘子串摇摆过大，或在寒冷天气中导线出现"倒拔"而引发事故。

6）拉线金具

拉线金具用于拉线的连接、紧固和调节。

常用的拉线金具种类有：钢丝卡子、楔形线夹（俗称上把）、UT 线夹（俗称下把）、拉线用 U 形挂环。

（2）金具的检查内容

线路金具在使用前均应进行外观检查，其内容和要求如下：

1）表面应光洁，不应有裂缝、毛刺、飞边、砂眼、气泡等缺陷。

2）线夹船体压板与导线接触面应光滑、平整。

3）悬垂线夹以回转轴为中心，能自由转动 45°以上。

4）镀锌层应完整无损，遇有镀层剥落时，应先除锈，然后补刷防锈漆及油漆。

常用的各种架空线路金具如图 5-21 所示。

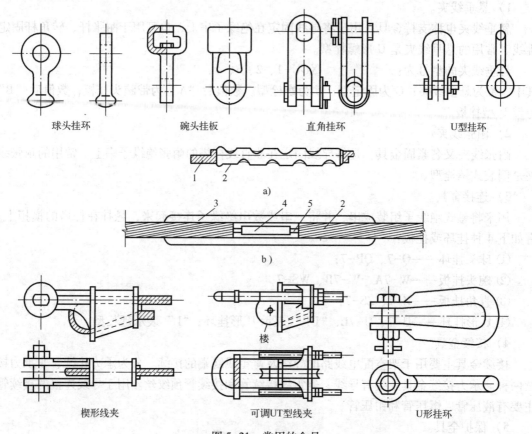

图 5-21　常用的金具

a）常用的连接金具　b）接续金具　c）拉线类金具

1—导线　2—钳压接续管　3—铝管　4—钢管　5—钢绞线（钢芯）

5. 拉线的种类及安装

架空线路的电杆在架线以后，会发生受力不平衡现象，因此必须用拉线稳固电杆。此外，当电杆的埋设基础不牢固时，也常使用拉线来补强；当负荷超过电杆的安全强度时，也常用拉线来减少其弯曲力矩。拉线按用途和结构可分以下几种：

1）普通拉线（又叫尽头拉线）用于线路的终端杆、转角杆和分支杆，主要起拉力平衡的作用。

2）转角拉线用于转角杆，主要起拉力平衡作用。

3）人字拉线（又叫两侧拉线）用于基础不坚固和交叉跨越加高杆或较长的耐张段（两根耐张杆之间）中间的直线杆上，主要作用是在狂风暴雨时保持电杆平衡，以免倒杆、断杆。

4）高桩拉线（又叫水平拉线）用于跨越道路、渠道和交通要道处，高桩拉线应保持一定高度，以免妨碍交通。

5）自身拉线（又叫弓形拉线）：为了防止电杆受力不平衡或防止电杆弯曲，用于因地形限制不能安装普通拉线时的情况。

上述几种拉线的种类如图 5-22 所示。

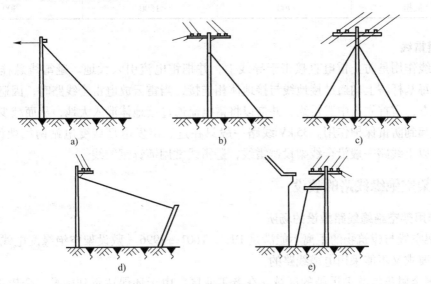

图 5-22 拉线的种类

a）终端拉线 b）转角拉线 c）人字拉线 d）高桩拉线 e）自身拉线

6. 横担

横担的主要作用是固定绝缘子，并使各导线相互之间保持一定的距离，防止风吹或其他作用力产生摆动而造成相间短路。目前使用的主要是铁横担、木横担、瓷横担等。从保护环境和经久耐用看，现在普遍采用的是铁横担和瓷横担，一般不用木横担。

瓷横担特点具有良好的电气绝缘性能，一旦发生断线故障时它能作相应的转动，以避免事故的扩大；接构简单，安装方便，便于维护，在 10 kV 及以下的高压架空线路中广泛应用。但瓷横担脆而易碎，在运输和安装中要注意。

铁横担是用角钢制成的，坚固耐用，但易生锈（为防生锈，应镀锌或涂漆）。

为了施工方便，一般都在地面上将电杆上部的横担、金具等全部组装好后，再整体立杆。

绝缘子在横担上安装的距离是由电杆与电杆之间的档距决定的。档距在 40 m 以下时，绝缘子距横担的距离为 30 cm；在 40 m 以上时，绝缘子距横担的距离为 40 cm。为考虑登杆的需要，靠近电杆两侧的绝缘子距离不得小于 60cm，铁横担两端距离约 4 cm。

横担在电杆上安装的位置应符合下列要求：

1) 直线杆上的横担应安装在负荷的一侧。

2) 转角杆、分支杆、终端杆上的横担应安装在所受张力的反方向。

3) 多层横担均应装在同一侧。

4) 横担应装得水平且与线路方向垂直，其倾斜度不应大于 1/100。

铁横担的长度和截面选择见表 5-11。

表 5-11 铁横担长度的选择　　　　　　　　　　　　　　（mm）

横担材料	低压线路		
	二　线	四　线	六　线
铁横担	700	1500	2300

7. 避雷线

避雷线作用是防止雷电直接击于导线上，并把雷电流引入大地。避雷线悬挂于杆塔顶部，并在每基杆塔上均通过接地线与接地体相连接，当雷云放电雷击线路时，因避雷线位于导线的上方，雷首先击中避雷线，并借以将雷电流通过接地体泄入大地，从而减少雷击导线的概率，起到防雷保护作用。35 kV 线路一般只在进、出发电厂或变电站两端架设避雷线，110 kV 及以上线路一般沿全线架设避雷线，避雷线常用镀锌钢绞线。

5.3.2 架空绝缘线路的敷设

1. 选用架空绝缘线路敷设的场所

1) 架空线与建筑物的距离不能满足 DL/T T601—1996《敷设架空绝缘配电线路设计技术规程》要求又不能采用电缆线路的。

2) 飘金属灰尘及多污染的区域。在老工业区，由于环保达不到标准，金属加工企业，经常有飞飘金属灰尘随风飘扬。在火力发电厂、化工厂的污染区域，造成架空配电线路短路、接地故障。采用架空绝缘导线，是防止 10 kV 配电线路短路接地的较好途径。

3) 盐雾地区。盐雾对裸导线腐蚀相当严重，使裸导线抗拉强度大大降低，遇到刮风下雨，引发导线断裂，易造成线路短路接地事故，采用架空绝缘导线，能较好地防盐雾腐蚀。延缓线路的老化，延长线路的使用寿命。

4) 雷电较多的区域。架空绝缘导线由于有一层绝缘保护，可降低线路引雷，减少接地故障的停电时间。

5) 旧城区改造。由于架空绝缘导线可承受电压 15 kV，绝缘导线与建筑物的最小垂直距离为 1 m，水平距离为 0.75 m。因此，将 10 kV 架空绝缘导线代替低压干线，直接送入负荷中心，可降低配电线路的占用空间。

6) 台风地区。由于架空裸导线线路的抗台风能力较差，台风一到，线路跳闸发生频繁。采用架空绝缘导线后，导线瞬间相碰不会造成短路，减少了故障，大大提高线路的抗台风能力。

7) 低压配电系统宜采用架空绝缘配电线路（或采用常规架空方式，或采用集束线，既适应了环境在安全上的要求，又达到了降低功率损耗的目的）。

8) 此外，还有高层建筑群地区；人口密集的小城镇，繁华街道区；风景绿化区、林带区。

2. 绝缘导线防雷措施

配电线路绝缘化的防雷问题不可忽视。其中断线点在绝缘子内及距离绝缘子 60 cm 内的事故占据了雷击断线事故的 92.09%。

人们知道，架空线路存在两种过电压，一种是内部过电压，不会对薄绝缘结构的绝缘线造成伤害。另一种是大气过电压，当雷击中裸导线时（直击雷或感应雷），雷电流经过断路器、变压器等设备处的避雷器迅速导入大地，或在工频电流烧断导线之前引起断路器跳闸，所以较少有断线事故发生。

目前可以采取的防雷措施主要有以下几种：

（1）安装避雷线

此种方法避雷效果最好。但由于受周围环境（如树线矛盾、与建筑物的距离的矛盾）、成本提高较多等因素影响，普及推广难度较大。

（2）采用紧凑型架空绝缘线（即 10 kV 集束线）

因为紧凑型架空绝缘线是固定在按一定间隔配置的绝缘支架上，而绝缘支架顶端是挂在承载钢索上，承载钢索在每杆处都是接地的，相当于一根避雷线，对线路起到了避雷作用。

（3）将 10 kV 立绝缘子、耐张绝缘子全部更换为防雷绝缘子（如将立绝缘子更换为放电钳位柱式绝缘子），将起到较好的防雷效果。

（4）按一定间距安装杆上避雷器或放电间隙，一般以 3 档为好，即约 150m。在多雷地区或以前多发雷击地区，则应每杆安装一组避雷器或放电间隙，从而起到避雷作用，减少雷击断线事故的发生。

（5）延长闪络路径。其目的是通过延长闪络路径，使得电弧容易熄灭。局部增加绝缘厚度以及采用长闪络路径避雷器可以达到此目的。在导线与绝缘子相连处的部位加强绝缘，提高绝缘强度，使放电只能从加强绝缘边沿处击穿导线，产生沿面闪络。

（6）在距离绝缘子 40~60 cm 处，将绝缘导线的绝缘层剥去 10 cm 左右（注意：一定要在绝缘端口处绑扎绝缘胶带，以防水进入绝缘导线内），使得此处相当于裸导线，从而使电弧剥离部分滑动熄灭，而不是固定在某一点上烧蚀。这种方法简单、经济、实用。

（7）提高线路的绝缘水平，即提高绝缘子的 50% 放电电压。

3. 绝缘导线接地

（1）接地

大地是一个无穷的散流体。无穷大是相对电压、电流而言的。也就是说，无论多大的电流和多大的电压，都不能改变大地零电位的特点。通过计算可以知道，距离接地点 20m 远的地方，大地基本呈现为零电压。即大地的导电性能好，散流速度快。

1）电气接地：利用大地基本保持零电位这一特点，人为地将电气设备中带电或不带电的部位与大地连接，就叫电气接地。

2）工作接地：将电气设备带电部位接地，利用大地构成它的回路，叫作工作接地。

3）保护接地：将电气设备不带电部位或邻近不带电设施与大地连接，保护人身和设备安全，叫保护接地或安全接地。

4）保护接零：在低压系统中，将电气设备不带电部位与零线连接，叫作保护接零。保护接零是保护接地的一种形式。

5）重复接地：为了使接零保护发挥其应有的保护作用，不至于因在零线上的某一处断线，而失去接零的保护作用，在接零的保护系统中，要进行必要的多处接地，叫重复接地。

6）雷电保护接地：为了让雷电保护装置向大地泻入雷电流而装设的接地，叫作雷电保护。

7）防静电接地：为了防止静电对易燃油、易燃纤维、导电尘埃、天然气储罐和管道等的危险作用而设的接地，叫作防静电接地。

（2）需要接地的设备

1）铁杆（包含钢管杆和铁塔）。

2）变压器外壳。

3）柱上负荷开关（包含油断路器、真空断路器和SF6断路器）的外壳。

4）户外电缆头的金属护层。

5）低压交流配电箱、无功补偿箱、控制箱、分接箱、金属接户线箱，金属电表箱的外壳和低压架空电缆钢绞线等。

6）城镇地区的低压三相四线线路的干线，分支路终端处零线应重复接地。

7）避雷器的接地端。

8）箱式变电站的金属外壳。

（3）接地电阻的阻值要求

根据GB/T 50065—2011《交流电气装置的接地》标准中对接地电阻的有关规定，接地施工后，应在干燥的天气测量接地电阻，其数据规定如下：

1）对变压器中性点接地电阻，凡容量在100kV·A及以下者不大于10Ω，容量在100kV·A及以上者不大于4Ω，在土壤电阻率大于500Ω·m的地区不宜大于30Ω。

2）防雷接地和设备金属外壳接地，其接地电阻不大于10Ω。

3）铁杆接地电阻不宜超过30Ω。

各类土壤接地的电阻率见表5-12所示，架空线路（接地装置）接地电阻允许值见表5-13。

表5-12 各类土壤的电阻率

陶土名称	电阻率$\rho/\Omega \cdot m$	土壤名称	电阻率$\rho/\Omega \cdot m$
陶黏土	10	沙质黏土、可耕地	100
泥炭、泥灰岩、沼泽地	20	黄土	200
捣碎的木炭	40	含沙黏土、砂土	300
黑土、田园土、陶土	50	多石土壤	400
黏土	60	砂砾、沙砾	1000

表5-13 架空线路（接地装置）接地电阻允许值

线路电压等级	接地装置使用条件	允许的工频接地电阻值/Ω	备 注
3~10kV	通过居民区的钢筋混凝土及金属杆塔	≤30	
0.23/0.4kV及高、低压同杆并架	钢筋混凝土电杆的铁横担和金属电杆	不作规定	1. 铁横担和金属杆应与零线连接； 2. 钢筋混凝土杆的钢筋宜与零线连接

（4）配电变压器外壳低压中性点及避雷器接地端接地原则

1）10 kV 中性点经消弧线圈接地系统与变压器金属外壳、低压中性点及避雷器接地端连在一起共同接地。

2）10 kV 中性点经低电阻接地系统有两种情况：

① 对于独立台区的变压器工作接地与保护接地（变压器外壳和避雷器接地），原则上应分别接地，保护接地在变台处，工作接地应采用绝缘导线引出 5 m 以外接地，两个接地体之间应无电气连接，接地电阻均不大于 4 Ω。

② 对于多个台区低压零线共网连接，接地等效电阻达到 0.5 Ω 及以下时（含多变台及线路重复接地），保护接地与工作接地可以不分开设置。

（5）接地棒

接地棒（俗称线钎子）一般采用 $\varphi 20$ mm、长 2 m 圆钢，焊接 $\varphi 8$ mm 钢引线（搭接长度应为其直径的 6 倍，双面施焊），热镀锌处理之间距离不小于 2 m，接地棒下端应砸入地下 4 m，接地引上线不少于 3 m。

（6）接地引线

接地引线应使用截面面积不小于 25 mm² 的铜芯绝缘线。

（7）有关接地的主要技术规定

1）各种接地装置除利用直接埋入地中或水中的自然接地极外，还需设置将接地极和人工地极分开的测量井。除利用自然接地极外，还应敷设人工接地极。

2）当利用自然接地极和引外接地装置时，应采用不少于两根导体在不同地点与接地网连接。

4. 交叉跨越

1）中压绝缘线路每相过引线、引下线与临相的过引线、引下线及低压绝缘线之间的净空距离不应小于 200 mm；中压绝缘线与拉线、电杆、构架间的净空距离不应小于 200 mm。

2）低压绝缘线每相引线、引下线之间的净空距离不应小于 100 mm；低压绝缘线与拉线、电杆、构架之间的净空距离不应小于 50 mm。

3）中、低压配电线路与弱电线路的交叉跨越。

① 电力线路在上，弱电线路在下。

② 电力导线在最大弧垂时与弱电线路的交叉跨越时其最小垂直距离为 10 kV 不小于 2 m（10 kV），低压不小于 1 m。

③ 跨越一级、二级弱电线路时，10 kV 线路直线，应采用跨越杆。

④ 中、低压裸线，绝缘线与其他电力线路导线的垂直距离和水平距离，在上方导线呈最大弧度时，不应小于表 5-14 所列数值。

表 5-14　电力线路导线之间的垂直距离和水平距离　　　　　　　（m）

项　　目	线路电压/kV	≤1	10	35~110	220	500
最小垂直距离	中压	2	2	3	4	6
	低压	1	2	3	4	6
最小水平距离	中压	2.5	2.5	5.0	7.0	—
	低压	2.5	2.5	5.0	7.0	—

⑤ 中、低压绝缘之间的交叉跨越垂直距离不应小于表 5-15 所列数值。

表 5-15 中、低压绝缘线之间的交叉跨越垂直距离 （m）

线路电压	中 压	低 压
中压	1	1
低压	1	0.5

⑥ 配电线路导线在最大风偏（边相）情况下，与建筑物距离不应小于表 4-22 所列数值。配线路一般不允许跨房，因地形所限必须跨房时，在导线时，其与房顶的垂直距离不应小于表 5-16 所列数值。

表 5-16 中、低压配线路导线与建筑物距离 （m）

类别	裸绞线		绝缘线	
	中 压	低 压	中 压	低 压
垂直距离	3.0	2.5	2.5	2.0
水平距离	1.5	1.0	0.75	0.2

⑦ 导线对树木的距离；在最大弧垂及风偏情况下，最小净空距离应符合表 5-17 所列数值，校验导线与树木之间的垂直距离，应考虑树木在修剪周期内自然生长的高度。

表 5-17 导线对树木最小净空距离 （m）

类 别		裸绞线		绝缘线	
		中 压	低 压	中 压	低 压
公园、绿化区、防护林带	垂直	3.0		3.0	
	水平			1.0	
果林、经济林、城市灌木林		1.5		—	
城市街道绿化树木	垂直	1.5	1.0	0.8	0.2
	水平	2.0	1.0	1.0	0.5

⑧ 导线在最大弧垂时对地面、水面及跨越物的最小垂直距离，在最大风偏情况下，最小净空距离不应小于表 5-18 所列数值。

表 5-18 导线与山坡、峭壁、岩石之间净空距离 （m）

线路经过地区	裸绞线		绝缘线	
	中 压	低 压	中 压	低 压
步行可以达到的山坡、峭壁、岩石	4.5	3.0	3.5	—
步行不能达到的上坡、峭壁、岩石	1.5	1.0	1.5	—

⑨ 导线在最大弧垂时对地面、水面及跨越物的最小垂直距离，不应小于表 5-19 所列数值。

192

表 5-19　导线对地面等跨越物的最小垂直距离　　　　　　　　　　　　　　　（m）

线路经过地区	裸绞线及绝缘线	
	中　压	低　压
居民区	6.5	6.0
非居民区	5.5	5.0
交通困难地区	4.5	4.0
至铁轨的轨顶	7.5	7.5
城市道路	7.0	6.0
至电车行车线	3.0	3.0
至通航河水的最高水位	6.0	6.0
不至通航河水的最高水位	3.0	3.0
至索道距离	2.0	1.5
人行过街天桥　裸绞线	宜入地	
人行过街天桥　绝缘线	4.0	3.0

5. 停电工作接地点的设置

1）中、低压绝缘线路上的变压器台架的一、二次侧应设置停电工作接地点。

2）停电工作接地点处宜安装专用停电接地金具，用以悬挂接地线。

3）下列部位应预留地线挂接口：

① 各种隔离开关（出站隔离开关、柱上断路器一侧或两侧的隔离开关、用户进线隔离开关）的负荷侧。

② 柱上断路器前、后一基电杆处。

③丁字杆、十字杆、断连杆、终端杆的弓子线处的一侧或两侧。

④ 变压器台架母线上。

⑤ 必要时在线路主导线上安装专用地线环（分线环），铜地线环截面积应不小于 $50\,mm^2$。

4）挂接地线时接口施工工艺：

① 弓子线处的地线挂接口应设在紧靠线夹处。

② 隔离开关处的地线挂接口应设在引线弧垂最低点处。

③ 分支 T 接杆的地线挂接口应设在分支引线弧垂最低点处。

④ 当中相为上翻弓子线时，应将其一端弓子线延长，使弓子线的线夹及地线挂接口处于线路主导线的下方。

⑤ 地线挂接口宽度均为 20 mm，导线绝缘层的剥离端口处应包缠两层绝缘胶带，防止导线进水、进潮。

⑥ 相邻地线挂接口应错开 200 mm 及以上。

5）线路主导线专门用地线环安装。一般中相距横担 800 mm，边相距横担 500 mm。地线环除下端环裸露外，其余部分均应用绝缘胶带包缠两层，其表层再缠绕一层具有憎水性能的胶带。

5.3.3 架空线路的运行与维护

为了掌握线路及其设备的运行情况，及时发现并消除缺陷与安全隐患，必须定期进行巡视与检查，确保配电线路的安全、可靠经济运行。

1. 架空线路的巡视检查

巡视也称为巡查或巡线，即指巡线人员较为系统和有序地查看及其设备。巡视是线路及其设备管理工作的重要环节和内容，是保证线路及其设备安全运行的最基本工作，目的是为了及时了解和掌握线路健康状况、运行环境，检查有无缺陷或安全隐患，同时为线路及其设备的检修、消缺计划提供科学的依据。

(1) 巡线人员的职责

巡线人员是线路及其设备的卫士和侦察兵，要有责任心及一定的技术水平。巡线人员要熟悉线路及其设备的施工、检修工艺和质量标准，熟悉安全规程、运行规程及防护规程，能及时发现存在的设备缺陷及对安全运行有威胁的问题，做好保杆护线工作，保障配电线路的安全运行。

具体承担以下主要职责：

1) 负责所管辖设备的安全可靠运行，按照规程要求及时对线路及其设备进行巡视、检查和测试。

2) 负责所管辖设备的缺陷处理，发现缺陷后及时做好记录并提出处理意见。发现重大缺陷和危及安全运行的情况，要立即向班长和部门领导汇报。

3) 负责所管辖设备的维护，在班长和部门领导下，积极参加故障巡查及故障处理。当线路发生故障时，巡线人员得到寻找与排除故障点的任务时，要迅速投入到故障巡查及故障处理工作中。

4) 负责所管辖设备的绝缘监督、油化监督、负荷监督、防雷监督和防污监督等现场的日常工作等。负责建立健全管辖设备的各项技术资料，做到及时、清楚、准确。

(2) 巡视的种类

线路巡视可以分为定期巡视、特殊巡视、夜间巡视、监察性巡视和预防性检查等几种。

1) 定期巡视。

规程规定，定期巡视周期为：城镇公用电网及专线每月巡视一次，郊区及农村线路每季至少一次。

巡视人员按照规定的周期和要求对线路及其设备巡视检查，查看架空配电线路各类部件的状况，沿线情况以及有无异常等，经常地全面掌握线路及其沿线情况。巡视的周期可根据线路及其设备实际情况、不同季节气候特点以及不同时期负荷情况来确定，但不得少于相关规定范围的周期。配电线路巡视的季节性较强，各个时期在全面巡视的基础上有不同的侧重点。例如：雷雨季节到来之前，应检查处理绝缘子缺陷，检查、试验并安装好防雷装置，检查并维护接地装置；高温季节到来之前，应重点检查导线接头、导线弧垂、交叉跨越导线间距离，必要时进行调整，防止安全距离不满足要求；严冬季节，注意检查弧垂和导线覆冰情况，防止断线；大风季节到来之前，应在线路两侧剪除树枝、清理线路附近杂物等，检查加固杆塔基础及拉线；雨季前对易受洪水冲刷或因挖地动土的杆塔基础进行加固；在易发生污闪事故的季节到来之前，应加强对线路绝缘子进行测试、清扫、处理缺陷。

2）特殊巡视（根据需要进行）。

在有保供电等特殊任务或气候骤变、自然灾害等严重影响线路安全运行时所进行线路巡视。特殊巡视不一定对全线路都进行检查，只是对特殊线路或线路的特殊地段进行检查，以便发现异常现象并采取相应措施。特殊巡视的周期不作规定，可根据实际情况随时进行，大风巡线时应沿着线路上风侧前进，以免触及断线的导线。

3）夜间巡视（每年至少冬、夏季节各进行一次）。

在高峰负荷或阴雨天气时，检查导线各种连接点是否存在发热、打火现象、绝缘子有无闪络现象，因为这两种情况的出现，夜间最容易观察到。夜间巡线应沿着线路外侧进行。

4）故障巡视（根据需要进行）。

巡视检查线路发生故障的地点及原因。无论线路断路器重合闸是否成功，均应在故障跳闸或发生接地后立即进行巡视。故障巡线时，应始终认为线路是带电的，即使明知该线路已经停电，亦应认为线路随时有恢复送电的可能。巡线人员发现导线断落地面或悬吊在空中时，应该设法防止行人靠近距离断线点 8 m 以内的范围，并应迅速报告领导，等候处理。

5）监察性巡视（重要线路和事故多的线路每年至少一次）。

由部门领导和线路专责技术人员组成，了解线路和沿线情况，检查巡线员的工作质量，指导巡线员的工作。监察性巡视可结合春、秋季节安全大检查或高峰负荷期间进行，可全面巡视也可以抽巡。

（3）巡视管理

为了提高巡视质量和落实巡视责任，应设立巡视责任段和对应的责任人由专责负责某个责任段的巡视与维护。

线路及其设备的巡视必须设有巡视卡，巡视完毕后及时做好记录。巡视卡是检查巡视工作质量的重要依据，应由巡视人员认真负责地填写，并由班长和部门领导签名同意。对检查出的线路及其设备缺陷应认真记录，分类整理，制订方案，明确治理时间，及时安排人员消除线路及其设备缺陷。此外，巡线员应有巡线手册（专用记事本），随时记录线路运行状况及时发现的设备缺陷。

（4）巡视的内容

1）查看沿线情况。

查看线路上有无断落悬挂的树枝、风筝、衣物、金属物等杂物，防护地带内有无堆放的杂草、木材、易燃易爆物等，如果发现，应立即予以清除。查明各种异常现象和正在进行的工程，例如有可能危及线路安全运行的天线、井架、脚手架、机械施工设备等：在线路附近爆破、打靶及可能污染腐蚀线路及其设备的工厂；在防护区内土建施工、开渠挖沟、平整土地、植树造林、堆放建筑材料等；与公路、河流、房屋、弱电线路以及与电力线路的交叉跨越距离是否符合要求。如有发现，应采取措施予以清除或及时书面通知有关单位停止建设、拆除。还应查看线路经过的地方是否存在电力线路与广播、电视、通信线相互搭挂和交叉跨越情况，是否采取防止强电侵入弱电线路的防范措施，线路下方是否存在线路对树木放电而引起的火烧山隐患。

2）查看杆塔及部件情况。

主要查看杆塔有无倾斜、地基下沉、雨水冲刷、裂纹及露筋情况，检查标示的路线、名称及杆号是清楚正确混凝土电杆倾斜度：转角杆、直线杆不应大于 1.5%，转角杆不应向内角倾斜，终端杆不应向导线侧倾斜，向拉线侧倾斜应小于 200 mm；混凝土电杆不应有纵向裂纹，横向裂纹不应超过 1/3 周长，且裂纹宽度不应大于 0.5 mm。

杆塔所处的位置是否合理，是否给交通安全、城市景观造成不便。对于横担主要查看是否锈蚀、变形、松动或严重歪斜。对于铁横担、金具锈蚀则不应起皮和出现麻点。直线杆塔倾斜度：混凝土电杆倾斜度小于 1.5%；钢管杆倾斜度小于（塔）0.5%；50 m 及以上角铁塔倾斜度小于 0.5%、50 米及以下高度铁塔倾斜度小于 1.5%；杆塔横担倾斜度 1.0%，钢管塔倾斜度小于 0.5%。

3）查看绝缘子情况。

主要查看绝缘子是否脏污、闪络，是否有硬伤或裂纹，固定用铁脚无弯曲，铁件无严重锈蚀。查看槽型悬式绝缘子的开口销是否脱出或遗失；球形悬式绝缘子的弹簧销子是否脱出；针式（或柱式、瓷横担）绝缘子的螺钉、弹簧垫是否松动或短缺，其固定用铁脚是否弯曲或严重偏斜；瓷拉棒有否破损、裂纹及松动歪斜等情况。

4）查看导线情况。

查看导线有无断股、松动，弛度是否平衡，三根导线弛度应力是否一致。查看导线接续、跳引线触点、线夹处是否存在变色、发热、松动、腐蚀等现象，各类扎线及固定处缠绕的铝包带有无松开、断掉等现象。巡线时一般用肉眼直接进行观察，若看不清楚，可用望远镜和红外线监测技术对有疑问的地方详细观察，直至得出可靠的结论。引流线对邻相及对地（杆塔、金具、拉线等）距离是否符合要求（最大风偏时，10 kV 的高压下其对地不小于 200 mm，线间不小于 300 mm；低压下对地不小于 100 mm，线间不小于 150 mm）。

5）查看接户线情况。

查看接户线与线路的接续情况。接户线的绝缘层应完整，无剥落、开裂等现象；导线不应松弛、破旧，与主线连接处应使用同一种金属导线，每根导线接头不应多于 1 个，且应用同一型号导线相连接。接户线的支持构架应牢固，无严重锈蚀、腐朽现象，绝缘子无损坏，其线间距离、对地距离及交叉跨越距离应符合技术规程的规定。三相四线制低压接户线，在巡视好相线触点的同时，应特别注意零线触点是否完好。此外，应注意接户线的增减情况。

6）查看拉线情况。

查看拉线有无松动、锈蚀、断股、张力分配不均等现象，拉线地锚有无松动、缺土及土壤下陷、雨水冲刷等情况，拉线桩、保护桩有无腐蚀损坏等现象，线夹、花蓝螺钉、连接杆、报箍、拉线棒是否存在腐蚀松动等现象。查看穿过引线、导线、接户线的拉线是否装有拉线绝缘子，拉线绝缘子对地距离是否满足要求；拉线所处的位置是否合理，是否给交通安全、城市景观造成不良影响或对行人造成不便；水平拉线对通车路面中心的垂直距离是否满足要求；拉线棒应无严重锈蚀、变形、损伤及上拔等现象；拉线基础应牢固，周围土壤有无突起、沉陷、缺土等现象。

2. 架空线路的防护

配电线路及设备的防护应认真执行《电力法》《电力设施保护条例》及《电力设施保护条例实施细则》的有关规定，做好保杆护线宣传工作，发动沿线有关部门和群众进行保杆护线，防止外力破坏，及时发现和消除设备缺陷。对可能威胁线路安全运行的各种施工或活动，应进行劝阻或制止，必要时向有关单位和个人签发防护通知书。对于造成事故或电力设施损坏者，应按情节与后果，提请公安司法机关依法惩处。

配电线路维护人员对下列事项可先行处理，但事后应及时通知有关单位：

1）修剪超过规定界限的树木。

2）为处理电力线路事故或防御自然灾害时，修剪林区个别林木。

3）清除可能影响供电安全的招牌或其他凸出物。

配电线路及其设备应有明显的标志，标志包括运行名称及编号、相序标志、安全警示标志等，它们是防护的工作内容之一。通常，配电线路的每个杆塔和变压器台应有名称和编号标志，各回馈线的出口处杆塔、分支杆、转角杆以及装有分段、联络、支线断路器、隔离开关的杆塔应设有相色标志，用黄、绿、红三色分别代表线路的 A、B、C 三相标志。柱上开关、开闭所、配电所（站、室）、箱式变压器、环网单元、分支箱的进出线应有名称、编号、相序标志。此外，配电线路还应设立安全警示标志和安全防护宣传牌，交通路口的杆塔或拉线应有反光标志，当线路跨越通航江河时，应采取措施设立标志，防止船桅碰及线路。

3. 架空线路的检修

（1）检修内容

架空线路检修的内容主要包括清扫绝缘子，正杆、更换电杆、电杆加高（更换电杆或加铁帽子），检修横担、绝缘子、拉线，检修有缺陷的导线，调整弛度（不应超过设计允许偏差的 6%），检修进户线，检修变压器，修补接地装置（接地引线），修剪树木，处理沿线障碍物，处理接点过热及烧损，以及各种开关、避雷器的试验和更换等。架空线路预防性检查和维护内容及周期见表 5-20。

表 5-20 架空线路预防性检查和维护的内容及周期

序号	内　　　容	周　　　期
1	混凝土电杆缺陷情况检查	发现缺陷后定期巡视时检查 1 次
2	铁塔金属基础检查	5 年 1 次
3	铁塔和混凝土电杆钢圈刷油漆	根据油漆脱落情况
4	铁塔紧固螺栓	5 年 1 次
5	导线连接器的测量	根据负荷大小及巡视情况而定
6	线路金具的检查	检修时进行
7	绝缘子绝缘电阻测试	根据需要
8	导线有防振器的检查	检修时进行
9	导线测距的测量（弧度、对地距离、交叉跨越距离）	根据巡视的结果视需要而定，新建线路架设 1 年后需测量 1 次；投运后 3 个月内，每月应进行 1 次巡视，全面检查
10	接地装置的接地电阻测量	每 5 年至少 1 次

（2）检修方法

检修方法有正杆、整拉线、调整导线弧垂、更换直线杆横担、更换终端杆横担、更换耐张杆绝缘子、更换耐张线夹、翻线与撤线、绝缘导线的修补。

4. 常见故障及其预防

架空线路常见的故障主要有：电气性故障和机械性破坏故障两大类。

（1）电气性故障及其预防

配电网在运行中经常发生的故障，大多数是短路故障，少数是断线故障。

1）短路的原因及其危害。

短路是指相与相之间或相与地之间的连接，它包括三相短路、三相接地短路、两相短路、两相接地短路和单相短路接地。短路的主要原因为相间绝缘或相对地绝缘被破坏，如绝缘击穿、金属连接等。

短路不仅在电气回路中产生很大的短路电流，诱发催生很大的热效应和电动力效应，从而损坏电气设备，而且短路会引起电力网络中电压下降，靠近短路越近，电压降得越多，影响用户的正常供电。

① 单相接地。

它是线路一相的某点处对地绝缘损坏，该相电流经由此点流入大地的形式。单相接地是电气故障中出现机会最多的故障，它的危害主要在于使不接地的配电网三相平衡系统被打破，非故障相的电压升高为线电压，可能引起非故障相绝缘的破坏，从而发展成为两相或三相短路接地。造成单相接地的因素很多，如一相导线的断线落地、树枝碰及导线、跳线因风偏对杆塔放电、支持固定导线的绝缘子、避雷器的绝缘被击穿等。单相短路时，故障相的电流与综合阻抗的大小成反比。在中性点直接接地的系统中，变压器中性点接地越多，短路电流越大。

② 两相短路。

线路的任意两相之间造成直接放电称为两相短路。它将使通过导线的电流比正常时增大许多倍，并在放电点形成强烈的电弧，烧坏导线，造成中断供电。两相短路包括两相短路接地，比单相接地情况危害要严重得多。两相短路的原因有混线、雷击、外力破坏等。

两相短路时，零序电流和零序电压为零，两故障相电流大小相等、方向相反，在故障点为故障相电压的两倍，方向正好相反。

③ 三相短路。

在线路同一地点的三相间直接放电称为三相短路。三相短路（包括三相短路接地）是线路上最严重的电气故障，不过它出现的机会较少。三相短路的原因有混线、线路带地线合闸、线路倒杆造成三相短路接地。

2）缺相。

断线不接地，通常又称为缺相运行，它将使送电端三相有电压，受电端一相无电压，导致三相电动机无法运转。缺相运行的原因有：熔丝熔断、跳线因接头接触不好过热或烧断、开关某一相合闸不到位等。危害运行设备的正常运行，处理不及时容易烧坏设备。

3）电气性故障的预防。

根据电气性故障发生的原因，可采取以下相应的预防措施：

① 对单相接地的预防：及时清理线路走廊、修剪过高的树木、拆除危及安全运行的违章建筑，确保安全运行。

② 对混线的预防：调整弧垂、扩大相间距离、缩小挡距。

③ 对外力破坏的预防：悬挂安全标示牌、加强保杆护线的宣传、跟踪并观察整条线路的异常和工地施工的情况。

④ 对雷击的预防：加装避雷器、降低接地电阻，降低雷击的损坏程度；启用重合闸功能，提高供电的可靠性。

⑤ 对绝缘子击穿：选用合格的绝缘子，在满足绝缘配合的条件下提高电压等级和防污秽等级；加强绝缘子清扫。

（2）机械性破坏故障及其预防

架空配电线路上的机械性破坏故障，常见的有倒杆或断杆、导线损伤或断线等。

1）倒杆、断杆。

倒杆是指电杆本身变未折断，但电杆的杆身已从直立状态倾倒，甚至完全倒落在地面。断杆是指电杆本身折断，特别是电杆的根部折断，杆身倒落地面。倒杆和断杆故障绝大多数会造成供电中断。

线路发生倒杆或断杆的主要原因有电杆埋设深度不够、电杆强度不足、自然灾害如大风或覆冰使杆塔受力增加、基础下沉或被雨水冲刷、防风拉线或承力拉线失去拉力作用、外力如汽车撞击等。

预防的措施为：加强巡视，及时发现并消除缺陷，重点检查电杆有无裂纹或腐蚀、电杆的稳定性和拉线情况，汛期和严冬要重点检查，对易受外力撞击的杆塔应加警示标志、及时迁移。

2）导线损伤或断线。

导线损伤的原因包括制造质量问题、安装、外力撞击（如开山炸石）、导线过热、雷击闪电等。预防的措施为：加强货物质量验收、施工质量验收，加强线路走廊的防护，加强线路的巡视。

导线断线的原因包括覆冰、雷击断线、接头发热烧断、导线的振动、安装、制造质量等。预防的措施为：及时跟踪并调整弧垂，采取有效的防雷措施，加强导线接头的跟踪检查、安装防振锤等。

5. 线路故障的抢修

配电线路发生事故时，应尽快查出事故地点和原因，清除事故根源，防止扩大事故；采取措施防止行人接近故障导线和设备（8 m 以内为危险区），避免发生人身事故；尽量缩小事故停电范围和减少事故损失；对已经停电的用户尽快恢复供电。故障抢修的步骤如下：

1）馈线发生故障时，运行部门应立即通知抢修班组，并提供有助于查找故障点的相关信息。

2）抢修班组在接到由用户信息部门或运行部门传递来的故障信息后，履行事故应急抢修单程序、并迅速出动，尽快达到故障现场。

3）抢修现场故障的进一步查找及分析判断。

4）对故障段隔离及对现场故障修复。同时给运行部门反馈事故原因、事故处理所需要的时间，便于给用电客户沟通。

5）故障处理完成后，报告运行部门，拆除所有安全措施、恢复供电。

运行部门为便于迅速、有效地处理事故，应建立健全事故抢修组织和有效的联系方式，并做好大面积停电预案及演练。故障发生后，抢修班组应根据故障报修信息做好记录，迅速、准确地做出初步判断和确定查找故障点方案，尽快组织处理故障，对故障信息（故障报修次数、达到现场时间、故障处理时间、客户满意度等）进行统计、分析、不断持续改进，提高故障处理的速度和水平。

6. 线路故障检测设备

线路故障检测设备安装在配电线路中，直接对 10 kV 线路进行检测，是配电网自动化系统安全可靠运行的组成部分，线路故障检测设备主要包括架空型、电缆型、面板型。

通信系统智能型的故障定位系统需要借助于有效的通信手段，用于线路故障检测设备与故障定位系统的信息交换。故障定位系统主要对线路故障检测设备进行实时状态监控、设备参数设置、故障定位、故障结果分析判断等功能。它能够与其他电力生产、信息系统实现基于信息的交换以及总线的数据交互。

5.4 电缆线路的敷设、运行与维护

本节中通过了解电缆线路的结构，掌握电缆线路的敷设方法，学会对一般故障点的查找，了解电缆线路的运行管理，能协助工程人员完成电缆线路的敷设、运行与维护工作。

【学习目标】

1. 了解电缆线路的结构和特点；
2. 掌握电缆线路的敷设方法；
3. 了解电缆线路的运行管理；
4. 学会对一般故障点的查找和处理。

5.4.1 工厂的电缆线路

1. 电缆的结构

电缆是一种特殊结构的导线，由线芯、绝缘层和保护层三部分组成，保护层包括外护层和内护层。电缆的剖面示意图如图 5-23 所示。

1）线芯：其导体要有好的导电性，以减少输电时线路上电能的损失。

2）绝缘层：其作用是将线芯导体和保护层相隔离，必须具有良好的绝缘性能和耐热性能。油浸纸绝缘电缆以油浸纸作为绝缘层，塑料电缆以聚氯乙烯或交联聚乙烯作为绝缘层。

3）保护层

① 内护层：直接用来保护的绝缘层，常用的材料有铅、铝和塑料等。

② 外护层：用以防止内护层受到机械损伤和腐蚀，通常为钢丝或钢带构成的钢铠，外覆沥青、麻被或塑料护套。

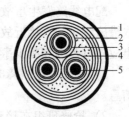

图 5-23　电缆的剖面图
1—铅皮　2—缠带绝缘
3—线芯绝缘　4—填充物
5—线芯导体

2. 电缆线路的作用

它主要用于传输和分配电能。

3. 电缆线路的特点

受外界因素（雷电、风害等）的影响小、供电可靠性高、不占路面、发生事故时不易影响人身安全。在建筑或人口稠密的地方，特别是有腐蚀性气体和易燃、易爆的场所，不方便架设架空线路时，宜采用电缆线路。在现代化工厂和城市中，电缆线路已得到日益广泛的应用。其成本高、投资大、查找故障困难、工艺复杂、施工困难。

4. 电缆的种类

（1）按电压分

分为高压电缆和低压电缆。

（2）按线芯数分

有如下 5 种电缆。

1）单芯电缆：用于工作电流较大的电路、水下敷设的电路和直流电路；

2）双芯电缆：用于低压 TN-C、TT、IT 系统的单相电路；

3）三芯电缆：用于高压三相电路、低压 IT 系统的三相电路、TN-C 系统的两相三线电路、TN-S 系统的单相电路；

4）四芯电缆：用于低压 TN-C 系统和 TT 系统的三相四线电路；

5）五芯电缆：用于低压 TN-S 系统电路。

（3）按线芯材料分

1）铜芯。

控制电缆应采用铜芯，须耐高温、耐火，在易燃、易爆危险和剧烈振动的场合等也须选择铜芯电缆。

2）铝芯。

其他情况下，一般可选用铝芯电缆。

（4）按绝缘材料分

有如下 4 种电缆。

1）油浸纸绝缘电缆。

油浸纸绝缘电缆是绕包绝缘纸带后浸渍绝缘剂（油类）作为绝缘的电缆。油浸纸绝缘电缆的结构如图 5-24 所示。

它具有耐压强度高、耐热性能好和使用寿命较长，且易于安装和维护等优点。但是它工作时其中的浸渍油会流动，因此其两端安装的高度差有一定的限制，否则电缆低的一端可能因油压过大而使端头胀裂而漏油，而高的一端则可能因油流失而使绝缘干枯，耐压强度下降，甚至击穿损坏。

2）塑料绝缘电缆。

我国生产的塑料绝缘电缆有聚氯乙烯绝缘护套电缆、交联聚乙烯绝缘聚氯乙烯护套电缆两种。其结构如图 5-25 所示。

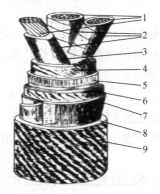

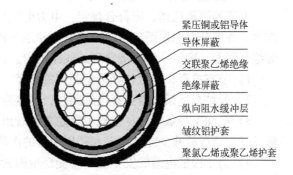

紧压铜或铝导体
导体屏蔽
交联聚乙烯绝缘
绝缘屏蔽
纵向阻水缓冲层
皱纹铝护套
聚氯乙烯或聚乙烯护套

图 5-24　油浸纸绝缘电缆的结构

1—缆芯（铜芯或铝芯）　2—油浸纸绝缘层
3—麻筋（填料）　4—油浸纸（统包绝缘）　5—铅包
6—涂沥青的纸带（内护层）　7—浸沥青的麻被（内护层）
8—钢铠（外护层）　9—麻被（外护层）

图 5-25　为交联聚乙烯绝缘电力电缆

优点是接构简单、成本低、制造加工方便、稳定性高、重量轻、敷设安装方便、不受敷设高度差的限制、抗腐蚀性好。缺点是塑料受热易老化变形。

3）橡胶绝缘电缆：乙丙橡胶（EPR）电缆弹性好，性能稳定，防水防潮，一般用做低压电缆。

4）低温电缆和超导电缆：是新型电缆。

这些电缆用于不同的电压等级：聚氯乙烯电缆用于 1~6kV；聚乙烯电缆用于 1~400kV；交联聚乙烯电缆用于 1~500kV；乙丙橡胶电缆用于 1~35kV。

现在，在 35kV 及以下电压等级，交联聚乙烯电缆已逐步取代了油浸纸绝缘电缆。

5. 电力电缆的型号

电力电缆的型号一般由 7 个部分组成，表示形式如下：

电缆型号组成的含义如表 5-21 所列。

表 5-21　电力电缆型号的组成的含义

绝缘代号及含义	导体代号及含义	内护层代号及含义	派生代号及含义	外护层代号及含义
Z—纸绝缘 X—橡皮绝缘 V—聚氯乙烯绝缘 YZ—交联聚乙烯绝缘	T—铜心 L—铝心	H—橡套 Q—铅包 L—铝包 V—聚氯乙烯护套	P—干绝缘 D—不滴流 F—分相铅包	1—麻被护层 1—钢带铠装麻被护层 1—细钢丝铠装麻被护层 5—粗钢丝铠装 11—防腐护层 11—钢带铠装有防腐层 20—裸钢带铠装 30—裸细钢丝铠装 120—裸钢带铠装并有防腐层

5.4.2　电缆的敷设

1. 电缆敷设的路径选择

电缆的路径选择，应符合规定：电力电缆线路要根据供电的需要，保证安全运行，便于维修，并充分考虑地面环境、土壤资源和地下各种道路设施的情况，以节约开支，便于施工等综合因素，确定一条经济合理的线路走向。具体要求如下：

1）节省投资，尽量选择最短距离的路径。

2）要结合远景规划选择电缆路径，尽量避开规划需要施工的地方。

3）电缆路径敷设时尽量减少穿越各种管道、铁路和其他电力电缆的次数。在建筑物内敷设时，要尽量减少穿越墙壁和楼层地板的次数。

4）为了保证电缆的安全运行不受环境因素的损害，不能让电缆受到机械外力、化学腐蚀、震动、地热等影响。

5）道路一侧设有排水沟、瓦斯管、主送水管、弱电线路等，电力电缆应敷设在另一侧。

6）电缆路径勘察确定后，须经当地主管部门同意后，方可进行施工。

以下处所不能选择电缆路径：

1）有沟渠、岩石、低洼存水的地方。

2）有化学物资腐蚀的土壤地带及有地中电流的地方。

3）地下设施复杂的地方（如有热力管、水管、煤气管所）。

4）存放或制造易燃、易爆、化学腐蚀性物资等危险品处所。

2. 电缆常用敷设方式的选择

常用的电缆构筑物有：电缆隧道、电缆沟、电缆排管、电缆直埋、电缆吊架、电缆桥架，还有架空敷设和管道敷设。

（1）电缆沟

电缆沟有室内电缆沟、室外电缆沟和厂区电缆沟之分，图 5-26 所示为电缆沟示意图。电缆沟的大小由电缆的数量决定，制作电缆沟时沟壁应抹防水的砂浆，室外电缆沟应设置防水和排水的措施，在有可能流入熔化金属液体或损坏电缆外护套的地段不应设置电缆沟的入口。电缆沟敷设具有造价小，占地少，走向灵活且能容纳较多电缆等优点。能容纳较多的电缆，一般用于电缆更换少的地方。这种方式适用于不能直接埋入地下且无机动车负载的通道，如人行道、工厂内场地等。电缆沟敷设的优点类似于电缆排管敷设，而且需要的孔检查井少，减少了投资；缺点是盖板承压强度较差，检修维护不方便，容易积灰、积水。电缆的载流量比直埋的低。

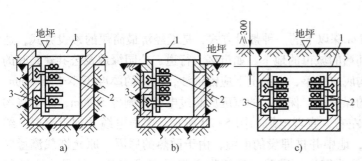

图 5-26 电缆敷设在电缆沟中

a）户内 b）户外 c）厂区 d）实景图

1—盖板 2—电缆支架 3—预埋铁件

（2）电缆隧道

电缆隧道如图 5-27 所示，是将电缆敷设在地下隧道内的一种电缆安装方式。用于电缆线路较多和电缆线路路径不易挖开的场所（如过江隧道、机场跑道隧道）。隧道的高度、宽度除了满足容纳需要敷设电缆的数量外，还需要满足施工必要的场地要求，通常还有照明、排水、通风、防火措施及设备。电缆隧道敷设具有方便施工、巡视、检修和更换电缆容易等较多优点；其缺点是投资大、隧道施工期长、防火要求严格、耗材多、易积水。

（3）电缆排管

电缆排管是将电缆敷设在预先埋设于地下的管子中的

图 5-27 电缆隧道

一种安装方式，如图 5-28 所示。通常用于交通频繁、城市地下走廊较为拥挤的地段。排管每达到一定长度应设置一座人孔检查井，两座人孔检查井间的距离取决于敷设电缆的允许牵引和地形。排管敷设的优点是土建工程一次完成，在同途径陆续敷设电缆时不必重复"开挖"道路，检修或更换电缆迅速方便，此外不易受到外力机械损坏。能有效防火，敷设后保护性较好。缺点是土建工程投资较大、工期较长，施工复杂、电缆敷设、检修和更换不方便，且因散热不良需降低电缆载流量。而且如果排管中的电缆损坏，需要更换到相邻人孔检查井间的整根电缆。

图 5-28　电缆排管

（4）电缆直埋

将电缆直接埋设于地下 0.7 m 深以下的一种敷设方式，是最经济最简便的敷设方式，适用于电缆线路不密集和交通不拥堵的城市的地下，如市区人行道、公园绿地及公共建筑间的边缘地带。先挖好电缆壕沟，沟底应平整，电缆上下应铺细沙，沙层的厚度不小于 100 mm，在细沙的覆盖层上盖砖或类似的保护层，保护层的宽度应超过电缆两侧各 50 mm，用土将沟填满时一般要高出地面 200 mm 左右，直埋电缆如图 5-29 所示。多根电缆并列直埋时，缆间水平净距离不应小于 100 mm，地中并排埋设的电缆，由于散热的原因，原允许载流量应适当降低。电缆之间，电缆与其他管道、道路、建筑物之间平行或交叉时的最小距离如图 5-29所示。如埋设的电缆经过有化学腐蚀或地中有杂散电流的地段，应按腐蚀程度的不同，采用塑料护套或防腐型电缆。

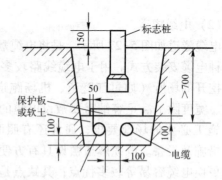

图 5-29　直埋敷设

它的优点是施工方便、施工时间短、投资省、散热条件好、载流量较大；缺点是容易受到机械外力损坏，更换电缆困难，容易受到周围土壤化学或电化学腐蚀。直埋敷设的电缆一般应选用铠装电缆，一般用于根数不多的地方。敷设的路径应竖立电缆位置的标志。

（5）电缆桥架

将电缆敷设在建筑物内预先装设的电缆桥架的一种电缆安装方式，如图5-30所示。主要用在户内变电站、开关站、配电所。电缆桥架一般比电缆隧道有更大空间，因此其电缆支架可以不依附墙壁，并可按需要位置设立多层桥架，桥架四周及桥架之间备有通道，便于施工和运行维护。

图5-30 桥架敷设

主要优点是：

1）不存在积水问题，提高了电缆运行可靠性。

2）简化了地下设施，避免了与地下管道交叉碰撞。

3）托架有工厂定型成套产品，可保证质量、外观整齐美观。

4）可密集敷设大量控制电缆，有效利用空间。

5）托架表面光洁，横向间距小，可敷设价廉的无铠装全塑电缆。

6）封闭式槽架有利于防火、防爆和抗干扰。

缺点是：

1）施工、检修和维护均较困难。

2）与架空管道交叉多。

3）架空电缆受外界火源影响概率较大。

4）投资和耗用钢材多。

5）设备尚需配套，如屏、柜、电动机需要上进线。

6）设计和施工工作量较大。

（6）架空敷设

架空敷设是指沿墙、梁或柱用支架或吊架架空敷设电缆。架空敷设的电缆与热力管道的净距离不应小于1m，否则应采取隔热措施。架空敷设的结构简单，易于处理电缆和其他管线的交叉问题，但容易受热力管道的影响。

（7）管道敷设

穿过墙壁、楼板、道路、铁路、从建筑物引出的电缆应加管道敷设，从电缆沟道引出至电杆或墙面的电缆，距地面2m以下的一段应加管保护，室内各种电缆有可能受到机械损伤或操作人员容易触及的部位应加保护管。

电缆敷设方式要因地制宜，不应强求统一，一般应根据电气设备位置、出线方式、地下水位高低及工艺设备布置等现场情况来决定。一般主厂房内电缆敷设要求为：

1）凡引至集控室的控制电缆宜架空敷设。

2）对于 6kV 电缆宜用隧道或排管敷设，地下水位较高处可架空或用排管敷设。

3）对于 380V 电缆当两端设备距离 0m 时，宜用隧道、沟或排管敷设；当一端设备在上，另一端设备在下时，可部分架空敷设；当地下水位较高时、宜架空电缆。

4）一般工程可参考表 5-22 选择敷设方式。

表 5-22　电缆敷设方式及用途

车 间 名 称	底 层 电 缆			运转层电缆	
	6kV 电缆	380V 电缆	控制电缆	380V 电缆	控制电缆
汽机房	隧道、沟、排管、架空	隧道、沟、架空、排管	隧道、架空、排管	架空	架空
锅炉房	隧道、排管	隧道、架空、排管	隧道、架空、排管	架空	架空
厂用配电室	隧道	沟、隧道	隧道、沟	夹层	夹层
户外高压配电装置	沟、隧道	沟、隧道、地面沟槽	沟、隧道、地面沟槽		
户内高压配电装置	沟、隧道	沟、隧道	沟、隧道	架空	架空
输煤系统	沟、隧道	沟、隧道	沟	架空	架空
辅助车间	沟	沟	沟	架空	架空
厂区及厂外	沟、直埋	沟、直埋	沟、直埋		
控制室					夹层

5）主厂房至主控室或网控室的电缆一般用隧道，当有天桥相连时，尽可能在天桥下设电缆夹层。

6）从隧道、沟及托架引至电动机或起动设备的电缆，一般敷设于黑铁管或塑料管中。每管一般敷一根电力电缆，部分零星设备的小截面电缆允许沿墙用夹头固定。

7）跨越公路、铁路等处的电缆可穿于排管或钢管中。

8）至水源地及灰浆泵房的少量电缆允许直埋（但土壤中有酸、碱物或地中电流时，不宜直埋电缆），电缆数量较多时可用沟或隧道。

9）用架空线供电的井群，其控制、通信电缆可与架空线同杆架设。

10）电缆之间、电缆与其他管道道路、建筑物之间平行或交叉时的最小距离见表 5-23。

表 5-23　电缆之间、电缆与其他管道、道路、建筑物之间平行或交叉时的最小距离

项　目		最小允许净距/m		项　目	最小允许净距/m	
		平行	交叉		平行	交叉
电力电缆电缆间	10kV 及以下	0.1	0.5	电气化铁路路轨　交流	3.0	1.0
	10kV 以上	0.25	0.5	电气化铁路路轨　直流	10.0	1.0
不同使用部门的电缆间		0.5	0.5	铁路路轨	3.0	1.0
热管道及热力设备		2.0	0.5	公路	1.5	1.0
油管道		1.0	0.5	城市街道路面	1.0	0.7
可燃气体及液体管道		1.0	0.5	电杆基础（边线）	1.0	
其他管道		0.5	0.5	建筑物基础（边线）	0.6	
排水沟		1.0	0.5			

3. 电缆敷设的一般要求

1）若电缆在敷设方式及其敷设路径上改变部位，都应满足电缆的弯曲半径要求。

2）电缆群敷设在同一通道中位于同侧的各层支架上时，应符合以下规定：应按电压等级由高至低的电力电缆、控制电缆、信号电缆和通信电缆的排列顺序排列。当水平通道中含有 35 kV 以上高压电缆，或为满足引入盘柜时弯曲半径的要求，电缆敷设宜按"由下而上"的顺序，同一工程应按统一的排列顺序。支架层数受通道限制时，35 kV 及以下的相邻电压等级的电力电缆，可排列于同一层支架。1 kV 及以下电力电缆也可以与强电控制和信号电缆配置在同一层支架上。同一重要回路的工作与备用电缆需实行耐火分隔时，宜适当配置在不同层次的支架上。

3）同一层支架上电缆排列配置应符合以下规定：控制和信号电缆可紧靠或多层叠置。除交流系统用单芯电力电缆的同一回路可采用品字形配置外，对重要的多根电力电缆不宜叠置。除交流系统用单芯电缆情况外，电力电缆间宜有 35 mm 空隙。

4）并联使用的电力电缆的长度、型号、规格宜相同。

5）电缆各支持点间的距离应符合规范和设计规定。

6）电缆敷设时，电缆应从盘的上端引出，不应使电缆在支架上或地面摩擦拖拉。电缆不得有铠装压扁、电缆绞拧、护层折裂等未消除的机械损伤。

7）并列敷设的电缆，其接头位置宜错开；明敷电缆的接头应用托板托住并固定；直埋电缆接头盒外面应有防止机械损伤的保护盒，位于冻土层内的保护盒，盒内宜注以沥青。

8）标志牌的装设应符合下列要求：在电缆终端头、电缆接头、拐弯处、夹层内。隧道及竖井的两端等地方，应装设标志牌。标志牌上应注明线路编号，无编号时应写明电缆型号、规格、始点和终点，并联使用的电缆应有顺序号，标志牌的字迹应清晰不易脱落。标志牌应能防腐、挂装牢固。油浸纸绝缘电缆在切断后，应将端头立即铅封；塑料绝缘电缆应有可靠的防潮封端。

9）电缆应埋设在建筑物的散水以外。

10）电缆与道路、铁路交叉处应加管保护，保护管应伸出路基两侧各 1 m。

11）非铠装电缆不准直接埋设。

12）放置电缆用的缸瓦管、水泥管、陶瓷管的最小内径不应小于 100 mm。

13）每根电缆应单独穿入一根管内，但是交流单芯电力电缆不得单独穿入钢管内。

14）凡有金属外皮的电缆，其金属外皮和铠甲应可靠接地或接零。

15）直埋地下的电力电缆，其地面上应设置明显的方位标志。

16）电缆埋地时应呈蛇形，防止地面变形使电缆受到拉伸。

4. 电缆安装前的准备工作

（1）检查电缆安装的土建工程

1）预埋件应符合设计要求，安装牢固，有遗漏的、错误的应及时纠正。有关电缆安装的电杆、钢索、卡子、支架等应符合设计要求，并验收合格。

2）电缆沟、隧道、竖井及人孔检查井等处的地坪及内部抹灰等工作已结束，且排水畅通。

3）电缆沟、井、隧道等处的土建施工时的临时设施、模板及建筑废料等已清理干净，以利电缆的安装。施工现场道路畅通，盖板、井盖备齐。

4）与电缆安装有关的建筑物、构筑物的土建工程已由质检部门验收，且并合格；敷设前必须详细阅读土建工程有关部位的图纸或询问土建施工员，否则不宜急于安装。

5）检查电缆安装所要经过的路线有无障碍，如有应排除。电缆所要经过的道路、建筑物的基础、电缆进户处应设有保护管，其管径、长度应符合要求，没有设置的应按要求设置。

（2）电缆保护管的加工及敷设

电缆保护管应在土建工程中预埋，明装的则应在电缆安装前进行敷设，埋于室外地下的保护管则应要挖沟时敷设。电缆保护管的加工及敷设应按下列要求进行：

1）金属管不应有穿孔、裂缝、显著的凹凸不平及严重锈蚀，管子内壁应光滑无毛刺。电缆管在弯制后不应有裂纹及明显的凹瘪现象，弯扁度一般不大于管外径的 10%，管口应做成喇叭形并打光，以防划伤电缆。

2）硬质塑料管不应用在温度过高或过低的场合。在受力较大处、易受机械损伤处直埋时，应用厚壁塑料管，必要时改用金属管。

3）对钢制保护管选择时，其内径不应小于电缆外径的 1.5 倍，混凝土管、陶土管、石棉水泥管其内径不应小于 100 mm。常用钢制保护管的管径选择可按表 5-24 选择。

表 5-24　常用钢制保护管的管径选择

钢管直径/mm	三芯电缆截面积/mm²			四芯电缆截面积
	1 kV	6 kV	10 kV	
50	≤70	≤25		≤50
70	95~150	35~70	≤50	70~120
80	185	95~150	70~120	150~185
100	240	185~240	150~240	240

4）电缆与铁路、公路、城市街道、厂区道路交叉时，敷设的保护管，其两端应伸出道路路基两边各 2 m，伸出排水沟 0.5 m，在城市街道和厂区道路时应伸出路面；其保护管的埋深，凡是有车辆通过的应大于 1m。敷设电缆前应将管口用适当的方法堵严。

5）电缆管的弯曲半径应符合所穿入电缆最小弯曲半径的规定，每根管最多不超过三个弯，直角弯不应多于两个。

6）利用金属管作保护接地线，接头处要焊接跨接线，跨接线及管路与地线的连接应在未穿电缆前进行。

7）敷设混凝土、陶土、石棉水泥材质的电缆管时，其沟内地基应坚实、平整，一般用三合土垫平、夯实即可，通常应有不小于 0.1% 的排水坡度；管内表面应光滑，连接时管孔要对正，接缝严密，以防水或泥浆渗入，一般用水泥砂浆抹严。

8）支架的制作，钢材应平直且无明显弯曲，下料误差应在 5 mm 范围内，切口应无卷边、毛刺，焊接应牢固，无显著变形，各横撑间的垂直净距应符合设计要求，其偏差不应大于 2 mm。支架应做防腐处理，湿热、盐雾、化学腐蚀场所应做特殊防腐处理。

5. 敷设电缆的注意事项

（1）敷设电缆前应检查电缆的绝缘性，6~10 kV 电缆用 2500 V 兆欧表，摇测绝缘电阻 R ≥100 MΩ；3 kV 及以下电缆用 1000 V 兆欧表，摇测绝缘电阻 R ≥50 MΩ。对绝缘性有怀疑的电缆应进行耐压试验，确认合格后方可敷设。

（2）架设电缆盘时应注意电缆的缠绕方向，拉电缆时应使电缆从缆盘上方引出，以防电缆盘转动时发生电缆松散。放出来的电缆要由人拿着或放在滚动架上，电缆不能在地面或木架上摩擦。

（3）电缆敷设时其弯曲度不得小于其最小允许弯曲半径。在弯曲处，拉电缆的人应站在电缆所受合力的相反方向。

（4）高压电缆与低压电缆及控制电缆应分开排放，从上层至下层的排布顺序：从高压到低压、控制电缆在最下层。十字交叉处应尽量将电缆布置在底部或内侧，使外露部分排列整齐。

（5）电缆敷设时，在电缆终端头与电缆接头附近可留有备用长度，直埋电缆应在全长上留有少量裕度，并作波浪（蛇）形敷设。

（6）电缆敷设后应及时挂上标志牌，电缆两端、交叉点、拐弯处和建筑物的进出处均应及时挂上标志牌。

（7）冬季电缆变硬，敷设时电缆绝缘易受损伤。因此，如果敷设前如果电缆温度低于0~50℃应将电缆预先加热。预热的方法有两种：一种是用提高电缆周围环境温度的方法预热，当室温为5~100℃时需三昼夜。250℃时需一昼夜。400℃时需求18h。预热后的电缆应在1h内敷设完；第二种方法是将电缆通以电流，使电缆本身发热。这种方法加热时间短，但要注意所加电流不应大于电缆的允许载流量。电缆表面温度不宜高于400℃，且不低于50℃。

（8）切断电缆时，应根据设备接线端子的位置，并考虑检修、防潮等需要，确定电缆断口的位置。为防松脱，要用铁丝将锯口两边扎好才开锯。电缆锯断后应对电缆头进行密封处理。

6. 电缆的敷设和安装时的注意事项

电缆的敷设和安装应严格遵守 GB 50168—2006《电气装置安装工程电缆线路施工及验收规范》，并应由取得资格证书的、有实际工作经验的人员担任。

1）电缆敷设应采取符合要求的专用设备工具（如放线架、导轮）。可采用端头牵引，机械输送，人工辅助引导的同步敷设方式。

2）敷设时及敷设后的电缆，其最大侧压力、最大牵引力、最小允许弯曲半径不得超过产品允许的规定值。

- 侧压力：一般不大于 300 kg；
- 最大牵引力：按有关规定，铜芯电缆的最大牵引拉 7 kg/mm²；铝芯电缆的允许最大牵引力按 4 kg/mm² 计。
- 电缆的最小弯曲半径能满足 GB/T 12706—2008《额定电压 1 kV（$U_m = 1.2$ kV）到 35 kV（$U_m = 40.5$ kV）挤包绝缘电力电缆及附件》的 3 个部分内容标准要求。

3）电缆的敷设温度应不低于0℃，若敷设现场环境温度低于0℃，则应将电缆预热。经过加热的电缆应尽快敷设，当电缆冷却至低于0℃时不得再加弯曲。

4）敷设时应采取措施，防止发生电缆在地面、沟壁、管口、机具上的擦伤。一经发现，必须立即停敷。查出原因后加以排除，方可再进行敷设。

5）敷设时不允许扭曲，以免损伤电缆，如果造成扭曲应顺着扭曲方向解除，不能用任何工具、物件敲击电缆，以防损伤电缆。为消除扭转应力，电缆牵引头应加防捻器。成圈电缆和未用盘装的电缆，敷设时应顺着圆圈方向转动，不能强行拖放，防止电缆发生扭曲。

6）电缆采用直埋敷设时，其深度不得小于 700 mm（电缆表面上端距地面），沟底（必须有良好土层）平整，无硬质杂物，铺 100 mm 厚的细土或黄沙，电缆敷设好后，上面应加盖 100 mm 厚的细土或黄沙，再盖混凝土或砖等，保护盖板其覆盖。

宽度应超过电缆两侧各 50 mm。覆土后，地面上还应装设路径标志。

7）电缆应埋设于冻土层以下。当无法深埋时，应采取措施，防止电缆受到损坏。直埋电缆间、与各种设施平行或交叉的净距应符合有关规程规定。

8）其他敷设方式参照图标有关规定。非铠装电缆不得直埋敷设。有腐蚀性的土壤未经处理不得直埋敷设，直埋电缆过道路时应加符合要求的保护管。

9）安装 6~35 kV 电缆附件接头时，应严格按照电缆附件安装说明书作业，特别应注意外屏蔽与绝缘层的剥离尺寸、清洁要求，以确保电缆与附件配合的完好性。

7. 电缆敷设安装竣工后的验收

应按标准做交接预防性试验，合格后方可投运。

8. 敷设场所的环境保护

在敷设及安装过程中废弃物应收集处置，不得随意丢弃，影响周围的环境。

9. 运输和贮存

1）电缆应避免在露天存放，电缆盘不允许平放。

2）运输中禁从高处扔下装有电缆的电缆盘，严禁机械损伤电缆。

3）吊装包装件时，严禁对几个电缆盘同时吊装。在车辆船舶等运输工具上，电缆盘必须放稳，并用合适的方法固定，防止互撞或翻倒。

10. 电力电缆工程的交接验收

1）电缆规格应符合规定；排列整齐、无机械损伤；标志牌应装设齐全、正确、清晰。

2）电缆的固定、弯曲半径、有关距离和单芯电力电缆的金属护套的接地，相序排列应符合要求。

3）电缆终端、电缆接头应安装牢固。

4）接地应良好，护层保护器的接地电阻应符合设计。

5）电缆终端的相色应正确，电缆支架等的金属部件防腐层应完好。

6）电缆沟内应无杂物，盖板齐全，隧道内应无杂物，照明、通风、排水等设施应符合设计。

7）直埋电缆路径标志，应与实际路径相符。路径标志应清晰、牢固、间距适当。

5.4.3 电缆线路常见故障及处理

1. 电缆发生运行故障时对故障性质的判别

1）首先在电缆任一端用兆欧表测量 A 相对地、B 相对地及 C 相对地的绝缘电阻值，测量时另外两相不接地，以判断是否为接地故障。

2）测量各相间：A 相与 B 相、B 相与 C 相及 C 相与 A 相的绝缘电阻，以判断有无相间短路故障。

3）如果电阻很低，则用万用表测量各相对地的绝缘电阻和各相间的绝缘电阻。

2. 电缆本体被烧断或拉断

1）直接受外力损伤，如牵引、运输、施工、起重、压力等。使电缆导体断裂，造成电缆线路故障。

2）其他设备故障造成的损伤，如其他电力设备短路引发极大的短路电流，烧断电缆导体，引起线路故障。

3）生产过程中或施工中的牵引不当，使电缆受力不均匀，造成电缆导体断裂。

4）带有钢芯的导线，在绞合过程中，钢芯跳股、使铝线受到过大的牵引力而导致断线。

5）导体原材料本身存在缺陷。

3. 电缆本体绝缘层被击穿

（1）电缆本体绝缘层存在缺陷（杂质、最薄处达不到要求等）。

（2）设计、制造、施工中造成的缺陷。设计上材料选型不能满足电压和电流的要求；生产环境（设施）、员工素质达不到要求导致操作失误所致；施工过程中的运输、吊装、牵引、安装中的磕碰导致绝缘损坏。

（3）绝缘受潮，绝缘受潮会导致绝缘层老化而被击穿。

1）外力损伤或自然现象造成电缆损伤后而绝缘层受潮。

2）摩擦损伤（斥力、热胀冷缩），日久使绝缘层受潮。

3）生产过程中受潮（冷却、封头、针孔、裂缝、腐蚀、水浸等）。

4）绝缘层老化变质。

5）由于运行故障有发生断线的可能（特别是控制电缆），所以应进行导体连续性是否完好的检查。

6）分相屏蔽型电缆，一般均为单相接地故障，应分别测量每相对地的绝缘电阻。当发生两相短路故障时。一般可按两个接地故障考虑，在实际运行中也常发生在不同的两点同时发生接地的"相间"短路故障。

4. 电缆线路常见故障的处理方法

1）对电缆受潮部分、绝缘、受损部分或过热碳化部分应锯除，并做好接头。

2）电缆护套存在轻微缺陷或受到一般损伤，可以采取措施进行修补。修补后应保持良好的密封性能。

3）电缆护套裂缝使填充材料局部受潮，应采取干燥措施后，才能对电缆护套进行修补。

4）对110kV级及以上电压等级的电缆护套修补后，应在其上补涂相应的导电石墨层。

习题

一、填空题

1. 电力线路按电压高低分，有_____高压线路和_____低压线路；按结构形式分，有_____和_____以及_____等。

2. 工厂的高压线路常用的基本结线方式有_____、_____和_____三种。

3. 电缆线路主要由_____和_____组成。电力电缆由_____、_____和

_____三部分组成。

4. 导线在电杆上的排列方式，一般为_____排列、_____排列或_____排列等。

二、判断题

1. 放射式供电比树干式供电的可靠性高。 （　　）

2. 环式接线正常运行时一般均采用闭环运行方式。 （　　）

3. 当电缆根数超过 30 根时，适宜直接埋地敷设。 （　　）

4. 塑料绝缘导线绝缘性能好，价低，适宜在户外使用。 （　　）

三、选择题

1. 车间内电缆的穿管敷设，一般优先选择 （　　）。

　　A. 橡胶绝缘导线　　　　　　　B. 裸导线　　　　　　　C. 塑料绝缘导线

2. 10 kV 及以下架空线路上多采用 （　　）。

　　A. 铝绞线　　　　　　　　　　B. 钢芯铝绞线　　　　　C. 铜绞线

3. （　　） 系统中首选中性点不接地运行方式。

　　A. 110 kV 以上高压　　　　　B. 6~35 kV 中压　　　　C. 1 kV 以下低压

4. 下列主接线方式 （　　） 供电可靠性高。

　　A. 单母线不分段接线　　　　　B. 单母线分段接线　　　C. 单母线分段带旁路接线

5. 裸导线 A、B、C 三相涂漆颜色分别对应为 （　　） 三色。

　　A. 黄、绿、红　　　　　　　　B. 红、绿、黄　　　　　C. 黄、红、绿

6. 设计线路时，高压配电线路的电压损耗一般不超过线路额定电压的 （　　）。

　　A. 15%　　　　　　　　　　　B. 10%　　　　　　　　　C. 5%

四、简答题

1. 导线和电缆截面的选择原则是什么？

2. 在对导线和电缆截面进行选择原则时，一般动力线路宜先按什么条件选择？照明线路宜先按什么条件选择？为什么？

3. 试比较架空线路和电缆线路的优缺点。

4. 三相系统中的保护线 （PE 线） 和保护中性线 （PEN 线） 的截面如何选择？

5. 工厂电力电缆常用哪几种敷设方式？

6. 采用钢管穿线时可否分相穿管，为什么？

五、计算题

1. 有一条 220 V/380 V 的三相四线制线路，采用 BLV 型铝芯塑料电缆进行穿钢管埋地敷设，当地最热月平均最高气温为 150℃。该线路供电给一台 40 kW 的电动机，其功率因数为 0.8，效率为 0.85，试按允许载流量选择导线截面。

2. 某地区变电站以 35 kV 架空线路向一个有功功率为 38 kV、无功功率为 2100 kVar 的工厂供电，工厂的年最大负荷利用小时为 5600 h，架空线路采用 LGJ 型钢芯铝绞线。试选择其经济截面，并校验其发热条件和机械强度。

六、分析题

1. 如图 5-31 所示的低压供配电系统，假设故障出现在 WL_7 线路上，由于保护装置失灵或选择性不好，使 WL_1 线路的开关越级跳闸。简述分路合闸故障检查的具体步骤。

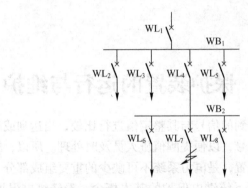

图 5-31　低压供配电系统

2. 如图 5-32 所示的高压断路器-隔离开关电路中，为了在发生错误操作时能减小事故范围，其送电、停电操作顺序是怎样的？

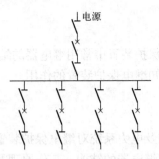

图 5-32　高压供配电系统

第6章　保护装置的运行与维护

继电保护的作用就是将检测到的信号与其整定值进行比较，当达到或越过整定值时就动作，切除故障的同时发出报警信号，以便提醒值班人员及时处理。所以，继电保护装置是保护电力系统安全、稳定运行的装置，是电力系统不可缺少的重要组成部分。学好继电保护装置的结构、工作原理、理解电力系统继电保护的基本概念、看懂继电保护装置的工作原理图、正确整定继电保护装置的动作值等相关知识，能为工厂供配电系统设计、安装、运行与维护打下良好的基础。

6.1　保护装置的任务

本节中任务主要是熟知继电保护装置中常用继电器的结构、工作原理及性能，理解电力系统对继电保护装置的要求，熟知继电保护装置的作用。

【学习目标】

1. 熟知继电保护装置的作用及电力系统对继电保护装置的要求；
2. 熟知继电保护装置中常用继电器的结构、工作原理及性能。

6.1.1　继电保护装置的任务

1. 继电保护装置

继电保护装置是指能反应电力系统中电气设备或线路发生故障或不正常运行状态，并动作于断路器使其发生跳闸或发出报警信号的一种自动装置。可归纳为故障时跳闸，异常时报警。

2. 继电保护装置的任务

（1）故障时跳闸

供电系统中出现短路故障时，最靠近短路点的继电保护装置迅速跳闸，切除故障部分，恢复其他无故障部分的正常运行，同时发出报警信号，以便提醒值班人员检查，及时消除故障。

（2）异常状态时发出报警信号

供电系统出现不正常工作状态时，例如过载、欠电压等，保护装置会及时发出报警信号，提醒值班人员注意并及时处理，以免引起设备或线路损坏。

3. 对继电保护装置的基本要求

（1）选择性

继电保护装置动作的选择性是指保护装置动作时，仅将故障部分从电力系统中切除，使停电范围尽量缩小，以保证系统中的无故障部分仍能继续安全运行。例如在图 6-1 所示的供配电系统中，当 k-1 点发生短路故障时，离故障点最近的保护装置应先动作，使断路器

QF₁动作于跳闸，切除故障线路，使系统的非故障部分继续正常运行，而其他断路器都不跳闸，满足这一要求的动作，称为"选择性动作"。如果系统发生故障时，靠近故障点的保护装置不动作，而离故障点远的前一级保护装置动作，则称为"失去选择性"。

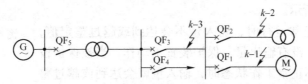

图 6-1　继电保护装置动作选择性示意图

（2）速动性

当系统发生短路故障时，保护装置应尽快动作，快速切除故障，减少对用电设备及线路的损坏程度，缩小故障影响的范围，提高电力系统运行的稳定性。对不同的电压等级要求不一样，对 110 kV 及以上的系统，保护装置和断路器总的切故障时间为 0.1 s，因此保护动作时间只有几十个毫秒（一般 30 ms 左右），而对于 35 kV 及以下的系统，保护动作时间可以为 0.5 s。

（3）可靠性

保护装置的可靠性是指在该保护装置规定的保护范围内发生了它需要动作的故障时，它不应该拒绝动作，而在任何其他该保护不应该动作的情况下，则不应该误动作。简单说就是：该动的时候动，不该动的时候不动。该动的时候不动是属于拒动，不该动的时候动了是属于误动。不管是拒动还是误动，都是不可靠。保护装置的可靠性，与保护装置的元件质量、接线方案及安装、整定和运行维护等多种因素有关。

（4）灵敏性

灵敏性是指保护装置在其保护范围内对故障和不正常运行状态的反应能力。如果保护装置对其保护区内极轻微小的故障都能及时地反应动作，则说明保护装置的灵敏性高。灵敏性通常用灵敏系数 S_P 来衡量。

对于过电流保护装置，其灵敏系数 S_P 为

$$S_P = \frac{I_{k \cdot min}}{I_{OP} \cdot 1} \tag{6-1}$$

式中　$I_{k \cdot min}$——在电力系统最小运行方式下继电保护装置保护区内的最小短路电流；

　　　$I_{OP \cdot 1}$——继电保护装置动作电流换算到一次电路的值，称为一次动作电流。

最小运行方式是指电力系统在该方式下运行时，因具有最大的短路阻抗值，发生短路后产生的短路电流最小的一种运行方式。一般根据系统最小运行方式的短路电流值来校验继电保护装置的灵敏度。

最大运行方式是指系统在该方式下运行时，因具有最小的短路阻抗值，发生短路后产生的短路电流最大的一种运行方式。一般根据系统最大运行方式的短路电流值来校验所选用的开关电器的稳定性。

以上 4 个基本要求不仅要牢牢记住，而且要理解它们的内涵，其中可靠性是最重要的，选择性是关键，灵敏性必须足够，速动性则应达到必要的程度。我们所有的继电保护装置都是围绕这 4 个要求做文章，当然不同的保护，对这些要求的侧重点是不一样的，有的侧重于

选择性，有的侧重于速动性，有时候为了保证主要的属性可能会牺牲一些其他的属性。

4. 继电保护装置的工作原理

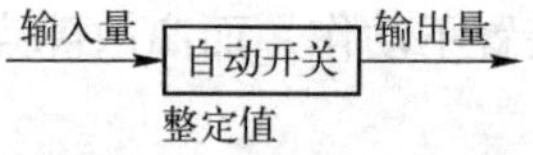

继电保护装置的功能可用一个等效的自动化开关来描述，其逻辑框图如图 6-2 所示。

被保护的设备正常运行时，输入量不会达到或越过整定值，开关能自动打开的，没有输出量，保护装置不动作；当被保护设备发生故障或出现不正常工作状态时，输入量就会达到或越过整定值，开关能自动闭合，有输出量及保护装置动作。

图 6-2 继电保护装置
功能逻辑框图

在继电保护技术中，将继电保护装置开关自动闭、合的特性，称为继电特性。即当控制量（输入量）变化到某一定值（整定值）时被控量（输出量）发生突变。因此，凡能实现继电特性的技术，均可引用到继电保护技术中来。如电磁技术、电子技术、集成电路技术、微机技术等。这样就构成了电磁型、电子型、集成电路型、微机型等不同技术实现的继电保护装置。

6.1.2 常用的继电器

1. 继电器的种类

（1）按其反应的物理量分

保护继电器可分为电流继电器、电压继电器、功率继电器、气体继电器等。

（2）按其反应的数量变化分

保护继电器可分为过量继电器和欠量继电器，如过电流继电器和欠电压继电器等。

（3）按其在保护装置中的功能分

保护继电器可分为起动继电器、时间继电器、信号继电器和中间继电器（或出口继电器）等。

（4）按其与一次电路的联系分

保护继电器可分为一次式继电器和二次式继电器。一次式继电器的线圈是与一次电路直接相连的。如低压断路器的过电流脱扣器和失电压脱扣器，实际上都是一次式继电器。二次式继电器的线圈是连接在电流互感器或电压互感器二次侧的，通过互感器再与一次电路相联系。高压系统应用的保护继电器一般都属于二次式继电器。

继电保护装置中常用的电磁继电器，其图形符号和文字符号如图 6-3 所示。

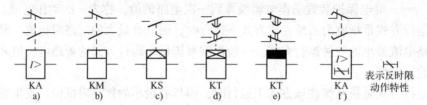

图 6-3 电磁继电器的图形及文字表示符号

a）电磁式过电流继电器的图形符号　b）电磁式中间继电器的图形符号

c）电磁式信号继电器图形符号　d）电磁式时间继电器的图形符号（带延时闭合触点）

e）电磁式时间继电器的图形符号（带延时断开触点）　f）感应式电流继电器图形符号

216

2. 继电保护装置的组成

继电保护装置由若干个继电器、互感器及辅助原件组成，如图6-4所示。当线路上发生短路时，起动用的电流继电器 KA 瞬时动作，使时间继电器 KT 起动，KT 经一定时限的整定后，接通信号继电器 KS 和中间继电器 KM，KM 触头接通断路器 QF 的跳闸回路，使断路器 QF 跳闸，同时信号继电器接通信号回路以发出灯光和声响信号。

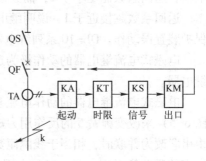

图 6-4 继电保护装置结构

3. 电磁式电流继电器

电磁式电流继电器在继电保护装置中用作起动元件，图6-5所示为 DL-10 系列电磁式电流继电器的基本结构图，图6-6 为 DL 型电磁式电流继电器的内部接线和符号。

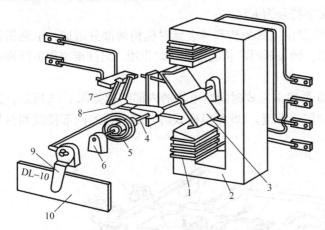

图 6-5   DL-10 系列电磁式电流继电器的内部结构
1—线圈 2—电磁铁 3—钢舌簧片 4—转轴
5—反作用弹簧 6—轴承 7—静触点 8—动触点
9—起动电流调节转杆 10—标度盘（铭牌）

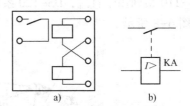

图 6-6   DL 型电磁式电流继电器的内部接线和符号
a) DL-11 型继电器的内部接线
b) 图形和文字符号

能使过电流继电器刚好动作并使触点闭合的最小电流，称为该继电器的动作电流，用 I_{op} 表示。

过电流继电器动作后，减小通入继电器线圈的电流，使继电器刚好返回到起始位置的最大电流，称为继电器的返回电流，用 I_{re} 表示。

继电器的返回电流与动作电流的比值称为继电器的返回系数，用 K_{re} 表示，即

$$K_{re} = \frac{I_{re}}{I_{op}} \tag{6-2}$$

因为动作电流是指能使电流继电器动作的最小电流值，称为继电器的起动电流。这里要特别关注的是最小两个字，因为过电流继电器是反应电流增加而动作的，是增量动作的继电器。对于欠电流继电器，是欠量动作的继电器，能使电流继电器动作的（即动、静铁心处于释放状态）的最大电流值，称为动作电流。欠电流继电器的返回电流，应该是继电器返回原位（即动、静铁心处于吸合状态）的最小电压值，称为返回电压。所以，对于过量继

电器，返回系数总是小于1，而欠量继电器则大于1。

返回系数越接近于1，说明继电器越灵敏，一般为1.25。如果返回系数过低，可能会使保护装置误动作。DL-10 系列继电器的返回系数一般不小于0.8。

电磁式电流继电器的动作极为迅速，可认为是瞬时动作，因此，这种继电器也称为瞬时继电器。

电磁式电流继电器的动作电流有两种调节方法：一是平滑调节，即拨动调节转杆9（见图6-5）来改变弹簧5的反作用力矩。二是级进调节，即利用线圈1的串联或并联。当线圈由串联改为并联时，相当于线圈匝数减少一倍。由于继电器动作所需的电磁力是一定的，即所需的磁动势（IN）是一定的，因此动作电流将增大一倍。反之，当线圈由并联改为串联时，动作电流将减少一倍。

4. 电磁式时间继电器

电磁式时间继电器在继电保护装置中，用来使保护装置获得所要求的延时，以保证保护装置动作的选择性。时间继电器的文字符号为KT。

DS-100 系列电磁式时间继电器主要由电磁机构和钟表延时机构两部分组成，电磁机构主要起锁住和释放钟表延时机构作用，钟表延时机构起准确延时作用。时间继电器的线圈按短时工作设计。

供电系统中常用的 DS-110、120 系列电磁式时间继电器的内部结构如图 6-7 所示，其DS-110 系列用于直流，DS-120 系列用于交流。DS 型电磁式时间继电器的内部接线和符号如图 6-8 所示。

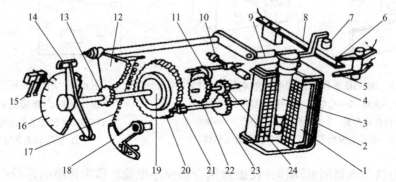

图 6-7　DS-110、120 系列电磁式时间继电器的内部结构

1—线圈　2—铁心　3—可动铁心　4—返回弹簧　5、6—瞬时静触点　7—绝缘杆
8—瞬时动触点　9—压杆　10—平衡锤　11—摆动卡板　12—扇形齿轮　13—传动齿轮
14—主动触点　15—主静触点　16—标度盘　17—拉引弹簧　18—弹簧拉力调节器
19—摩擦离合器　20—主齿轮　21—小齿轮　22—掣轮　23、24—钟表机构传动齿轮

当继电器线圈接上工作电压时，铁心被吸入，使卡住的一套钟表机构被释放，同时切换瞬时触点。在拉引弹簧作用下，经过整定的时间，使主触点闭合。继电器的延时，可借改变主静触点的位置（即它与主动触点的相对位置）来调节。调节的时间范围，在标度盘上标出。当继电器线圈断电时，继电器在弹簧作用下返回起始位置。为了缩小继电器尺寸和节约材料，时间继电器的线圈通常不按长时间接上额定电压来设计，因此凡需长时间通电工作的时间继电器（如 DS111C 型等），应在继电器动作后，利用其瞬时常闭触点的断开，使继电

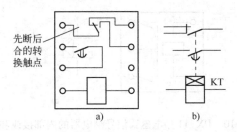

图 6-8　DS 型电磁式时间继电器的内部接线和符号

a）DS 型时间继电器的内部接线　b）图形和文字符号

器线圈串入限流电阻，以限制线圈的电流，防止线圈过热烧毁，同时又使继电器保持动作状态。

5. 电磁式信号继电器

信号继电器用于各保护装置回路中，作为保护动作的指示器。

供电系统中常用的 DX-11 型电磁式信号继电器，有电流型和电压型两种，两者线圈阻抗和反应参量不同。

电流型的可串联在二次回路中而不影响其他二次元件的动作；电压型的因线圈阻抗大，必须并联在二次回路内。

DX-11 型电磁式信号继电器的内部结构如图 6-9 所示。信号继电器的文字符号为 KS。DX-11 型电磁式信号继电器的内部接线和符号如图 6-10 所示。

信号继电器在正常状态时，继电器线圈中没有电流通过，其信号牌是被衔铁支持住的。

当继电器线圈通电时，衔铁被吸向铁心而使信号牌掉下，显示其动作信号，同时带动转轴旋转 90°，使固定在转轴上的导电条（动触点）与静触点接通，从而接通信号回路，发出音响或灯光信号。要使信号停止，可手动旋转外壳上的复位旋钮，断开信号回路，同时使信号牌复位。

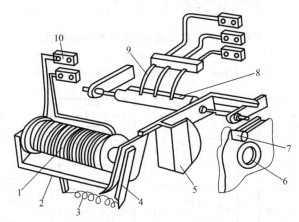

图 6-9　DX-11 型电磁式信号继电器的内部结构

1—线圈　2—铁心　3—弹簧　4—衔铁　5—信号牌　6—玻璃窗口　7—复位旋钮
8—动触点　9—静触点　10—接线端子

6. 电磁式中间继电器

电磁式中间继电器在继电保护装置中用作辅助继电器，以弥补主继电器触点数量或触点

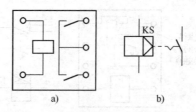

图 6-10　DX-11 型电磁式信号继电器的内部接线和符号

a）DX 型信号继电器的内部接线　b）图形和文字符号

容量的不足。中间继电器通常装在保护装置的出口回路中，用来接通断路器的跳闸线圈，所以它也称为出口继电器。其文字符号采用 KM。

工厂供电系统中常用的 DZ-10 系列中间继电器的基本结构如图 6-11 所示，它一般采用吸引衔铁式结构。当线圈通电时，衔铁被快速吸合，常闭触点断开，常开触点闭合。当线圈断电时，衔铁被快速释放，触点全部返回到起始位置。DZ-10 型电磁式中间继电器的内部接线和符号如图 6-12 所示。

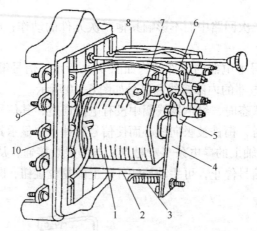

图 6-11　DZ-10 系列中间继电器的内部结构

1—线圈　2—铁心　3—弹簧　4—衔铁　5—动触点
6、7—静触点　8—连接线　9—接线端子　10—底座

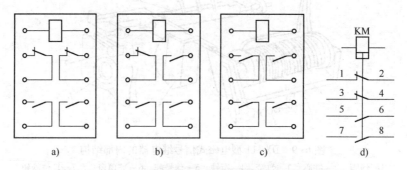

图 6-12　DZ-10 型电磁式中间继电器的内部接线和符号

a）DZ 型中间继电器的内部接线　b）图形和文字符号

7. 感应式电流继电器

在工厂供电系统中，广泛采用感应式电流继电器作为过电流保护兼电流速断保护，因为感应式电流继电器兼有上述电磁式电流继电器、时间继电器、信号继电器和中间继电器的功能，从而可大大简化继电保护装置。而且感应式电流继电器组成的保护装置采用交流操作，可降低投资成本，因此它在中小工厂变配电所中应用非常普遍。其图形文字符号：KA。

供电系统中常用的 GL-10、20 系列感应式电流继电器的内部结构如图 6-13 所示。这种电流继电器由两组元件构成：一组为感应元件，另一组为电磁元件。感应式元件主要包括线圈 1、带短路环 3 的电磁铁 2 及装在可偏转铝框架 6 上的转动铝盘 4。电磁元件主要包括线圈 1、电磁铁 2 和衔铁 15。线圈 1 和电磁铁 2 是两组元件共用的。

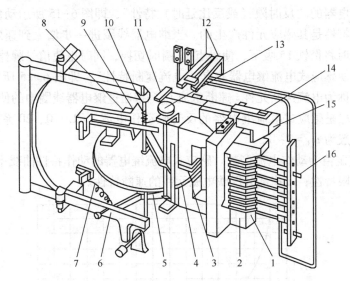

图 6-13　GL-10、20 系列感应式电流继电器的内部结构

1—线圈　2—电磁铁　3—短路环　4—铝盘　5—钢片　6—可偏转铝框架　7—调节弹簧
8—制动永久磁铁　9—扇形齿轮　10—蜗杆　11—扁杆　12—继电器触点
13—时限调节螺杆　14—速断电流调节螺钉　15—衔铁　16—动作电流调节插销

感应式电流继电器的工作原理。当线圈 1 有电流 I_{KA} 通过时，电磁铁 2 在短路环 3 的作用下，产生相位一前一后的两个磁通 Φ_1 和 Φ_2，穿过铝盘 4。这时作用于铝盘上的转矩为

$$M_1 = K_1 \varphi_1 \varphi_2 \sin\varphi \qquad (6-3)$$

式中，Ψ 为 Φ_1 与 Φ_2 之间的相位差。

上式通常称为感应式机构的基本转矩方程，感应式电流继电器的转矩如图 6-14 所示。

由于 Φ_1、Φ_2 与 I_{KA} 成正比，而 Ψ 为常数，铝盘 4 在转矩 M_1 作用下转动后，铝盘切割永久磁铁 8 的磁通，在铝盘上感应出涡

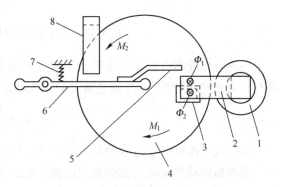

图 6-14　感应式电流继电器的转矩

1—线圈　2—电磁铁　3—短路环
4—铝盘　5—钢片　6—铝框架
7—调节弹簧　8—制动永久磁铁

流，涡流又与永久磁铁磁通作用，产生一个与 M_1 反向的制动力矩 M_2，它与铝盘转速 n 成正比，感应式电流继电器的转矩 M_1 和制动力矩 M_2，当铝盘转速 n 增大到某一值时，$M_1=M_2$，这时铝盘匀速转动。继电器的铝盘在上述 M_1 和 M_2 的同时作用下，铝盘受力使框架 6 产生绕轴顺时针方向偏转的趋势，但受到弹簧 7 的阻力。

当继电器线圈的电流增大到继电器的动作电流值 I_{op} 时，铝盘受到的力也增大到可以克服弹簧阻力的程度，这时铝盘带动框架前偏使蜗杆 10 与扇形齿轮 9 啮合，这就叫作继电器动作。由于铝盘继续转动，使扇形齿轮沿着蜗杆上升，最后使触点 12 切换，同时使信号牌掉下，从外壳上的观察孔可看到红色或白色的指示，表示继电器已经动作。继电器线圈中的电流越大，铝盘转动越快，扇形齿轮沿蜗杆上升的速度也越快，因此动作时间也越短，这就是感应式电流继电器的"反时限（或反比延时）特性"，即图 6-15 所示动作特性曲线中 abc 部分，这一动作特性是其感应元件产生的。当继电器线圈进一步增大到速断电流整定值 I_{qb} 时，电磁铁 2 瞬时将衔铁 15 吸下，使触点 12 瞬时切换，同时也使信号牌掉下。很明显，电磁元件的作用又使感应式电流继电器兼有"电流速断特性"，即图 6-15 所示 $cc'd'$ 曲线，因此该电磁元件又称为电流速断元件。速断电流 I_{qb} 是指通过继电器线圈中的使电流速断元件动作的最小电流。I_{op} 是感应式电流继电器的反时限动作电流。GL-10、20 系列电流继电器的速断电流倍数一般为 $n_{qb}=2\sim8$。

其中，n_{qb} 整定值为动作电流倍数。感应式电流继电器的动作特性曲线中 abc 部分反映了感应元件的反时限特性；$cc'd'$ 部分反映电磁元件的速断特性。

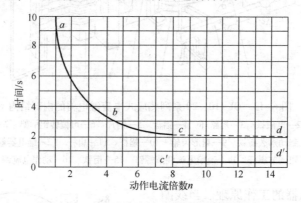

图 6-15　感应式电流继电器的动作特性曲线

当继电器线圈电流进一步增大到整定的速断电流 I_{qb} 时，感应式电流继电器迅速动作，具有"电流速断特性"。开始速断时的动作电流与反时限动作电流之比为速断电流倍数。

$$n_{qb}=\frac{I_{qb}}{I_{op}} \tag{6-4}$$

感应式电流继电器的这种有一定限度的反时限动作特性，称为"有限反时限特性"。

继电器的动作电流（亦称整定电流）I_{op}，可利用插销 16 以改变线圈匝数来进行级进调节，也可利用调节弹簧 7 的拉力来进行平滑的细调。继电器的速断电流倍数 n_{qb}，可利用螺钉 14 以改变衔铁 15 与电磁铁 2 之间的气隙来调节，气隙越大，n_{qb} 越大。继电器感应元件的动作时间（亦称动作时限）是利用螺杆 13 来改变扇形齿轮顶杆行程的起点，以使动作特性曲线上下移动。不过要注意，继电器动作时限调节螺杆的标度尺，是以"10 倍动作电流的动作时间"来刻度的。因此继电器实际的动作时间，与实际通过继电器线圈的电流大小有关，需从继电器的动作特性曲线上去查得。曲线线上标出的动作时间 0.5s、0.7s、1.0s 等均为 10 倍动作电流的动作时间。

GL-15、25 型电流继电器中的触点是"先合后断转换触点"，即电流继电器动作后常开触点先闭合，然后常闭触点再断开。

6.2　线路的保护

本节中通过完成为工厂高压配电线路设计继电保护的任务，引导学生了解工厂高压配电线路过电流保护装置、速断保护装置及过载保护装置的组成及工作原理；理解保护装置动作值的整定原则及计算方法，为从事工厂供配电系统设计、运行与维护工作打下良好的基础。

【学习目标】

1. 能对单端供电线路中的带时限过电流保护进行整定；
2. 能对单端供电线路中的速断保护及过载保护进行整定；
3. 能正确设计、运行、维护工厂高压配电线路的继电保护装置。

按 GB/T 50062—2008《电力装置的继电保护和自动装置设计规范》规定；对 3~66 kV 电力线路，应装设相间短路保护、单相接地保护和过负荷保护。

作为线路的相间短路保护，主要采用带时限的过电流保护和瞬时动作的电流速断保护（按 GB/T 50062—2008 规定，对于定时限过电流保护，保护时限不大于 0.5 s；对于反时限过电流保护，保护时限不大于 0.7 s。可不装设瞬时动作电流速断保护）。相间短路保护应动作于断路器的跳闸机构，使断路器跳闸，切除短路故障部分。

作为单相接地保护，一般有两种方式：①绝缘监视装置，装设在变配电所的高压母线上动作于信号发生器。②有选择性的单相接地保护（零序电流保护），亦动作于信号发生器，但当危及人身安全和设备安全时，则应动作于跳闸机构。

6.2.1　电流保护的接线方式和接线系数

保护装置的接线方式是指起动继电器与电流互感器的连接方式。6~10 kV 高压线路的过电流保护装置，通常采用两相两继电器式接线和两相一继电器式接线两种。110 kV 及以上的高压线路常采用三相三继电器式接线。

1. 两相两继电器式接线

两相两继电器式接线又称两相不完全星形接线（图 6-16），当一次电路发生三相短路或任意两相短路时，至少有一个继电器动作，且流入继电器的电流 I_{KA} 就是电流互感器的二次电流 I_2。为了表征继电器电流 I_{KA} 与电流互感器二次电流 I_2 间的关系，特引入一个接线系数 K_W。

$$K_W = \frac{I_{KA}}{I_2} \qquad (6-5)$$

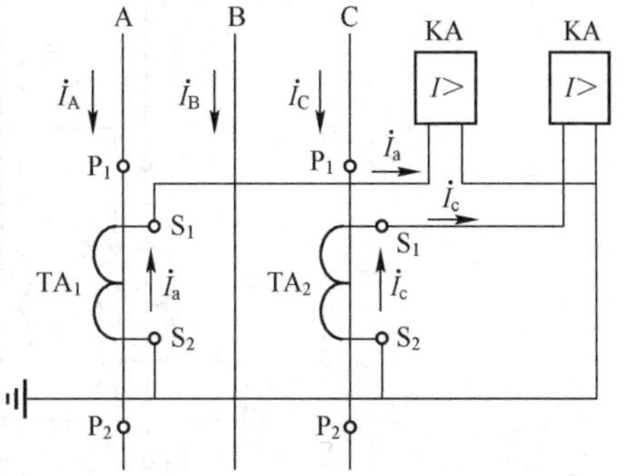

图 6-16　两相两继电器式接线

式中，K_W为接线系数；I_{kA}为流过继电器线圈的电流；I_2为电流互感器二次绕组流过的电流。

由于 B 相没有装设电流互感器和电流继电器，它不能反映单相短路，只能反应相间短路。两相两继电器式接线属相电流接线，在一次电路发生任何形式的相间短路时，其接线系数均为 1，即保护灵敏度都相同。

2. 两相一继电器式接线

两相一继电器式接线又称两相电流差式接线，如图 6-17 所示。正常工作和三相短路时，流入继电器的电流 I_{kA} 为 A 相和 C 相两相电流互感器二次电流的相量差，即 $\dot{I}_{kA}=\dot{I}_a-\dot{I}_c$ 而量值上 $I_{kA}=\sqrt{3}I_2$。在 AC 两相短路时，流进继电器的电流为电流互感器二次侧电流的 2 倍。在 AB 或 BC 两相短路时，流进继电器的电流等于电流互感器二次侧的电流，此时 $K_W=1$。

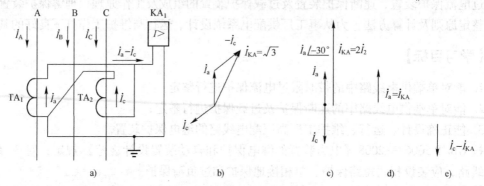

图 6-17　两相一继电器式接线

a）接线方式　b）三相短路相量图　c）A 和 C 两相短路相量图　d）A 和 B 两相短路相量图　e）B 和 C 两相短路相量图

可见，两相一继电器式接线可反应各种相间短路，但其接线系数随短路种类不同而不同，保护灵敏度也不同，主要用于高压电动机的保护。

3. 三相三继电器式接线

三相三继电器式接线如图 6-18 所示，其所用保护元件最多，流入继电器的电流 I_{kA} 与电流互感器二次绕组电流 I_2 相等。其接线系数在任何短路故障时均为 1 即 $K_W=1$。三相三继电器接线方式又称完全星形接线。它能反应各种短路故障。所有短路电流都会通过继电器反映出来，产生相应的保护动作。因此这种接线方式主要用于 110 kV 及以上中性点直接接地系统中，作为相间短路和单相短路的保护装置。

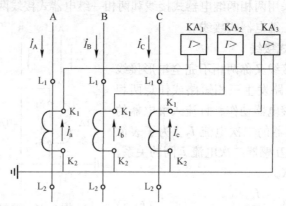

图 6-18　三相三继电器式接线

6.2.2 工厂高压线路继电保护

1. 电力线路的常见故障

其常见故障有相间短路、单相接地、过负荷。

2. 保护装置的设置

相间短路保护需要装设带时限的过电流保护和瞬时电流速断保护，保护动作于断路器跳闸。单相接地保护需要装设绝缘监视装置，作为小电流单相接地故障保护，保护动作于信号发生器。过负荷保护需要装设过负荷保护，保护动作于信号发生器。

6.2.3 过电流保护

当通过线路的电流大于继电器的动作电流，保护装置起动，并用时限保证动作的选择性，这种继电保护装置称为过电流保护。

由于采用的继电器不同，其时限特性有两种：一种是由电磁式电流继电器等构成的定时限过电流保护。另一种是由感应式电流继电器构成的反时限过电流保护。

1. 定时限过电流保护

（1）定时限过电流保护装置的组成和原理

定时限过电流保护装置的原理图如图6-19所示，当被保护线路中电流增大且超过电流继电器的动作电流整定值时，电流继电器起动，同时起动时间继电器，待时间继电器延时到预先整定时间，时间继电器的延时触点闭合，使中间继电器KM和信号继电器KS线圈得电，中间继电器KM的常开触点闭合，跳闸线圈YT通电，断路器QF跳闸，切断短路故障；信号继电器KS常开触点闭合，发出故障信号，指示牌下降，表示发生短路故障。定时限过电流保护装置的展开图如图6-20所示。

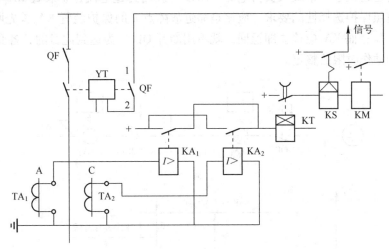

图6-19 定时限过电流保护装置的原理图

跳闸完成后，继电保护装置中除了信号继电器KS需要手动复位之外，其他的继电器均能自动返回到初始状态。

保护装置动作以切除故障并报警。这种保护装置的动作时间是预先整定的，不随短路电流大小的变化而变化，因而称为定时限。定时限过电流保护在工厂供电系统中多采用两相式

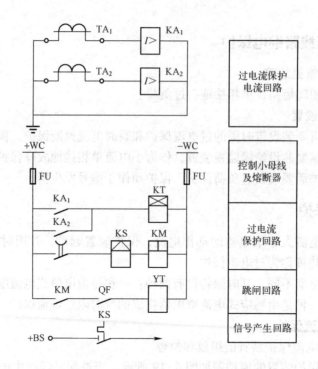

图 6-20　定时限过电流保护装置的展开图

接线。

（2）定时限过电流保护的整定

定时限过电流保护需整定的电路如图6-21a所示，当线路WL$_2$的首端k点发生短路时，由于短路电流远远大于正常最大负荷电流，所以沿线路的过电流保护装置KA$_1$、KA$_2$等都要起动。然而按照保护选择性的要求，应该是靠近故障点k的保护装置KA$_2$首先断开QF$_2$，切除故障线路WL$_2$；而KA$_1$应该立即返回，就不用断开QF$_1$。为达到此目的，各套装置必须进行动作电流和动作时限的整定。

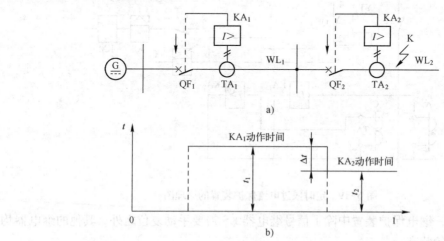

图 6-21　线路定时限过流保护整定说明

a）电路　b）时限整定

1) 动作电流的整定

为保证正常运行时保护装置不动作，保护装置的动作电流应该躲过线路的最大负荷电流（包括正常过负荷电流和尖峰电流）$I_{L \cdot max}$，以免在最大负荷通过时保护装置误动作。即

$$I_{op \cdot 1} > I_{L \cdot max}$$

式中　$I_{op \cdot 1}$——保护装置一次动作电流，即互感器的一次侧电流；

　　　$I_{L \cdot max}$——线路的最大负荷电流（包括正常过负荷电流和尖峰电流），可取为（1.5~3）I_{30}。

故障切除后，线路上仍然维持最大负荷电流下，非故障段电流继电器还要可靠返回到原始位置，才能不发生误动作，体现选择性。因此，继电器返回电流对应的一次侧电流也应躲过线路的最大负荷电流（即最大负荷电流小于返回电流），即

$$I_{re \cdot 1} > I_{L \cdot max}$$

由于返回电流与动作电流有固定比例关系（返回系数 K_{re}），保护装置接在互感器的二次侧，考虑互感器变流比和接线系数，所以，电流继电器的动作电流整定公式为：

$$I_{op} = \frac{K_{rel} K_w}{K_{re} K_i} I_{L \cdot max} \tag{6-6}$$

式中　I_{op}——继电器的动作电流；

　　　K_{rel}——保护装置的可靠系数，对 DL 型继电器时取 1.2，对 GL 型继电器取 1.3；

　　　K_w——保护装置的接线系数，三相式、两相式接线时取 1，两相差式接线时取 $\sqrt{3}$；

　　　K_{re}——保护装置的返回系数，对 DL 型继电器时取 0.85，对 GL 型继电器时取 0.8；

　　　K_i——电流互感器的变流比；

　　　$I_{L \cdot max}$——线路的最大负荷电流，可取为（1.5~3）I_{30}。

2) 过电流保护动作时限的整定和配合

定时限过电流动作时限的整定就是确定时间继电器的动作时间。遵循"阶梯保护"的原则，如图 6-21b 所示。若只考虑单个继电器保护本级线路，不考虑上下级之间的保护配合时，动作时间比较自由，取一个合适的时间就可以了，如 0.7 s。动作时间不宜过长，过长可能造成设备损害；动作时间不宜过短，应该给暂时性故障一定的时间自行消除，否则"捕风捉影"，容易造成误跳。对于多级保护同时存在的时候，故障一旦发生，多级保护可能都会起动，为保证选择性，必须下一级先动作，上一级保护后动作，上一级时限 t_1 比下一级时限 t_2 多一个级差 Δt（一般 0.5 s），即

$$t_1 = t_2 + \Delta t \tag{6-7}$$

对于定时限过电流保护，可取 $\Delta t = 0.5\,s$；对于反限时过电流保护，可取 $\Delta t = 0.7\,s$。

3) 灵敏度校验

过电流保护的范围包括本级线路和下级线路，本级线路为过电流保护的主保护，下级线路为其后备保护。当过电流保护作为主保护时，灵敏度校验点设在被保护线路末端，其灵敏度应满足：

$$S_p = \frac{I_{kmin}^{(2)} K_w}{I_{op} K_i} I_{Lmax} \geqslant 1.5 \tag{6-8}$$

式中，$I_{k \cdot min}^{(2)}$ 为被保护线路末端在系统最小运行方式下的两相短路电流。

当过电流保护作为后备保护时，灵敏度校验点设在相邻线路末端，其灵敏度应满足：

$$S_p = \frac{I_{kmin}^{(2)} K_w}{I_{op} K_i} I_{Lmax} \geqslant 1.25 \qquad (6\text{-}9)$$

（3）继电保护的配置原则

电力系统中的电力设备和线路，应装设短路故障和异常运行的保护装置。电力设备和线路短路故障的保护应有主保护和后备保护（分为远后备保护和近后备保护），必要时可增设辅助保护。

主保护是满足系统稳定和设备安全要求，能以最快速度有选择地切除被保护设备和线路故障的保护。后备保护是主保护或断路器拒动时，用来切除故障的保护。

远后备保护是当主保护或断路器拒动时，由相邻电力设备或线路的保护来实现的后备保护。

近后备保护是当主保护拒动时，由本电力设备或线路的另一套保护来实现的后备保护。当断路器拒动时，由断路器失灵保护来实现后备保护。

辅助保护是为补充主保护和后备保护的性能或当主保护和后备保护退出运行而增设的简单保护。

异常运行的保护是反应被保护电力设备或线路异常运行状态的保护。

2. 反时限过电流保护

（1）反时限过电流保护的组成和原理

图 6-22 所示是一个交流操作电源供电的反时限过电流保护装置图，KA$_1$、KA$_2$ 为 GL 型感应式带有瞬时动作元件的反限时过电流继电器，继电器本身动作是带有时限的，并有动作及指示信号牌，所以回路不需要时间继电器、中间继电器和信号继电器。

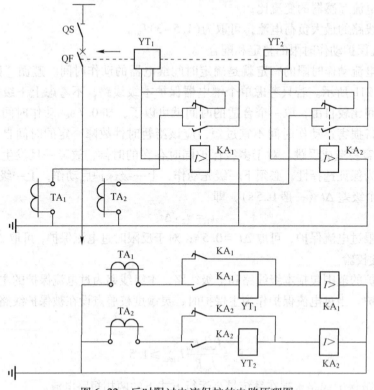

图 6-22　反时限过电流保护的电路原理图

当一次电路发生相间短路时，电流继电器 KA_1、KA_2 至少有一个动作，经过一定延时后（延时长短与短路电流大小成反比关系），其常开触点先闭合，紧接着其常闭触点断开，断路器跳闸线圈 YT 因"去分流"而通电，从而使断路器跳闸，切断短路故障部分。在继电器去分流而跳闸的同时，其信号牌自动下降，指示保护装置已经动作。在短路故障切除后，继电器自动返回，信号牌则需手动复位。

动作过程中，感应式电流继电器的常开常闭触点的动作顺序"先合后断"，即常开触点先闭合，然后常闭触点再断开，避免都断开造成电流互感器二次侧带负荷开路，同时也可能使继电器失电返回，保护失败。

GL 型反时限过电流继电器保护的特点：接线比较简单，设备少，省去了中间继电器，提高了保护灵敏度；但要求该感应式电流继电器的触点具有足够的分断能力。目前的电流继电器触点容量相当大，短路时分断能力可达到 150 A，完全能够满足去分流跳闸的要求，因此这种去分流跳闸的操作方式现在在工厂供配电系统线路保护中应用相当广泛。

（2）反时限过电流保护的整定

其动作电流的整定方式与定时限过电流保护相同。以下介绍其动作时间的整定。

由于 GL 型继电器的时限调节机构是按 10 倍动作电流对应的动作时间来标度的，而实际通过继电器的电流一般不会恰恰为动作电流的 10 倍，因此，必须根据继电器的动作特性曲线来整定。

3. 定时限与反时限过电流保护的比较

1）定时限过电流保护的优点是动作时间较为准确，且不论短路电流的大小，动作时间都是一定的，且容易整定，误差小。缺点是所用继电器的数目比较多，接线较复杂，需直流操作电源，投资较大。此外，靠近电源处保护动作时间较长，而此处的短路电流又较大，故对设备的危害较大。

2）反时限过电流保护的优点是继电器的数量大为减少，只用一套 GL 型继电器就可实现不带时限的电流速断保护和带时限的过电流保护。GL 型继电器触点容量大，适于交流操作。缺点是动作时间的整定和配合比较麻烦，误差较大，尤其是瞬动部分，难以进行配合；且当短路电流较小时，其动作时间可能很长。

4. 低电压闭锁的过电流保护

为了降低起动电流，提高保护装置的灵敏度，可采用具有低电压闭锁的过电流保护装置。低电压闭锁的过电流保护如图 6-23 所示。

在线路过电流保护的过电流继电器 KA 的常开触点回路中，串入低电压（欠电压）继电器 KV 的常闭触点，而 KV 经过电压互感器 TV 接在被保护线路上。

当供电系统正常运行时，母线电压接近额定电压，电压继电器 KV 处于吸合状态，其常闭触点断开。过电流保护装置的动作电流，是按躲过线路上的计算电流来整定的，不必按躲过线路上的最大负荷电流来整定。这是因为 KV 的常闭触点与 KA 的常开触点是串联的，即便线路上由于过负荷而使电流继电器 KA 动作，但这时 KV 的常闭触点是断开的，QF 也就不会误动作。

装有低电压闭锁的过电流保护的动作电流整定计算公式为

$$I_{op} = \frac{K_{rel}K_w}{K_{re}K_i}I_{30}$$

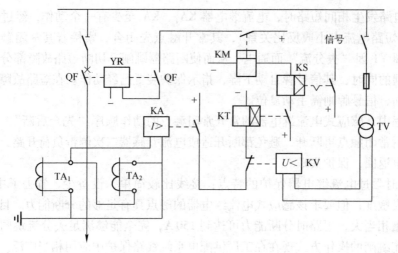

图 6-23 低电压闭锁的过电流保护

6.2.4 电流速断保护

过电流保护中，由于采用阶梯保护的时限原则，越靠近电源，过电流保护的动作时限越长。即短路电流越大，危害也越大。

1. 电流速断保护的组成

电流速断保护实际上就是一种瞬时动作的过电流保护。其动作时限仅仅为继电器本身的固有动作时间，它的选择性不是依靠时限，而是依靠选择适当的动作电流来解决。对于 GL型电流继电器，直接利用继电器本身结构，既可完成反时限过电流保护，又可完成电流速断保护，不用额外增加设备，非常简单经济。

在实际中电流速断保护常与定时限过电流保护配合使用，它们共用电流互感器和中间继电器，单独使用电流继电器和信号继电器。

对于 DL 型电流继电器，其电流速断保护电路原理图如图 6-24 所示。

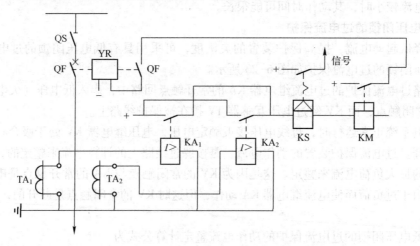

图 6-24 DL 型电流继电器的电流速断保护装置的原理图

图 6-25 所示是同时具有电流速断和定时限过电流保护的接线图，图中 KA₁、KA₂、KT、KS₁ 与 KM 构成定时限过电流保护，KA₃、KA₄、KS₂ 与 KM 构成电流速断保护。比较可知，电流速断保护装置只是比定时限过电流保护装置少了时间继电器。

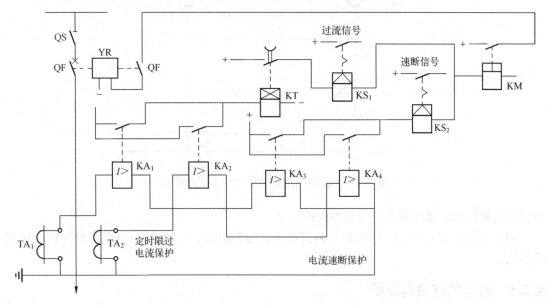

图 6-25　电力线路中定时限过流保护和电流速断保护接线图（按集中表示法绘制）

动作原理：当线路发生短路时，流经继电器的电流大于电流速断的动作电流，电流继电器动作，接通 KS₂、KM 回路，KS₂ 动作，起动信号指示和电流速断保护动作，KM 动作使断路器跳闸。

2. 速断电流的整定

由于电流速断保护不带时限，为了保证速断保护动作的选择性，在后一级线路首端发生最大三相短路电流时电流速断保护不动作，电流速断保护的动作电流（即速断电流）I_{qb} 应按躲过它所保护线路末端的最大短路电流来整定，即

$$I_{qb} = \frac{K_{rel}K_w}{K_i} I_{kmax} \tag{6-10}$$

式中　I_{qb}——速断保护动作电流；

　　　K_{rel}——可靠系数，对 DL 系列电流继电器可取 $1.2 \sim 1.3$，对 GL 系列电流继电器可取 $1.4 \sim 1.5$；

　　　I_{kmax}——被保护线路末端短路时的最大短路电流。

由于电流速断保护的动作电流是按躲过线路末端的最大短路电流来整定的，因此，其动作电流应大于被保护线路末端的短路电流，这样才能避免在下一级线路首端发生三相短路时前一级速断保护误动作，以保证选择性。但这使得保护装置不能保护线路的全长。这种保护装置不能保护的区域，就称为"死区"，如图 6-26 所示。

为了弥补速断保护存在死区的缺陷，凡装设电流速断保护的线路，都必须装设带时限的过电流保护，且过电流保护的动作时间比电流速断保护的动作时间至少长一个时间差，其值在 $0.5 \sim 0.7\,s$。在速断保护区内，速断保护作为主保护，过电流保护作为后备保护；而在速

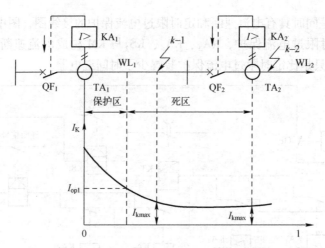

图 6-26　线路电流速断保护的保护区和死区

断保护的死区内，过电流保护为基本保护。

图 6-26 中，I_{kmax} 为前一级保护应躲过的最大短路电流，I_{op1} 为前一级保护整定的一次速断电流。

6.2.5　线路的过负荷保护

线路的过负荷保护线路图如图 6-27 所示。其动作时间一般取值在 10~15 s。

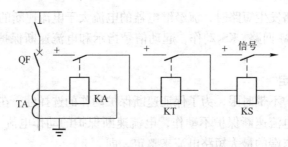

图 6-27　线路的过负荷保护线路图

过负荷保护中电流继电器的动作电流整定值为：

$$I_{op} = \frac{1.2 \sim 1.3}{K_i} I_{30} \tag{6-11}$$

式中　I_{30}——被保护线路的计算电流。

例 6-1　如图 6-28 所示，某工厂有 10 kV 供电线路，保护装置接线方式为两相式接线。已知 WL$_2$ 的最大负荷电流为 57A，TA$_1$ 的变流比为 150/5，TA$_2$ 的变流比为 100/5，继电器均为 DL-11/10 型电流继电器。已知 KA$_1$ 已整定，其动作电流为 10 A，动作时间为 1 s。k-1 点的三相短路电流为 500A，k-2 点的三相短路电流为 200 A。试整定保护装置 KA$_2$ 的动作电流和动作时间，并检验其灵敏度。并试整定 KA$_2$ 继电器的速断电流并校验其灵敏度。

解　1）整定 KA$_2$ 的动作电流。

取 $K_{rel} = 1.2$，$K_{re} = 0.85$，$K_i = 100/5 = 20$，已知 $I_{L \cdot max} = 57A$，

故

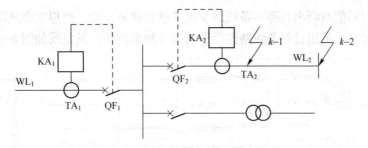

图 6-28 例题 6-1 图

$$I_{op(2)} = \frac{K_{rel}K_w}{K_{re}K_i}I_{L \cdot max} = \frac{1.2 \times 1}{0.85 \times 20} \times 57 \text{ A} = 4.02 \text{ A}$$

取整数则动作电流整定为 4 A。

2）整定 KA_2 的动作时间。

保护装置 KA_1 的动作时限应比保护装置 KA_2 的动作时限大一个时间阶段 Δt，取 $\Delta t = 0.5$ s，因为 KA_1 的动作时间是 1 s，所以 KA_2 的动作时间为 $t_2 = 1 - 0.5$ s $= 0.5$ s。

3）KA_2 的灵敏度校验。

KA_2 保护的线路 WL_2 末端 $k-2$ 点的两相短路电流为其最小短路电流，即

$$I_{kmin}^{(2)} = \frac{\sqrt{3}}{2} \times I_{k-2}^{(3)} = 0.866 \times 200 \text{ A} = 173 \text{ A}$$

$$S_p = \frac{K_w I_{kmin}^{(2)}}{K_i I_{op}} = \frac{1 \times 173}{20 \times 4} = 2.16 > 1.5$$

由此可见，灵敏度满足要求。

4）电流速断保护装置继电器的动作电流为

$$I_{qb} = \frac{K_{rel}K_w}{K_i}I_{k \cdot max} = \frac{1.3 \times 1}{20} \times 200 \text{ A} = 13 \text{ A}$$

$$S_p = \frac{K_w I_{k \cdot min}^{(2)}}{K_i I_{qb}} = \frac{1 \times 433}{20 \times 13} = 1.66 > 1.5$$

由此可见，KA_2 的速断保护的灵敏度基本满足要求。

6.2.6 单相接地保护

因为工厂的高压配电线路中性点一般常用中性点不接地方式，所以，当发生单相接地故障时只有很小的接地电容电流，为非故障相的所有回路的对地分布电容电流之和；但非故障相的相电压升为线电压，三相之间的线电压对称；可以持续运行一段时间，但需要发出报警信号，以免其余两相对地电压升高之后长时间运行引起相间短路。所以在工厂配电系统中应装有零序电流保护装置、微机小电流接地选线装置或绝缘监察装置零序电流互感器、单相接地保护动作电流整定装置等。中性点不接地电网中单相接地保护应根据网络接线的情况，来选择单相接地保护。

1. 绝缘监视装置

在发电厂和变电所的母线上，一般装设网络单相接地的监视装置，它利用接地后出现的零序电压，产生延时动并发出信号。这种信号是没有选择性的，只能知道是哪一相发生了单

相接地故障，而不能判断出是哪一条线路发生了单相接地故障，要想发现故障是在哪一条线路上，还需要运行人员用对各条线路进行手动拉合闸来判断。其接线如图 6-29 所示。

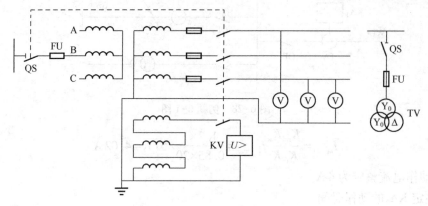

图 6-29　绝缘监视装置原理图

2. 微机小电流接地选线装置

现在已经研发出微机小电流接地选线装置，这种装置，不仅能选出是哪一条线路发生单相接地，而且还能判断是在什么位置发生故障，这样给运行人员提供了很大的方便。

3. 零序电流保护装置

在架空线路中，每相均装设电流互感器构成的零序电流过滤器，如图 6-30 所示。系统正常运行时，各相电流对称，电流继电器线圈电流为零，继电器不动作，当出现单相对地短路故障时，产生零序电流，使继电器动作并发出信号。

4. 零序电流互感器

电缆线路的单相接地保护一般采用零序电流互感器，如图 6-31 所示。零序电流互感器的铁心套在电缆的外面，其一次侧为电缆线路三相电流的相量和，二次绕组与过电流继电器相接，在三相对称运行以及三相和两相短路时，二次侧三相电路电流矢量和为零，即没有零序电流，继电器不动作。当发生单相接地时，有零序电流通过，此时在二次侧感应出电流，使继电器动作发出报警信号。

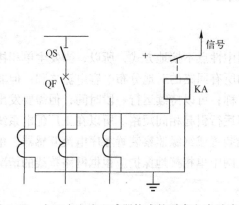

图 6-30　由三个电流互感器构成的零序电流过滤器

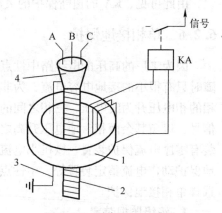

图 6-31　零序电流互感器

234

5. 单相接地保护动作电流整定装置

（1）单相接地保护的动作电流整定

单相接地后的电容电流如图 6-32 所示。若 WL_3 的 C 相线接地，C 相线要流回本回路 A、B 线形成的电容电流 I_{C1}，还要流回其他回路 A、B 线形成的电容电流 I_{C2}、I_{C3}。因此 WL_3 的 C 相接地后的总接地电流为

$$I_{C \cdot \Sigma} = I_{C1} + I_{C2} + I_{C3}$$

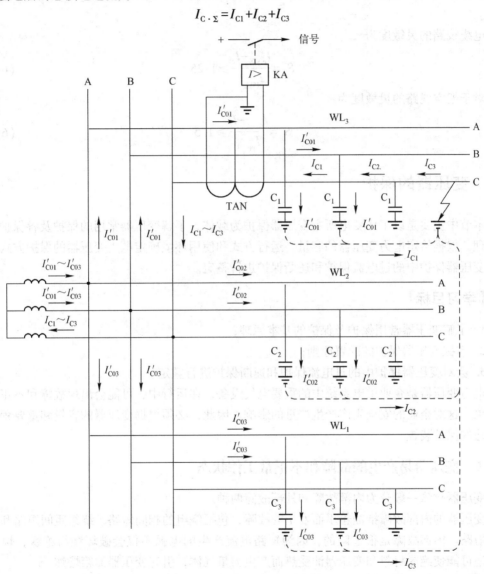

图 6-32　单相接地后的电容电流

WL_1、WL_2、WL_3 的不平衡电容电流分别为：I_{C3}、I_{C2}、$I_{C2} + I_{C3}$，单相接地保护的动作电流 $I_{op \cdot KA}$ 应躲过其他线路上发生单相接地故障时在本线路上引起的电容电流 I_C，因此

$$I_{op \cdot KA} = \frac{K_{rel}}{K_i} I_C \tag{6-12}$$

式中，K_{rel} 为可靠系数，保护装置不带时限时，取 4～5，保护装置带时限时，取 1.5～2；K_i

235

为零序电流互感器的电流比。

保护装置一次侧动作电流为

$$I_{op \cdot 1} = K_i I_{op \cdot KA}$$

（2）单相接地保护的灵敏度

被保护线路末端发生单相接地时，流过继电器的电容电流为 $I_E = I_{C \cdot \Sigma} - I_C$ 时能产生可靠动作。

电缆线路的灵敏度为

$$S_p = \frac{I_{c \cdot \Sigma} - I_c}{I_{op \cdot 1}} \geqslant 1.25 \tag{6-13}$$

对于架空线路的灵敏度为

$$S_p = \frac{I_{c \cdot \Sigma} - I_c}{I_{op \cdot 1}} \geqslant 1.5 \tag{6-14}$$

6.3 变压器的保护

本节中主要是以工厂变电所主变压器保护为载体，了解变压器常用的保护及各保护的基本原理，根据给定电力变压器的容量、运行方式和使用环境确定电力变压器的保护方式，并会对变压器保护中的过电流保护和速断保护进行整定。

【学习目标】

1. 了解变压器常用保护及保护的基本原理；
2. 掌握变压器保护的配置原则；
3. 会对变压器保护中的过电流保护和速断保护进行整定。

电力变压器是企业供电系统中的重要电气设备，在运行中，可能会出现故障和不正常运行现象，这对企业的安全生产产生严重的影响。因此，必须根据变压器的容量和重要程度装设合适的保护装置。

6.3.1 变压器易产生的故障和不正常工作状态

变压器故障一般分为内部故障和外部故障两种。

变压器的内部故障指油箱里面发生的故障，包括绕组的相间短路、绕组匝间短路和单相接地短路。内部故障是很危险的，因为短路电流产生的电弧不仅会破坏绕组绝缘，烧坏铁心，还可能使绝缘材料和变压器油受热而产生大量气体，引起变压器油箱爆炸。

变压器常见的外部故障是引出线上绝缘管套的故障，该故障可能导致引出线的相间短路和接地短路。

变压器的不正常运行状态有由于外部短路和过负荷而引起的过电流、变压器温度升高及油面下降超过了允许值等。变压器的过负荷和温度升高将使绝缘材料迅速老化，绝缘强度降低，影响变压器的使用寿命，进一步引起其他故障。

6.3.2 变压器的保护装置

根据上述可能发生的故障及不正常工作情况，变压器一般应装设瓦斯保护、过电流保护，电流速断保护、过负荷保护、差动保护、单相接地保护这5种保护装置。

1. 瓦斯保护

用来防御变压器的内部故障。当变压器内部发生故障，油受热分解产生气体或当变压器油面降低时，瓦斯保护应动作。容量在800kV·A及以上的油浸式变压器和400kV·A及以上的车间内变压器一般都应装设瓦斯保护。其中轻瓦斯动作于预警信号，重瓦斯动作于跳开各电源侧断路器。

（1）瓦斯继电器的结构和工作原理

瓦斯保护是保护油浸式变压器内部故障的一种基本保护装置，又称气体继电保护。其主要元件是瓦斯继电器（气体继电器），它装在变压器的油箱和油枕之间的联通管上，图6-33所示为FJ-80型开口杯式瓦斯继电器的结构示意图。

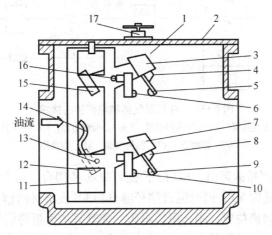

图6-33 FJ-80型开口杯式瓦斯继电器的结构示意图

1—容器 2—盖 3—上油杯 4—永久磁针 5—上动触点 6—上静触点 7—下油杯
8—永久磁铁 9—下动触点 10—下静触点 11—支架 12—下油杯平衡锤 13—下油杯转轴
14—挡板 15—上油杯平衡锤 16—上油杯转轴 17—放气阀

在变压器正常工作时，瓦斯继电器的上下油杯中都是充满油的，油杯因其平衡锤的作用使其上下触点都是断开的。

当变压器油箱内部发生轻微故障致使油面下降时，上油杯因其中盛有剩余的油使其力矩大于平衡锤的力矩而降落，从而使上触点接通，发出报警信号，这就是轻瓦斯动作。

当变压器油箱内部发生严重故障时，由于故障产生的气体很多，带动油流迅猛地由变压器油箱通过连通管进入油枕，在油流经过瓦斯继电器时，冲击挡板，使下油杯降落，从而使下触点接通，直接动作于跳闸。这就是重瓦斯动作。

如果变压器出现漏油，将会引起瓦斯继电器内的油也慢慢流尽。这时继电器的上油杯先降落，接通上触点，发出报警信号，当油面继续下降时，会使下油杯降落，下触点接通，从而使继电器跳闸。

瓦斯继电器只能反映变压器内部的故障，包括漏油、漏气、油内有气、匝间故障、绕组相间短路等。而对变压器外部端子上的故障情况则无法反映。因此，除设置瓦斯保护外，还需设置过电流、速断或差动等保护。

（2）变压器瓦斯保护的接线

变压器瓦斯保护的接线如图 6-34 所示。当变压器内部发生轻微故障时，瓦斯继电器 KG 的上触点 KG1-2 闭合，产生动作于报警信号。

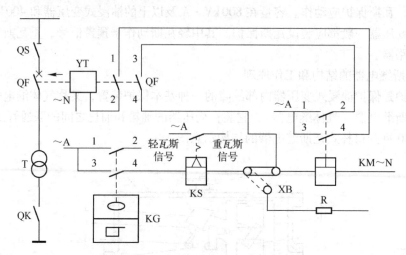

图 6-34　变压器气体继电保护的接线

T—电力变压器　KG—气体继电器　KS—信号继电器　KA—中间继电器
QF—断路器　YT—跳闸线圈　XB—切换片

当变压器内部发生严重故障时，KG 的下触点 KG3-4 闭合，通常是经中间继电器 KM 动作于断路器 QF 的跳闸机构 YT，同时通过信号继电器 KS 发出跳闸信号。但是 KG3-4 闭合，也可以利用切换片 XB 切换位置，串入限流电阻，使其只产生报警信号。

考虑到瓦斯继电器 KG 的下触点 KG3-4 在闭合时会遇到严重故障时产生的强烈气流冲击挡板，可能有接触不稳定的情况，因此利用中间继电器 KM 的上触点 KM1-2 来"自保持"，只要 KG3-4 触点因重瓦斯动作闭合，就使中间继电器 KM 稳定地接通，确保断路器 QF 的跳闸回路可靠地接通，使断路器 QF 跳闸。断路器 QF 跳闸后，其辅助触点 QF1-2 断开跳闸回路，以减轻中间继电器触点的工作，而断路器 QF 的另一对辅助触点 QF3-4 则切断中间继电器的自保持回路，使中间继电器返回。

2. 变压器过电流保护

变压器的过电流保护装置一般都装设在变压器的电源侧。无论是定时限还是反时限，变压器过电流保护的组成和原理与高压线路的过电流保护完全相同。

图 6-35 所示为变压器的定时限过电流保护、电流速断保护和过负荷保护的综合电路图，图中继电器全部为电磁式。

过电流保护用来作为变压器内部和外部故障保护。作为纵联差动保护或电流速断保护的后备保护。带时限的过电流保护动作于跳开各电源侧的断路器。

变压器过电流保护的动作电流整定计算公式与电力线路中过电流保护基本相同，即

238

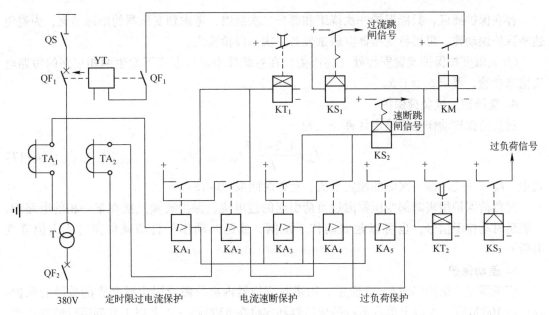

图6-35 变压器的定时限过电流保护、电流速断保护和过负荷保护的综合电路

KA_1、KA_2、KT_1、KM—定时限过电流保护 KA_3、KA_4、KS_2—电流速断保护 KA_5、KT_2—过负荷保护

$$I_{op} = \frac{K_{rel} K_w}{K_{re} K_i}(1.5 \sim 3) I_{1N \cdot T} \tag{6-15}$$

式中 $I_{L \cdot max} = (1.5 \sim 3) I_{1N \cdot T}$;

$I_{1N \cdot T}$——变压器一次侧的额定电流。

变压器过电流保护的动作时间,也按"阶梯原则"整定,即按照级差原则整定,其动作时间比二次侧出线的过电流保护的最大动作时限大一个时间级差($\Delta t = 0.5 \sim 0.7 s$);但对车间变电所来说,由于它属于电力系统的终端变电所,因此其动作时间可整定为最小值 0.5 s。

变压器过电流保护的灵敏度,按变压器低压侧母线在系统最小运行方式下发生两相短路电流时,将该电流值换算到高压侧的电流值来校验,其灵敏度的要求也与线路过电流保护相同,即

$$S_P = \frac{I'_{K \cdot min}}{I_{op}} > 1.5$$

如果灵敏度不够,同样可以采用低压侧低电压闭锁的过流保护。

3. 变压器的电流速断保护

电流速断保护用来防御变压器内部故障及引出线套管的故障。容量在 10000 kV·A 以下单台运行的变压器和容量在 6300 kV·A 以下并列运行的变压器,一般装设电流速断保护来代替纵联差动保护。对容量在 2000 kV·A 以上的变压器,当灵敏度不满足要求时,应改为装设纵联差动保护。

速断保护电流整定值(以二次侧最大短路电流为基础)为

$$I_{qb} = \frac{K_{rel} K_w}{K_i} I_{k \cdot max} \tag{6-16}$$

式中 $I_{k \cdot max}$——变压器低压侧母线的三相短路电流换算到高压侧的穿越电流值。

存在保护死区，只能保护一次绕组和部分二次绕组；考虑到变压器的励磁涌流，为避免速断保护误动作，可再将变压器空载试投若干次，以检验之。

② 灵敏度按保护装置安装处（高压侧）在系统最小运行方式下发生两相短路的短路电流值来校验，要求 $S_p \geqslant 1.5$。

4. 变压器的过负荷保护

过负荷保护动作电流整定计算公式为

$$I_{op} = \frac{1.2 \sim 1.3}{K_i} I_{30} \tag{6-17}$$

式中　I_{30}——变压器一次侧的额定电流，动作时间取 $10 \sim 15\,s$。

过负荷保护用来防御变压器因过负荷引起的过电流。保护装置只接在某一相的电路中，一般延时动作于信号，也可以延时动作于跳闸，或延时动作于自动减负荷（无人值守变电所）。

5. 差动保护

变压器差动保护如图 6-36 所示。用来对变压器内部故障及引出线套管的故障的保护。容量在 $10000\,kV \cdot A$ 以上单台运行的变压器和容量在 $6300\,kV \cdot A$ 及以上并列运行的变压器，都应装设差动保护。电流速断保护灵敏度不符合要求时，亦可装设差动保护。

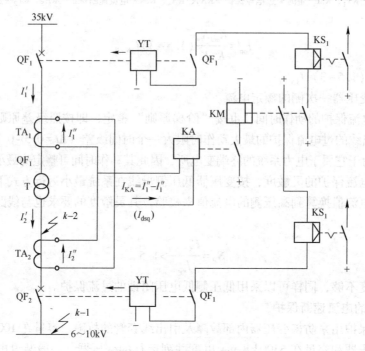

图 6-36　变压器差动保护

变压器的过电流保护、电流速断保护和瓦斯保护各有优点和不足之处。

过电流保护动作时限较长，切除故障不迅速；电流速断保护由于"死区"的影响使保护范围受到限制；瓦斯保护只能反映变压器内部故障，而不能保护变压器套管和引出线的故障。

变压器的差动保护主要用来保护变压器内部以及引出线和绝缘套管的相间短路故障，并且也可用于保护变压器内的匝间保护，其保护区在变压器一、二次侧所装电流互感器之间。

差动保护分纵联差动和横联差动两种形式，纵联差动保护用于单回路，横联差动保护用于双回路。这里重点讲述变压器的纵联差动保护。

（1）变压器纵联差动保护的工作原理

① 正常工作或外部故障时，流入继电器的电流为不平衡电流，在适当选择好两侧电流互感器的电压比和接线方式的条件下，该不平衡电流值很小，并小于纵联差动保护的动作电流，故保护装置不动作；

② 在保护范围内发生故障，流入继电器的电流大于纵联差动保护的动作电流，纵联差动保护动作于跳闸机构。因此它不需要与相邻元件的保护在整定值和动作时间上进行配合，可以构成无延时速动保护。

③ 其保护范围包括变压器绕组内部、两侧套管和引出线上所出现的各种短路故障。

为了防止保护误动作，必须使纵联差动保护的动作电流大于最大的不平衡电流。为了提高差动保护的灵敏度，又必须设法减小不平衡电流。

变压器纵联差动保护不平衡电流的产生和消除：

① 变压器电流比和互感器电流比不一致引起的，可采用电流比修正自耦变压器或专用差动继电器的平衡线圈进行修正。

② 变压器组别引起的，即使选择互感器使原和副边正常工作时电流大小相同，也存在相位差 $30°$，$I_{dsq} = 0.268$。可采用变比修正自耦变压器或专用差动继电器的平衡线圈进行修正。

③ 励磁涌流的影响的，可采用速饱和电流互感器。

（2）变压器纵联差动保护动作电流的整定

变压器纵联差动保护的动作电流 $I_{op}(d)$ 应满足以下 3 个条件：

1）应躲过变压器纵联差动保护区外短路时出现的最大不平衡电流 $I_{dsq \cdot max}$，即

$$I_{OP(d)} \geq K_{rel} I_{dsq \cdot max} \tag{6-18}$$

式中，K_{rel} 为可靠系数，可取 1.3。

2）应躲过变压器励磁涌流，即

$$I_{OP(d)} \geq K_{rel} I_{1NT} \tag{6-19}$$

式中，$I_{1N \cdot T}$ 为变压器的额定一次电流；K_{rel} 可靠系数，可取 1.3~1.5。

3）应大于变压器最大负荷电流，防止在电流互感器二次回路断线且变压器处于最大负荷时，纵联差动保护产生误动作，即

$$I_{op(d)} = K_{rel} I_{L \cdot max}$$

式中，$K_{rel} = 1.3$；$K_{L \cdot max} = 1.2~1.3 I_{1NT}$。

4）变压器纵联差动保护灵敏度，按副边最小短路电流检验得：

$$S_p = \frac{I_{k \cdot min}^{(2)}}{I_{OP(d)}} \geq 2 \tag{6-20}$$

6. 单相接地保护

保护装置由零序电流互感器和过电流继电器组成，如图 6-37 所示。当变压器低压侧发生单相接地短路时，零序电流经电流互感器使电流继电器动作，断路器跳闸，将故障切除。

当变压器低压侧出现单相对地短路时，短路电流很大，应设置保护装置动作于跳闸。变

压器高压侧装设的过电流保护的灵敏度往往达不到要求。一般可用变压器低压侧装设带过电流脱扣器的自动空气开关或低压侧三相引出线上装设熔断器来解决，也可以在变压器低压侧中性点引出线上装设专门的零序电流保护，以及改两相两继电器式接线为两相三继电器式接线、三相三继电器式接线等方式来解决。

二次侧零线上装设零序电流保护。零序电流保护动作电流整定值为：

$$I_{OP(0)} = \frac{K_{rel} K_{dsq}}{K_i} I_{2NT} \tag{6-21}$$

式中，$K_{rel} = 1.3$；$K_{dsq} = 0.25$；I_{2NT}：变压器二次绕组的额定电流。动作保护的时限：$0.5 \sim 0.7 s$。

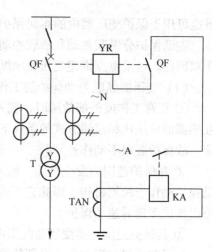

图 6-37　变压器的零序
电流保护原理电路

单相接地保护灵敏度以副边最小单相短路电流检验。

对于电缆线路灵敏度为

$$S_p = \frac{I_{K \cdot min}^{(1)}}{I_{op1}} \geqslant 1.25 \tag{6-22}$$

对于架空线路灵敏度为

$$S_p = \frac{I_{K \cdot min}^{(1)}}{I_{op1}} \geqslant 1.5 \tag{6-23}$$

6.4　防雷和接地保护

本节中主要是了解雷电形成的原因和造成的危害，掌握变配电所防雷的措施，能正确选用避雷装置，学习对避雷针保护范围的计算。

【学习目标】

1. 了解雷电的形成原因和雷电的种类及危害；
2. 掌握架空线路、变电所、高压电动机和建筑物的防雷保护措施；
3. 能正确选用避雷装置；
4. 能进行单支避雷针保护范围计算。

6.4.1　雷电现象及危害

电力系统中雷击是主要的自然灾害。雷电可能损坏设备或设施造成大规模停电，也可能引起火灾或爆炸事故危及人身安全，因此必须对电力设备、建筑物等采取一定的防雷措施。

1. 雷电现象

雷电是带电荷的云层之间或云层对大地（或物体）之间产生急剧放电的一种自然现象。

雷电过电压的根本原因是云层放电引起的。大气中的饱和水蒸气在上、下气流的强烈摩擦和碰撞下，形成带正、负不同电荷的云层。当带电的云层临近大地时，云层与大地之间形成一个很大的电场。由于静电感应，大地感应出与云层极性相反的电荷。当电场强度达到25～30 kV/cm时，就会使周围空气的绝缘层击穿，云层对大地发生先导放电。当先导放电的通路到达大地时，大地电荷与云层电荷中和，出现极大的电流。此为主放电阶段，其时间极短，约为50～100 ms，电流极大，可达数千安至几十万安，它是全部雷电流的主要部分。主放电结束后，云层中的残余电荷还会沿着主放电通道进入地面，称为余光放电，约为数百安。

2. 过电压种类

（1）过电压

过电压是指在电气设备或线路上出现的超过正常工作要求并对其绝缘构成威胁的电压。

（2）过电压种类

过电压按产生原因可分为内部过电压和雷电过电压。

1）内部过电压

内部过电压是由于电力系统正常操作、事故切换、发生故障或负荷骤变时引起的过电压。分为操作过电压、弧光接地过电压及谐振过电压。

内部过电压的能量来自于电力系统本身，经验证明，内部过电压一般不超过系统正常运行时额定相电压的3～4倍，对电力线路和电气设备绝缘的威胁不是很大。

2）雷电过电压

雷电过电压又叫外部过电压或大气过电压。雷电过电压是由于电力系统中的设备或建筑物遭受来自大气中的雷击或雷电感应而引起的过电压。

雷电冲击波的电压幅值可高达1亿伏，其电流幅值可高达几十万安，对电力系统的危害远远超过内部过电压。其可能毁坏电气设备和线路的绝缘，烧断线路，造成大面积长时间停电。因此，必须采取有效措施加以防护。

雷电过电压有如下4种。

① 直击雷过电压：当雷电直接击中电气设备、线路或建筑物时，强大的雷电流通过其流入大地，在被击物上产生较高的电位降，称直击雷过电压或直击雷，如图6-38所示。

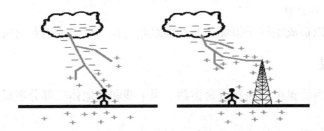

图6-38　直击雷示意图

- 感应过电压或感应雷（雷电的二次作用）：云层通过静电感应或电磁感应，在附近的金属体上产生的过电压，被称为感应雷过电压。如图6-39所示。会击穿电气绝缘，甚至引起火灾，对弱电设备如电脑等的危害最大。
- 雷电波侵入：是指当架空线路在直接受到雷击或因附近落雷而感应出过电压时，如果此时不能使大量电荷入地，就会侵入建筑物内，破坏建筑物和电气设备。
- 球雷：球雷是一种白色或红色亮光的球体，直径多在20 cm左右，最大直径可达数

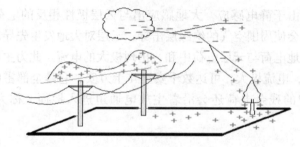

图 6-39　感应雷示意图

米。它以每秒数米的速度，在空气中飘行或沿地面滚动。这种雷存在时间短，约为 3~5 s，但能通过门、窗、烟囱进入室内。这种雷有的时候会无声消失，有时碰到人或其他物体则会剧烈爆炸，造成雷击伤害。

3. 防雷措施

1）直击雷的防护：装设避雷装置如避雷针，避雷线等。

2）感应雷的防护：采用屏蔽措施和金属体实现接地。

3）雷电波的防护：架空线进线处采用电缆线，线路末端采用电容器吸收雷电波，采用避雷器泄流。

4）球雷的防护：因雷电走线无规则，无直接防护措施，可采用在烟囱、门窗上加设金属铁丝网。

4. 雷电的危害

（1）雷电的机械效应

雷电所产生的电动力，可摧毁电力设备、杆塔和建筑物，甚至伤害人和牲畜。

（2）雷电的热效应

雷电在产生强大电流的同时，也产生很高的热量，可以烧断导线和烧毁其他电力设备。

（3）雷电的电磁效应

雷电可以产生很高的过电压，击穿电气绝缘，甚至引起火灾和爆炸，造成人身伤亡。

（4）雷电的闪络放电

雷电的闪络可以造成绝缘子损坏、断路器跳闸、线路停电或引起火灾等等危害。

6.4.2　防雷装置

一套完整的避雷装置由接闪器或避雷器、引下线和接地体三部分组成。

1. 接闪器

接闪器是用来吸引和直接承受雷击的金属物体。避雷针、避雷线、避雷网、避雷带、避雷器及一般建筑物的金属屋面等均可作为接闪器。接闪器的工作原理：利用其高出被保护物的突出地位，把雷电引向自身，然后通过引下线和接地装置把雷电流泄入大地，使被保护的线路、设备、建筑物免受雷击。接闪器的实质是引雷。

（1）避雷针

接闪的金属杆称为避雷针，主要用于保护露天变电设备及建筑物；避雷针通常由钢管制成，针尖被加工成椎体。一般采用针长为 1~2 m、直径不小于 20 mm 的镀锌圆钢或采用针长为 1~2 m、内径不小于 25 mm 的镀锌钢管制成。它通常安装在电杆或构架、建筑物上。

244

接闪器（避雷针、避雷线、避雷带、避雷网）的防护范围一般用滚球法确定，不同的防雷等级所用球的半径不同。

避雷针是防止直击雷的有效措施。一定高度的避雷针（线）下面，有一个安全区域，此区域内的物体基本上不受雷击。我们把这个安全区域叫作避雷针的保护范围。

避雷针的保护范围用"滚球法"来确定。

滚球半径是按建筑物防雷类别确定的，见表6-1。

表6-1 建筑物防雷类别及滚球半径

建筑物防雷类别	滚球半径 h_r/m	避雷网格尺寸/m
第一类防雷建筑物	30	≤5×5 或 ≤6×4
第二类防雷建筑物	45	≤10×10 或 ≤12×8
第三类防雷建筑物	60	≤20×20 或 ≤24×16

单支避雷针的保护范围如图6-40a所示。

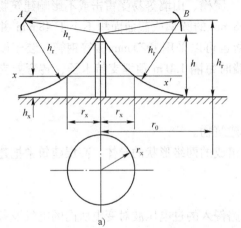 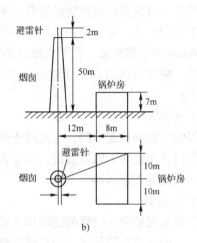

图6-40 避雷针的保护

a）单支避雷针的保护范围 b）避雷针保护范围计算的实例

当避雷针高度 $h \leq h_r$ 时，用"滚球法"确定单支避雷针保护半径的方法如下：

① 距地面 h_r 处作一平行于地面的平行线；

② 以避雷针的针尖为圆心、h_r 为半径，作弧线交平行线于 A、B 两点；

③ 以 A、B 为圆心，h_r 为半径作弧线，该弧线与针尖相交，并与地面相切。由此弧线起到地面为止的整个锥形空间就是避雷针的保护范围。

避雷针在被保护物高度为 h_x 的 xx' 平面上保护半径 r_x 的计算公式为

$$r_x = \sqrt{h(2h_r-h)} - \sqrt{h_x(2h_r-h_x)} \tag{6-24}$$

当避雷针高度 $h > h_r$ 时，在避雷针上取高度 h_r 的一点代替避雷针的针尖作为圆心。余下作法与上述避雷针高度 $h \leq h_r$ 的步骤相同。

例6-2 如图6-40b所示，某厂锅炉房烟囱高40 m，烟囱上安装一支高2 m的避雷针，锅炉房属第三类防雷建筑物，其尺寸为 $h_r = 60$ m 和 $h_x = 8$ m，试问此避雷针能否保护锅炉房。

解 查表6-1得滚球半径 $h_r = 60$ m，而避雷针顶端高度 $h = 40+2$ m $= 42$ m，$h_x = 8$ m，

避雷针保护半径为

$$r_x = \sqrt{42 \times (2 \times 60 - 42)} - \sqrt{8 \times (2 \times 60 - 8)} \text{ m} = 27.3 \text{ m}$$

现锅炉房在 $h_x = 8$ m 高度上最远的屋角距离避雷针的水平距离为

$$r = \sqrt{(12 - 0.5 + 10)^2 + 10^2} \text{ m} = 23.7 \text{ m} < r_x$$

由此可见,烟囱上的避雷针能保护锅炉房。

（2）避雷线

接闪的金属线称避雷线或架空地线,避雷线是用来保护架空电力线路和露天配电装置免受直击雷的装置。它由悬挂在空中的接地导线、接地引下线和接地体等组成,因而也称"架空地线"。它的作用和避雷针一样,将雷电引向自身,并安全导入大地,使其保护范围内的导线或设备免遭直击雷。避雷线一般采用截面不小于 35 mm^2 的镀锌钢绞线,架设在架空线的上面,以保护架空线或其他物体免遭直击雷。

（3）避雷带

接闪的金属带称避雷带,避雷带主要用于保护建筑物。

避雷带一般安装在建筑物的屋脊、屋角、屋檐、山墙等易受雷击或不影响建筑物美观允许装避雷针的地方。避雷带由直径不小于 $\Phi8 \text{ mm}$ 的圆钢或截面面积不小于 48 mm^2 并且厚度不小于 4 mm 的扁钢组成,在要求较高的场所也可以采用 $\Phi20 \text{ mm}$ 镀锌钢管。装于屋顶四周的避雷带,应高出屋顶 $100 \sim 150 \text{ mm}$,砌外墙时每隔 1.0 m 预埋支持卡子,转弯处支持卡子间距 0.5 m。

（4）避雷网

接闪的金属网称避雷网,主要用于保护建筑物。

避雷网是在屋面上纵横敷设,由避雷带组成的网络形状的导体。高层建筑常把建筑物内的钢筋连接成笼式避雷网。

（5）避雷器

避雷器是用来防止线路的感应雷及沿线路侵入的过电压波对变电所内的电气设备造成的损害。它一般接于各段母线与架空线的进出口处,避雷器必须与被保护设备并联连接,而且须安装在被保护设备的电源侧。当线路上出现危险的过电压时,避雷器的火花间隙会被击穿,或者由高阻变为低阻,通过避雷器的接地线使过电压对大地放电,以保护线路上的设备免受过电压的危害。避雷器的文字符号用 F 表示,图形符号如图 6-41 所示。

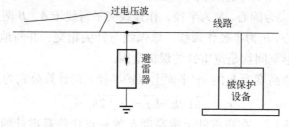

图 6-41　避雷器图形符号

常用的避雷器有管式避雷器、阀式避雷器、金属氧化物避雷器。

1）阀式避雷器介绍

阀式避雷器又称阀型避雷器。

阀式避雷器的全型号表示和含义如下:

其结构和工作原理介绍如下。

① 火花间隙：用铜片冲制而成，每对为一个间隙，中间用厚度约为 0.5~1 mm 的云母片（垫圈式）隔开，如图 6-42a 所示。在正常工作电压下，火花间隙不会被击穿，从而隔断工频电流；在雷电过电压出现时，火花间隙被击穿放电，电压加在阀片电阻上。

② 阀片电阻：通常是碳化硅颗粒制成，如图 6-42b 所示。这种阀片具有非线性特性，在正常工作电压下，阀片电阻值较高，起到绝缘作用；出现过电压时，电阻值变得很小，如图 4-42c 所示。

③ 工作原理：当火花间隙被击穿后，阀片能使雷电流向大地泄放。当雷电过电压消失后，阀片的电阻值又变得很大，使火花间隙电弧熄灭，绝缘恢复，切断工频续流，从而恢复和保证线路的正常运行。雷电流流过阀片时会形成电压降（称为残压），加在被保护电气设备上。残压不能过高，否则会使设备绝缘击穿。

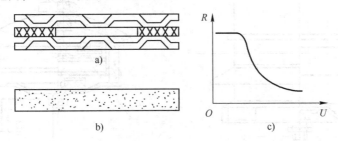

图 6-42　阀式避雷器的结构组成及阀片电阻特性

a) 单元火花间隙 b) 阀片 c) 阀片电阻特性曲线

阀式避雷器的火花间隙与阀片的数量与和工作电压的高低成比例。

图 6-43 是 FS 4-10 型高压普通阀式避雷器结构，图 6-44 是 FS-0.38 型低压普通阀式避雷器的结构。

高压阀式避雷器串联多个单元的火花间隙，目的是可以实现长弧切短灭弧法，来提高熄灭电弧的能力。阀片电阻的限流作用是加速电弧熄灭的主要因素。

FS 型阀式避雷器：火花间隙旁无并联电阻，适用于 10 kV 及以下的中小型变配电所中电气设备的过电压保护。

FZ 型阀式避雷器：火花间隙旁并联有分流电阻，其主要作用是使火花间隙上的电压分布比较均匀，从而改善阀式避雷器的保护性能，一般用于发电厂和大型变配电站的过电压保护。

FC 型磁吹阀式避雷器：其内部附加有一个磁吹装置，利用磁力吹弧来加速火花间隙中电弧的熄灭，从而进一步提高了避雷器的保护性能，降低残压，一般专用于保护重要且绝缘比较差的旋转电动机等设备。

2）金属氧化物避雷器又称压敏避雷器：它是一种没有火花间隙只有压敏电阻片的阀型避雷器，如图 6-45 所示。压敏电阻片是氧化锌等金属氧化物烧结而成的多晶半导体陶瓷元件，具有理想的伏安特性。在工频电压下，它具有极大的电阻，能迅速有效地阻断工频电流，因此不需要火花间隙来熄灭由工频续流引起的电弧；在雷电过电压作用下，其电阻变得很小，能很好地泄放雷电流。

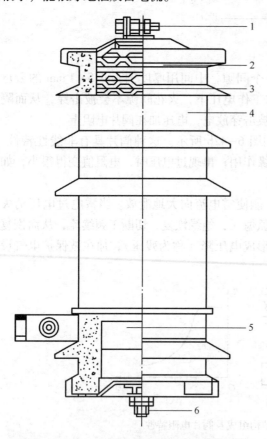

图 6-43   FS4-10 型高压普通阀式避雷器结构
1—上接线端子   2—火花间隙   3—云母垫圈
4—瓷套管   5—阀片   6—下接线端子

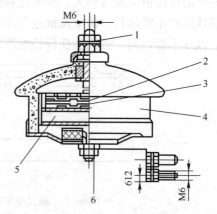

图 6-44   FS-0.38 型低压普通阀式避雷器结构
1—上接线端子   2—火花间隙   3—云母垫圈
4—瓷套管   5—阀片   6—下接线端子

图 6-45   金属氧化物避雷器

3）保护间隙避雷器：又称角形避雷器，是一个较简单的防雷设备，如图 6-46 所示它由两个金属电极构成的，其中一个电极固定在绝缘子上，而另一个电极则经绝缘子与第一个电极隔开，并使这一对空气间隙保持适当的距离。

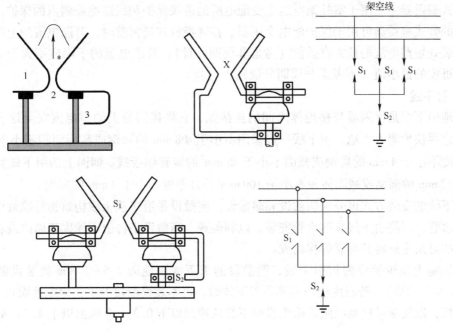

图 6-46 保护间隙

*—电弧运动方向 1—主放电体 2—放电间隙 3—辅助间隙

保护间隙避雷器的工作原理：正常情况下，间隙对地是绝缘的。当线路遭到雷击时，就会在线路上产生一个正常绝缘所不能承受的高电压，使角形间隙被击穿，将大量雷电流泄入大地。角形间隙击穿时会产生电弧，因空气受热上升，电弧转移到间隙上方，因拉长而熄灭，使线路绝缘子或其他电气设备的绝缘不致发生闪络，从而起到保护作用。

因主间隙暴露在空气中，容易被外物（如鸟、鼠、虫、树枝）短接，所以对自身没有辅助间隙的保护间隙，一般在其接地引线中串联一个辅助间隙，这样，即使主间隙被外物短接，也不致造成接地或短路。

保护间隙避雷器灭弧能力较小，雷击后，保护间隙很可能切不断工频连续电流而造成接地短路故障，引起线路开关跳闸或熔断器熔断，造成停电，所以其只适用于无重要负荷的线路上。

4）管式避雷器：又称为排气式避雷器，如图 6-47 所示。它实质上是一只具有较强灭弧能力的保护间隙避雷器，其保护原理两者类似。不过这因两者在伏秒特性难以配合和产生大幅值截波方面的缺点，不宜大量安装。

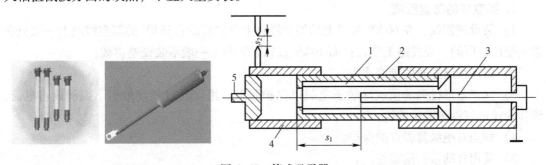

图 6-47 管式避雷器

1—纤维、有机玻璃或塑料 2—产气管 3—棒形电极 4—环形电极 5—管口

管式避雷器主要用于室外架空线上变配电所的进线保护和线路绝缘弱点的保护，保护性能较好的管式避雷器可用于保护配电变压器。在选择管式避雷器时，开断电流的上限，应不小于安装处短路电流的最大有效值（考虑非周期分量）；开断电流的下限应不大于安装处短路电流可能的最小值（不考虑非周期分量）。

3. 引下线

接地引下线是接闪器与接地体之间的连接线，它将接闪器上的雷电流安全地引入接地体，使之尽快地泄入大地。引下线一般采用不小于 $\Phi 8\,mm$ 的圆钢或截面面积不小于 $48\,mm^2$ 并且厚度不小于 $4\,mm$ 的扁钢或截面不小于 $25\,mm^2$ 的镀锌钢绞线。烟囱上的引下线宜采用不小于 $\Phi 12\,mm$ 的圆钢或截面面积不小于 $100\,mm^2$ 并且厚度不小于 $4\,mm$ 的扁钢。

引下线的安装方式可分为明敷设和暗敷设。明敷设是沿建筑物或构筑物外墙敷设，如外墙有落水管，可将引下线靠落水管安装，以利美观。暗敷设是将引下线砌于墙内或利用建筑物柱内的对角主筋将其可靠焊接而成。

建筑物上至少要设两根引下线，明敷设的引下线距地面 $1.5 \sim 1.8\,m$ 处装设断接卡子（一般不少于两处）。若利用柱内钢筋作引下线时，可不装设断接卡子，但距地面 $0.3\,m$ 处装设连接板，以便测量接地电阻。明敷设引下线从地面以下 $0.3\,m$ 至地面以上 $1.7\,m$ 处应套保护管。

4. 接地体

接地体是避雷针的地下部分，其作用是接受引下线传来的雷电流，并以最快的速度将雷电流直接泄入大地。接地体埋设深度不应小于 $0.6\,m$，垂直接地体的长度不应小于 $2.5\,m$，垂直接地体之间的距离一般不小于 $5\,m$。接地体一般采用直径为 $19\,mm$ 镀锌圆钢。

接地体分为自然接地体和人工接地体。自然接地体是利用建筑物内的钢筋焊接而成；人工接地体是人工专门制作的，又分为水平和垂直接地体两种。水平接地体是指接地体与地面水平，而垂直接地体是指接地体与地面垂直。人工接地体水平敷设时一般用扁钢或圆钢，垂直敷设时一般用角钢或钢管。为减少相邻接地体的屏蔽作用，垂直接地体的间距不宜小于其长度的 2 倍，水平接地体的相互间距可根据具体情况确定，但不宜小于 $5\,m$。垂直接地体长度一般不小于 $2.5\,m$，埋设深度不应小于 $0.6\,m$，距建筑物出入口或人行道或外墙不应小于 $3\,m$。

6.4.3 防雷措施

1. 架空线的防雷措施

1）装设避雷线，在 $60\,kV$ 及以上的架空线路上全线装设；$35\,kV$ 的架空线路上一般只在进出变配电所的一段线路上装设；而 $10\,kV$ 及以下线路上一般不装设避雷线。

2）提高线路本身的绝缘水平。

3）在三角形排列的顶线绝缘子上装以保护间隙，用以通过其接地引下线释放雷电流，该项线还可兼做防雷保护线。

4）加强对绝缘薄弱点的保护。

5）采用自动重合闸装置。

6）利用绝缘子铁脚接地等。

2. 变电所的防雷措施

（1）防直击雷

装设避雷针以保护整个变配电所建（构）筑物免遭直击雷。为防止"反击"事故的发生，应注意下列规定与要求：

① 独立避雷针与被保护物之间应保持一定的空间距离 S_o，但通常应满足 $S_o \geqslant 5\,\text{m}$。

② 独立避雷针应装设独立的接地装置，其接地体与被保护物的接地体之间也应保持一定的地中距离 S_E，通常应满足 $S_E \geqslant 3\,\text{m}$。

③ 独立避雷针及其接地装置不应设在人员经常出入的地方。

（2）进线防雷保护

35 kV 配电线路的进线防雷保护（图 6-48），在进线 1~2 km 段内装设避雷线，使该段线路免遭直接雷击。

3~10 kV 配电线路的进线防雷保护（图 6-49），可以在每路进线终端，装设 FZ 型或 FS 型阀式避雷器，以保护线路断路器及隔离开关。如果进线是电缆引入的架空线路，则在架空线路终端靠近电缆头处装设避雷器，其接地端与电缆头外壳相连后接地。

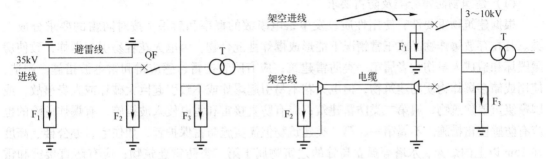

图 6-48　35 kV 电线路的进线防雷保护　　　图 6-49　3~10 kV 配电线路的进线防雷保护

（3）配电装置的防雷保护

为防止雷电冲击波沿高压线路侵入变配电所，对变配电所内设备造成危害，特别是费用贵但绝缘相对薄弱的电力变压器，在配电所每段母线上装设一组阀式避雷器，并应尽量靠近变压器，距离一般不应大于 5 m。避雷器的接地线应与变压器低压侧接地中性点及金属外壳连在一起接地，如图 6-50 所示。

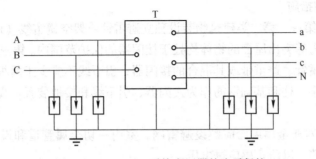

图 6-50　3~10 kV 系统变压器的防雷保护

3. 高压电动机的防雷保护

高压电动机应采用能较好地专门保护旋转电机的 FCD 型磁吹阀式避雷器或采用具有串

联间隙的金属氧化物避雷器，并尽可能靠近电动机安装。

对于定子绕组中性点能引出的高压电动机，在中性点装设避雷器。

对于定子绕组中性点不能引出的高压电动机可采用图 6-51 所示接线，在电动机前面加一段 100~150 m 的引入电缆，并在电缆前的电缆头处安装一组管式或阀式避雷器 F_1；在电动机电源端安装一组并联有电容器（0.25~0.5 μF）的 FCD 型磁吹阀式避雷器 F_2。

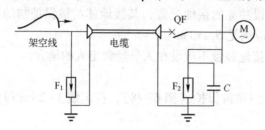

图 6-51　高压电动机的防雷保护

4. 建筑物的防雷措施

（1）建筑物防雷分类及防雷要求

根据建筑物重要性、使用性质、发生雷电事故的概率和后果，按对防雷的要求分成三类。凡在存放爆炸物品或正常情况下能形成爆炸性混合物，因电火花容易引起爆炸，致使房屋毁坏和造成人身伤亡者属第一类防雷建筑；应有防直击雷、感应雷和雷电波措施。制造、使用或储存爆炸物质的建筑物，但电火花不易引起爆炸或不致引起巨大破坏或人身事故，或国家级重要建筑物，属第二类防雷建筑；应有防直接雷和雷电侵入波措施，有爆炸危险的也应有防感应雷措施。不属第一、第二类建筑物但需实施防雷保护者，如住宅、办公楼、高度在 15m 以上的烟囱、水塔等孤立高耸的建筑物属于第三类防雷建筑物；应有防直接雷和雷电侵入波措施。

（2）建筑物防雷措施

1）建筑物容易遭受雷击的部位与屋顶坡度的关系

① 平屋顶或坡度不大于 1/10 的屋顶，易受雷击的部位为檐角、女儿墙、屋檐；

② 坡度大于 1/10 而小于 1/2 的屋顶，易受雷击的部位为屋角、屋脊、檐角、屋檐；

③ 坡度大于或等于 1/2 的屋顶，易受雷击的部位为屋角、屋脊、檐角。

2）建筑物防雷措施

① 防直击雷。第一、第二类建筑物装设独立避雷针或架空避雷线（网），使被保护的建筑物及风帽、放散管等突出屋面的物体均处于接闪器的保护范围内。第三类建筑物宜采用装设在建筑物上的避雷针、避雷带或其混合的接闪器；引下线不应少于两根；建筑物宜利用钢筋混凝土屋面板、梁、柱和基础钢筋作为接闪器、引下线和接地装置。高层建筑物装设避雷带和避雷网。

② 防感应雷。对非金属屋面应敷设避雷网，室内一切金属管道和设备，均应良好接地并且不得有开口环路，以防止感应过电压。

③ 防雷电波。低压线路采用全电缆直接埋地敷设；架空线路采用电缆入户、电缆金属外皮与电气设备接地相连；对低压架空进出线采用在进出处装设避雷器。架空金属管道、埋地或地沟内的金属管道，在进出建筑物处，应与防雷接地装置相连。对一、二类防雷建筑

物，当建筑物高度超过 30 m 时，30 m 及以上部分应采取防侧击雷和等电位措施。可利用建筑物外圈的楼层圈梁内的主筋作为均压环防侧击雷，既节约材料又可达到防雷的目的。

6.4.4 避雷器的运行与维护

1. 阀式避雷器爆炸的原因

其爆炸原因：过电压；阀片电阻不合格；密封不良受潮、进水等具体有如下 5 种情况：

1）10 kV 不接地系统发生单相直接接地，使其他两相电压升高至线电压，在持续较长的过电压作用下，可能使避雷器爆炸。

2）系统发生铁磁谐振过电压，可能使避雷器放电，烧毁内部元件而引起爆炸。

3）当线路受雷击时，避雷器工作后，由于本身火花间隙灭弧能力差，如火花间隙承受不住恢复电压而被击穿，则重新燃弧，出现工频续流。使阀片电阻烧毁而发生爆炸。

4）阀片电阻不合格，残压虽然降低了，但续流增大，间隙不能灭弧，长时间通过续流而烧毁发生爆炸。

5）避雷器瓷套管密封不良、受潮、进水而引起爆炸。

2. 运行中阀式避雷器瓷套管发生裂纹的处理方法

应根据实际情况采取下列 5 种方法处理：

1）如有备件，并在试验有效期内，向有关部门申请停电，得到批准后采取可靠停电措施，将故障避雷器换掉。

2）无备件，在考虑不致威胁系统安全运行情况下，可在较深的裂纹处涂漆或环氧树脂等防潮措施，并安排短期内换掉。

3）如遇雷雨天气，尽可能不使避雷器退出运行，待雷雨过后处理。

4）当避雷器因瓷裂纹而造成放电，但还未接地，应断开断路器停用避雷器，以免造成事故扩大。

5）更换的避雷器，应是试验合格，并在有效期内的。

6.4.5 防雷接地

电气设备的某个部分与大地之间实现可靠电气连接称为接地。与大地土壤直接接触的金属导体或金属导体组称为接地体：连接电气设备中接地部分与接地体的金属导体称为接地线；接地体和接地线统称为接地装置。

1. 电气设备接地的目的

防止人身遭受电击、设备和线路遭受损坏、预防火灾和防止雷击、防止静电损害和保障电力系统正常运行。主要是保护人身和设备的安全，所有电气设备应按规定进行可靠接地。

2. 接地的分类

按接地的作用分有保护接地和工作接地两种：

1）为了保证人身安全，避免发生人体触电事故，将电气设备的金属外壳与接地装置连接的方式称为保护接地。当人体触及外壳已带电的电气设备时，由于接地体的接触电阻（1~10 Ω）远小于人体电阻，绝大部分电流经接地体进入大地，只有很小部分流过人体，不致对人的生命造成危害。

2）为了保证电气设备在正常和事故情况下可靠的工作而进行的接地称为工作接地，如中性点直接接地和间接接地以及零线的重复接地、防雷接地等都是工作接地。

3. 接地电阻

接地的电气设备通过接地装置和大地之间的电阻称为接地电阻。

（1）接地电阻

接地电阻包含五个部分：电气设备和接地线的接触电阻；接地线本身的电阻；接地体本身的电阻；接地体和大地的接触电阻；大地的电阻。

（2）对接地电阻的要求

不同的电气设备对接地电阻有不同的要求：大接地短路电流系统要求 $R \leqslant 0.5\,\Omega$；容量在 $100\,kV \cdot A$ 以上的变压器或发电机要求 $R \leqslant 4\,\Omega$；阀式避雷器要求 $R \leqslant 5\,\Omega$；低压线路金属杆、水泥杆及烟囱的接地要求 $R \leqslant 30\,\Omega$。

4. 装设接地装置的要求

1）接地线一般用截面面积为 $40\,mm^2$ 且厚度为 $4\,mm$ 的镀锌扁钢。

2）接地体用镀锌钢管或角钢，钢管直径为 $50\,mm$，管壁厚不小于 $3.5\,mm$，长度为 $2\sim 3\,m$。角钢以钢管直径为 $50\,mm$，管壁厚度为 $50\,mm$，长度为 $5\,mm$ 为宜。

3）接地体的顶端距地面 $0.5\sim 0.8\,m$，以避开冻土层，钢管或角钢的根数视接地体周围的土壤电阻率而定，一般不少于两根，每根的间距为 $3\sim 5\,m$。

4）接地体距建筑物的距离在 $1.5\,m$ 以上，与独立避雷针接地体的距离大于 $3\,m$。

5）接地线与接地体的连接应使用搭接焊。

5. 降低土壤电阻率的方法

1）改变接地体周围的土壤结构：在接地体周围土壤厚度在 $2\sim 3\,m$ 范围内，掺入不溶于水的、有良好吸水性的物质，如木炭、矿渣等，可使电阻率降低到原来的 $1/5 \sim 1/10$。

2）用食盐、木炭降低土壤电阻率：在接地体周围的土层中用食盐、木炭分层夯实。木炭和细掺匀为一层，约 $10\sim 15\,cm$ 厚，再铺 $2\sim 3\,cm$ 的食盐，共 $5\sim 8$ 层。铺好后打入接地体。此法可使电阻率降至原来的 $1/3 \sim 1/5$。

3）用降阻剂：此法可使土壤电阻率降至原来的 40%。

6. 接地电阻测试检查

电气设备的接地电阻应在每年的春、秋两季雨水较少时各测试一次，确保接地合格。一般采用专门仪表（如 ZC-8 接地电阻测试仪）测试，也可采用电流表-电压表法测试。

另外检查的内容有：联接螺栓是否松动、锈蚀；地面以下的接地线、接地体的腐蚀情况，是否脱焊；地面的接地线有无损伤、断裂、腐蚀等。

习题

一、填空题

1. 电力系统发生故障时，继电保护装置应_____，电力系统出现不正常工作时，继电保护装置一般应_____。

2. 继电保护的选择性是指继电保护动作时，只能把_____从系统中切除_____继续运行。

3. 电力系统切除故障的时间包括_____时间和_____的时间。

4. 继电保护的灵敏性是指其对_____发生故障或不正常工作状态的_____。

5. 继电保护的可靠性是指保护装置在应动作时_____，不应动作时_____。

6. 继电保护装置由_____、_____和其他一些_____组成。

7. 对过电流保护装置的基本要求是_____、_____、_____、_____。

8. 为使过电流保护在正常运行时不误动作，其动作电流应大于_____；为使过电流保护在外部故障切除后能可靠地返回，其返回电流应大于_____。

9. 为保证选择性，过电流保护的动作时限应按_____原则整定，越靠近电源处的保护，时限越_____。

二、判断题

1. 电力系统发生故障时，继电保护装置如不能及时动作，就会破坏电力系统运行的稳定性。　　　　　　　　　　　　　　　　　　　　　　　　　　　　（　　）

2. 电气设备过负荷时，继电保护应将过负荷设备故障切除。　　　　（　　）

3. 电力系统继电保护装置通常应在保证选择性的前提下，使其快速动作。（　　）

4. 电力系统故障时，继电保护装置只发出信号，不切除故障设备线路。（　　）

5. 继电保护装置的测量部分是测量被保护元件的某些运行参数与保护的整定值进行比较。　　　　　　　　　　　　　　　　　　　　　　　　　　　　（　　）

6. 故障和不正常工作状态，都可能在电力系统中引起事故。　　　　（　　）

7. 故障切除时间等于继电保护动作时间。　　　　　　　　　　　　（　　）

8. 继电保护的灵敏性是指对其保护范围内发生故障或不正常运行状态的反应能力。　　　　　　　　　　　　　　　　　　　　　　　　　　　　　（　　）

9. 速动性是快速切除故障。　　　　　　　　　　　　　　　　　　（　　）

10. 速断保护的死区可以通过带时限的过电流保护来弥补。　　　　（　　）

11. 越靠近电源处的过电流保护，时限越长。　　　　　　　　　　（　　）

12. 过电流保护的动作时间的整定按"阶梯原则"。　　　　　　　　（　　）

三、选择题

1. 线路保护一般装设两套，两套保护的作用是（　　）。

A. 主保护　　　　　B. 一套为主保护，另一套为后备保护　　C. 后备保护

2. 短路保护的操作电源可取自（　　）。

A. 电容器　　　　　B. 电流互感器　　　　　　　　　　C. 空气开关

3. 下列设备（　　）是二次设备。

A. 继电保护装置　　B. 高压断路器　　　　　　　　　　C. 高压隔离开关

4. 欠电压继电器的动作电压（　　）返回电压。

A. 大于　　　　　　B. 小于　　　　　　　　　　　　　C. 等于

四、简答题

1. 变配电所有哪些防雷措施？重点保护什么设备？

2. 继电保护的基本任务是什么？

3. 继电保护装置用互感器的二次侧为什么要可靠接地？

五、计算题

1. 某厂10kV供电线路装设有瞬时动作的速断保护装置，电流继电器均为DL型，$K_{rel} =$

1.2，两相式接线，$K_W = 1$，已知线路最大负荷电流为 250 A，电流互感器电流比为 300:5，在线路首端短路时的三相短路电流有效值为 1200 A，在线路末端短路时的三相短路电流有效值为 500 A，试整定电流继电器的速断电流，并校验其灵敏度。

2. 某厂 10 kV 供电线路装设有定时限的过电流保护装置，电流继电器均为 DL 型，$K_{rel} = 1.2$，两相式接线，$K_W = 1$，$K_{re} = 0.85$。已知线路最大负荷电流为 425 A，电流互感器电流比为 300:5，在线路首端短路时的三相短路电流有效值为 2000 A，在线路末端短路时的三相短路电流有效值为 1200 A，上一级过电流保护装置动作时限为 1.5 s。试整定过电流继电器的动作电流和动作时间，并校验其灵敏度。

六、分析题

1. 如图 6-52 所示为变压器继电保护电路图，试分析变压器安装了哪种保护？当变压器过载运行时，哪个信号继电器动作？高压断路器是否跳闸？试整定 KT_1 和 KT_2 的动作时间？

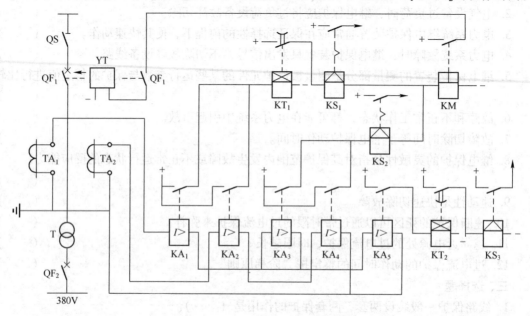

图 6-52　变压器继电保护电路图

第7章　变电所二次设备的运行与维护

供配电系统的二次回路是指用来控制、指示、监测和保护一次电路运行的电路，它对一次电路的安全、可靠、优质及经济运行有着十分重要的作用。工厂供配电系统的二次回路是工厂供配电系统的一个重要组成部分，因此，理解二次回路的基本概念，掌握二次回路的组成及工作原理，看懂二次回路电路图等，能为从事工厂供配电系统运行与维护工作打下良好的基础。

7.1　识读二次回路图

本节中通过识读二次回路图，引导学生了解二次回路的组成、理解二次回路的作用及基本概念；为从事二次回路安装、工厂供配电系统运行与维护工作打下良好的基础。

【学习目标】

1. 了解二次回路图的种类及作用；
2. 能看懂二次回路图；
3. 掌握二次回路安装接线要求。

二次回路包括对变电所一次设备或回路起控制、监视、保护、测量及信号指示等作用的电路。它有如下6部分内容：

1）控制回路是由控制开关和控制对象（断路器、隔离开关）的传递机构及操动机构组成的。其作用是对一次开关设备进行"跳""合"闸操作。

2）调节回路是指调节型自动装置。它是由测量机构、传送机构、调节器和执行机构组成的。其作用是根据一次设备运行参数的变化，实时在线调节一次设备的工作参数，以满足运行要求。

3）继电保护和自动装置回路是由测量部分、比较部分、逻辑判断部分和执行部分组成的。其作用是自动判别一次设备的运行状态，在系统发生故障或异常运行时，自动跳开断路器，切除故障或发出故障信号，故障或异常运行状态消失后，快速投入断路器，使系统恢复正常运行。

4）测量与监视回路是由互感器、各种测量仪表、监测装置及其相关回路组成的。其作用是指示或记录主要电气设备与输电线路的运行状态与参数，以便运行人员掌握运行情况。它是分析电能质量、计算经济指标、了解系统电力潮流和主设备运行情况的主要依据。

5）信号回路是由信号发送机构、接收显示元件及其网络组成的。其作用是反映一、二次设备的工作状态。回路信号按信号性质可分为事故信号、预告信号、指挥信号和位置信号四种。

6）操作电源系统是由电源设备和供电网络组成的，它包括直流和交流电源系统，它是上述各二次回路的工作电源。变电所的操作电源多采用蓄电池组作为直流电源系统，简称直流操作电源系统，这种直流电源不依赖于交流系统的运行，即使交流电源系统出现故障，该电源也能在一段时间内正常供电，以保证二次设备正常工作，具有高度的可靠性。对小型变电所也可采用交流操作电源或整流电源，正常运行时一般由互感器 TV 或站用变压器作为断路器的控制和信号电源，故障时由电流互感器 TA 提供断路器的跳闸电源，这种操作电源接线简单，维护方便，投资少。

二次回路图主要包括原理图、展开图及安装接线图。

1. 原理图

二次回路原理图主要是用来表示继电保护、断路器控制和信号等回路的工作原理的图，如图7-1所示。以功能集中的整体形式表示二次设备间的电气连接关系，原理图通常还画出了相应的一次设备，便于了解各设备间的相互联系。

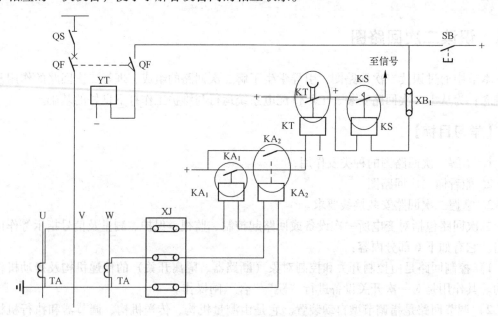

图7-1　继电保护装置的原理图

原理图中一次设备和二次设备都以完整的图形符号来表示，使我们对整套保护装置的工作原理有一个整体概念。

但从中很难看清楚继电保护装置实际的接线及继电器线圈和触点之间的因果关系，特别是遇到复杂的继电保护装置时。

原理图一般只在设计的初期和分析简单的二次回路工作原理时使用。

2. 展开图

展开图将二次回路中的交流回路与直流回路分开来画，如图7-2所示。交流回路又分为电流回路和电压回路等；直流回路又有直流操作回路与信号回路等。

在展开图中继电器线圈和触点分别画在相应的回路中，用国家统一规定的图形和文字符号表示。

在展开图的右侧，有回路文字说明；在展开图的左侧，是相关的一次回路图，便于阅读和分析二次回路的工作原理。较复杂的二次回路图若用原理图表示，则线条较多，分析不方

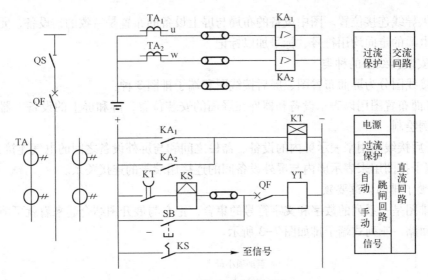

图 7-2　二次回路的展开图

便，所以，展开图一般用于分析较复杂的二次回路的工作原理。

绘制二次回路展开图规则如下：

① 直流母线或交流电压母线用粗线条表示，以示区别于其他回路的联络线。

② 继电器和各种电气元件的文字符号与相应原理接线图中的文字符号一致。

③ 继电器的作用和每一个小的逻辑回路的作用都在展开接线图的右侧注明。

④ 继电器触点和电气元件之间的连接线段都有回路标号。

⑤ 同一个继电器的线圈与触点采用相同的文字符号表示。

⑥ 各种小母线和辅助小母线都有标号。

⑦ 若个别继电器或触点在另一张图中表示，或在其他安装单位中有表示，则都应在图纸中说明去向，对任何引进触点或回路也说明出处。

⑧ 直流"＋"极按奇数顺序标号，"－"极按偶数标号。回路经过电气元件，如线圈、电阻、电容等后，其标号性质随之改变。

⑨ 常用的回路都有固定的标号，如断路器 QF 的跳闸回路用 33 表示，合闸回路用 3 表示等。

⑩ 交流回路标号的表示除用三位数字外，前面还加注文字符号 A、B、C、U、V、W 等。

交流电流回路标号的数字范围为 400～599，电压回路为 600～799。其中个位数表示不同回路；十位数表示互感器组数。回路使用的标号组，要与互感器文字后的"序号"相对应。如：电流互感器 TA_1 的 U 相回路标号可以是 U411～U419；电压互感器 TV_2 的 U 相回路标号可以是 U621～U629。

3. 安装接线图

原理图或原理展开图通常是按功能电路如控制回路、保护回路、信号回路来绘制的，而安装接线图是按设备如开关柜、继电器、信号屏为对象绘制的。二次回路安装接线图画出了二次回路中各设备的安装位置及控制电缆和二次回路的连接方式，是现场施工安装、维护必不可少的图纸。

安装接线图是用来表示屏内或设备中各元器件之间连接关系的一种图形，在设备安装、维护时提供导线连接位置。图中设备的布局与屏上设备的布置是一致的，设备、元件的端子和导线，电缆的走向均用符号、标号加以标记。

（1）安装接线图的种类

安装接线图分为屏面布置图、屏后接线图和端子排图 3 种：

1）屏面布置图用以表示设备和器件在屏面的安装位置，屏和屏上的设备、器件及其布置均按比例绘制；

2）屏后接线图用来表示屏内的设备、器件之间和与屏外设备之间的电气连接关系；

3）端子排图用来表示屏内与屏外设备间的连接用端子的连接关系。

（2）端子排的识读要领

端子排图是一系列的数字和文字符号的集合，把它与展开图结合起来看就可清楚地了解它的连接回路。三列式端子排如图 7-3 所示。

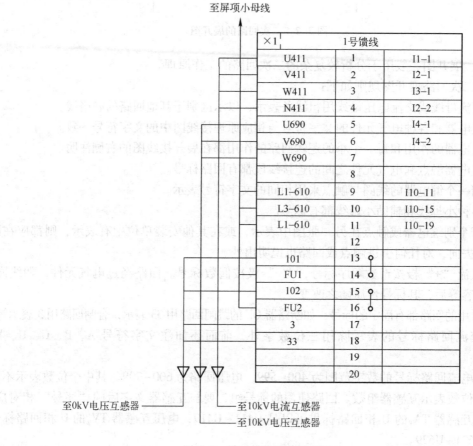

图 7-3　端子排的安装接线图

图 7-3 中左边第 1 列是标号，表示连接电缆的去向和电缆所连接设备接线柱的标号。如 U411、V411、W411 是由 10 kV 电流互感器引入的，并用编号为 1 的二次电缆将 10 kV 电流互感器和端子排 I 连接起来的。

本图中间列的编号 1~20 是端子排中端子的顺序号。本图右边第 1 列的标号是表示到屏内各设备的编号。

（3）相对标号法

对于两端连接不同端子的导线，为了便于查找其走向，采用专门的"相对标号法"。如图 7-4 所示。"相对标号法"是指每一条连接导线的任一端标以对侧所接设备的标号或代号，故同一导线两端的标号是不同的，并与展开图上的回路标号无关。利用这种方法很容易查找导线的走向，由已知的一端便可知另一端接到何处。

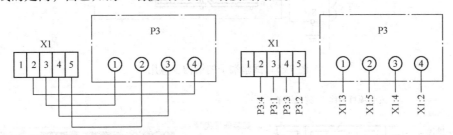

图 7-4 相对标号法图示

a）连续线表示法 b）相对标号表示法

图 7-4a 表示接线端子排 X1 的 3 号接线端子与屏内仪表 P3 的 1 号端子相连，仪表 P3 的 1 号端子标号为 P3:1，接线端子排 X1 的 3 号接线端子标号为 X1:3；由相对标号法的安装图 7-4b 可以看出：P3 的第 2 号接线端子，与接线端子排的 5 号端子相连，接线端子排的 5 号接线端子处标有 P3:2，P3 的第 2 号接线端子处标有 X1:5。

（4）端子排的作用

在电力电子配接线中，凡屏内设备与屏外设备相连接时，都要通过一些专门的接线端子，这些接线端子组合起来，称为端子排。端子排的作用就是将屏内设备和屏外设备的线路相连接，起到信号（电流电压）传输的作用。端子排的使用和连接有如下 8 种情况：

① 屏内与屏外二次回路的连接，同一屏上各安装单位的连接以及过渡回路等均应经过端子排。

② 屏内设备与接于小母线上的设备，如熔断器、电阻、小开关等的连接一般应经过端子排。

③ 各安装单位的电源"+"一般经过端子排，保护装置的电源"−"应在屏内设备之间接成环形，环的两端再分别接至端子排。

④ 交流电流回路、信号回路及其他需要断开的回路，一般需用试验端子。试验端子的结构及应用如图 7-5 所示。

⑤ 屏内设备与屏顶较重要的控制、信号、电压等小母线，或者在运行中、调试中需要拆卸的接至小母线的设备，均需经过端子排连接。

⑥ 同一屏上的各安装单位均应有独立的端子排，各端子排的排列应与屏面设备的布置相配合，端子排标志如图 7-6 所示。端子排一般按照下列回路的顺序排列：交流电流回路、交流电压回路、信号回路、控制回路、其他回路、转接回路。

⑦ 每一安装单位的端子排应在最后留 2~5 个端子作备用。正、负电源之间，经常带电的正电源与跳闸或合闸回路之间的端子排应不相邻或者以一个空端子隔开。

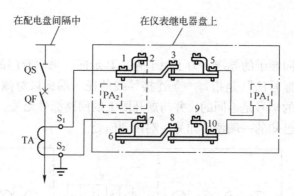

图 7-5　试验端子的结构及应用

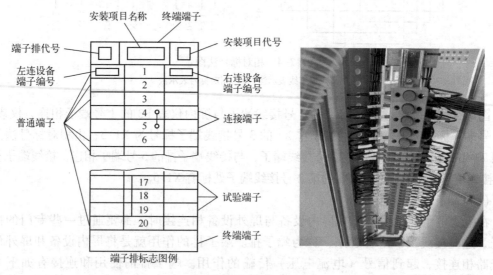

图 7-6　端子排标志图

⑧ 一个端子的每一端一般只接一根导线，在特殊情况下 B1 型端子最多接两根。

（5）二次回路编号

二次回路中的各个电气设备都要按设计要求进行连接，为了区别这些连接回路的功能和便于正确地连接，则按"等电位"的原则进行回路编号，即在回路中连于一点（即等电位）上的所有导线，都标以相同的回路编号。因此，由电气设备的线圈、绕组、触点或电阻、电容等元器件所间隔的线段，即视为不同的线段（即电位不相等），一般均须标以不同的回路编号。同时，回路编号也为区分回路功能（例如直流回路、交流回路、信号回路、电源回路等）带来很大方便。通常用的回路编号是根据国家标准拟定的。

回路编号按照功能可分成直流回路、交流回路、各种小母线等三个部分。回路编号一般由二至四位数字组成，当需要标明回路的相别或某些主要特征（例如控制回路电源小母线等）时，可在数字编号的前（或后）面增注文字编号，文字编号一般也要符合规定。

二次回路接线图中常见的文字编号见表 7-1。

262

表 7-1　直流回路的编号组

回路名称	数字编号组			
	I	II	III	IV
正电源回路	1	101	201	301
负电源回路	2	102	202	302
合闸回路	3~31	103~131	203~231	303~331
绿灯或合闸回路监视回路	5	105	205	305
跳闸回路	33~49	133、149	233、249	333、349
红灯或跳闸回路监视回路	35	135	235	335
备用电源自动合闸回路	50~69	150~169	250~269	350~369
开关设备的位置信号回路	70~89	170~189	270~289	370~389
事故跳闸音响信号	90~99	190~199	290~299	390~399
闪光母线	100			
保护回路	01~099 或 K1~K99（用于继电器保护回路）			
机组自动控制回路	401~599			
信号及其他回路	701~999			

对二次回路编号的说明如下。

1）对于不同用途的回路规定了编号数字的范围：对于一些比较重要的常用回路（例如直流正、负电源回路，跳、合闸回路等）都给予了固定的编号。如：保护回路——01~099；控制回路——1~599；信号及其他回路——701~999。

2）二次回路的编号：应根据等电位原则进行，在电气回路中遇于一点的全部导线都用同一个编号表示。当回路经过开关或继电器触点等隔开后，因为在开关或触点断开时，其两端已不是等电位了，所以应给予不同的编号。

3）表 7-1 中 I、II、III、IV 表示四个不同的编号组。例如对于一台三绕组变压器，每一侧装一台断路器，其符号分别为 QF_1、QF_2 和 QF_3，即对每一台断路器的控制回路应取相对应的编号。例如对 QF_1 取 1~99，QF_2 取 101~199，QF_3 取 201~299。

4）直流回路编号：是先从正电源出发，以奇数顺序编号，直到最后一个有压降的元件为止。如果最后一个有压降元件的后面不是直接连在负极上，而是通过连接片、开关或继电器触点等接在负极上，则下一步应从负极开始以偶数顺序编号至上述已有编号的接点为止。

5）交流回路数字编号：电流互感器及电压互感器的二次回路编号是按一次系统接线中电流互感器与电压互感器的编号相对应来分组的。例如某一条线路上分别装上两组电流互感器，其中：一组供继电保护用，取符号为 TA_1-1，另一组供测量表计用，取符号为 TA_1-2，则对 TA_1-1 的二次回路编号应是 U111~U119、V111~V119、W111~W119 和 N111~N119，而对 TA_1-2 的二次回路编号应是 U121~U129、V121-V129、W121~W129 和 N121~N129，其余类推。

6）交流电流、电压回路的编号不分奇数与偶数，从电源处开始按顺序编号。虽然对每只电流、电压互感器只给九个号码，但一般情况下是够用的。

7.2 识读高压断路器控制和信号电路图

本节中通过识读高压断路器控制和信号电路图，使学生进一步掌握二次回路图的分析方法；掌握变电所高压断路器的操作方法及监视供配电系统出现异常情况的处理方法；为从事工厂供配电系统运行与维护工作打下良好的基础。

【学习目标】

掌握电磁操作机构的高压断路器控制和信号回路的分析方法。

7.2.1 高压断路器的控制方式

高压断路器的控制回路就是控制（操作）断路器分、合闸的回路。操作机构有手力式、电磁式、液压式和弹簧储能式。电磁式操作机构只能采用直流操作电源，手力式和弹簧储能式可交、直流两用，但一般采用交流操作电源。

信号回路是用来指示一次回路运行状态的二次回路。信号按用途分，有断路器位置信号、事故信号和预告信号等。

1）断路器位置信号用来显示断路器正常工作的位置状态。红灯亮，表示断路器处于合闸通电状态；绿灯亮，表示断路器处于分闸断电状态。

2）事故信号用来显示断路器在事故情况下的工作状态。红灯闪光，表示断路器自动合闸通电；绿灯闪光，表示断路器自动跳闸断电。此外，事故信号还有事故音响信号和光字牌等。

3）预告信号是在一次电路出现不正常状态或发现故障苗头时发出报警信号。例如电力变压器过负荷或者油浸式变压器轻瓦斯动作时，就发出区别与上述事故音响信号的另一种预警用声响信号（用电铃、电笛区别），同时指示牌亮，指示出故障性质和地点，以便值班员及时处理。

按其操作电源的不同，控制方式又可分为强电控制和弱电控制。强电控制电压一般为110 V 或 220 V，弱电控制电压为 48 V 及以下。

按其控制地点的不同，又可分为就地控制和远方控制。就地控制是控制开关或按钮安装在装有断路器的高压开关柜上，操作人员就地进行手动操作控制。这种控制方式一般适用于不重要的设备，如6~10kV 馈线、厂用电动机等。远方控制是将控制开关或按钮安装在离操作对象几十米、几百米的主控制室的主控制屏（台）上，通过控制电缆对断路器进行操作控制；或离操作对象几十乃至上千千米的电力调度室，通过远动设备、通信设备对发电厂和变电站内的断路器进行远方控制，这种控制方式又称为遥控。

7.2.2 控制设备

断路器的控制设备有控制开关、控制按钮和微机测控装置。

控制开关和控制按钮是由运行人员直接操作，发出命令，使断路器合、跳闸；微机测控装置是接收通信跳、合闸命令，起动出口继电器使断路器跳、合闸。

发电厂和变电站一般采用 LW_2、LW_5 等系列控制开关，下面介绍在工厂变电所中常用 LW_2 型自动复位控制开关。LW_2 型控制开关结构如图 7-7 所示。

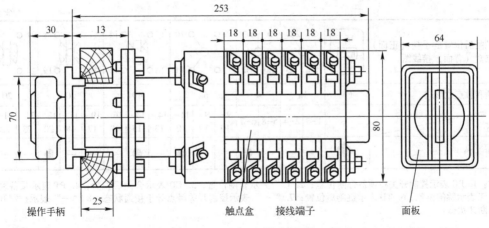

| 操作手柄 | | 25 | | 触点盒 | 接线端子 | | 面板 |

图 7-7　LW₂ 型控制开关

$\qquad$控制开关的手柄和安装面板，安装在控制屏前面，与手柄固定连接的转轴上有数节触点盒，安装于屏后。触点盒的节数（每节内部触点形式不同）和形式可以根据控制回路的要求进行组合。每个触点盒内有 4 个静触点和一个旋转式动触点，静触点分布在盒的 4 角，盒外有供接线用的 4 个引出线端子，动触点位于盒的中心，动触点根据凸轮和簧片形状以及在转轴上安装的初始位置可组成 14 种形式的触点盒，其代号为 1、1a、2、4、5、6、6a、7、8、10、20、30、40、50 等。1、1a、2、4、5、6、6a、7、8 型触点是随转轴转动的动触点；10、40、50 型触点在轴上有 45° 的自由行程；20 型触点在轴上有 90° 的自由行程；30 型触点在轴上有 135° 的自由行程。当手柄转动角度在其自由行程内时，动触点可保持在原来位置上不动，只有当手柄转动角度达到其自由行程时，静、动触点的接通位置才改变。具有自由行程的触点切断能力较小，只适用于信号回路。

$\qquad$表 7-2 所示是 LW₂-Z-1a·4·6a·40·20·20/F8 控制开关的触点图表。

表 7-2　LW₂-Z-1a. 4. 6a. 40. 20. 20/F8 型控制开关的触点表

在跳闸后位置的手柄（正面）和触点盒（背面）接线图	合跳	1 2 4 3	5 60 8 70	9 12 10 11	13 16 14 15	17 20 18 19	21 24 22 23
手柄和触点盒形式	F8	1a	4	6a	40	20	20
位置＼触点号	—	1-3 / 2-4	5-8 / 6-7	9-10 / 9-12 / 11-10	14-13 / 14-15 / 16-13	19-17 / 17-18 / 18-20	21-23 / 21-22 / 22-24
跳闸后（TD）	◧	— ●	— —	— — ●	— — ●	— — ●	— — ●
预备合闸（PC）	▣	● —	— —	● — —	● — —	● — —	● — —
合闸（C）	◆	— —	● ●	● ● —	● ● —	● ● —	● ● —
合闸后（CD）	▣	● —	— —	● — —	● ● —	● ● —	● ● —
预备跳闸（PT）	◨	— ●	— —	● ● —	● ● —	— — ●	● — —

（续）

在跳闸后位置的手柄（正面）和触点盒（背面）接线图	合跳	2 1 / 4 3	6 5 / 7 8	9 / 10 11 12	13 14 16 15	17 18 20 19	21 22 24 23
手柄和触点盒形式	F8	1a	4	6a	40	20	20
触点号 / 位置	—	1-3 | 2-4	5-8 | 6-7	9-10 | 9-12 | 11-10	14-13 | 14-15 | 16-13	19-17 | 17-18 | 18-20	21-23 | 21-22 | 22-24
跳闸（T）	◆	— | —	— | ●	— | — | ●	— | ● | —	— | — | ●	— | — | ●

注：1. PC 表示控制开关在预备合闸位置；2. C 合表示合闸位置；3. CD 表示合闸后位置；4. PT 表示预备跳闸位置；5. T 表示跳闸位置；6. TD 表示跳闸后位置；7. "·"表示控制开关触点处于接通状态；8. "—"表示控制开关触点处于断开状态。

当断路器为断开状态，手柄置于"跳闸后"的水平位置，需进行合闸操作时，首先将手柄顺时针旋转 90°至"预备合闸"位置，再顺时针旋转 45°至"合闸"位置，此时控制开关触点盒中的触点 5-8 接通，发合闸脉冲。

断路器合闸后，松开手柄，操作手柄在复位弹簧作用下，自动返回至"合闸后"的垂直位置。

进行跳闸操作时，是将操作手柄从"合闸后"的垂直位置逆时针旋转 90°至"预备跳闸"位置，再继续逆时针旋转 45°至"跳闸"位置，此时控制开关触点盒中的触点 6-7 接通，发跳闸脉冲。

断路器跳闸后，松开手柄使其自动复归至"跳闸后"的水平位置。

这样，合、跳闸操作分两步进行，可以防止误操作。

7.2.3 高压断路器的控制和信号回路

1. 对断路器控制回路的基本要求

断路器的控制回路必须完整可靠，因此必须满足下列基本要求：

1）断路器的合、跳闸回路是按短时通电设计的，操作完成后，应迅速切断合、跳闸回路，解除命令脉冲，以免烧坏合、跳闸线圈。为此，在合、跳闸回路中，接入断路器的辅助触点，既可将回路切断，又可为下一步操作做好准备。

2）断路器既能在远方由控制开关进行手动合闸和跳闸，又能在自动装置和继电保护装置作用下自动合闸和跳闸。

3）控制回路应具有反映断路器状态的位置信号和自动合、跳闸的显示信号。

4）无论断路器是否带有机械闭锁，都应具有防止多次合、跳闸的电气防跳措施。

5）对控制回路及其电源，应能进行监视。

6）对于采用气压、液压和弹簧操作的断路器，应有压力是否正常、弹簧是否拉紧到位的监视回路和闭锁回路。

7）接线应简单可靠，使用电缆的芯数应尽量少。

由于断路器及其控制开关的型号很多，这里只选择一个典型控制回路，来分析其工作过程，看它是如何实现以上要求的。

2. 电磁操动机构中断路器的控制及信号回路

图 7-8 所示为电磁操动机构的断路器的控制及信号回路。

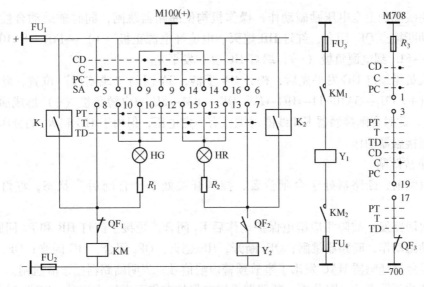

图 7-8 电磁操动机构的断路器的控制及信号回路

（1）手动控制合闸

设：目前断路器处于跳闸后 TD 位置（图 7-8），QF_1 闭合，QF_2 处于断开位置，此时 SA10-11 闭合，绿灯（HG）亮发平光，合闸接触器线圈 KM 得电，但因回路中有电阻 R_1 起限流作用，所以流过合闸接触器 KM 的电流很小，不足以使它动作，所以 KM_1 和 KM_2 常开触点都不闭合，断路器的合闸线圈不得电，高压断路器不闭合。

将控制开关 SA 置于预备合闸（PC）位置，SA 的触点 9-10 接通，断路器动断辅助触点 QF_1 接通，合闸接触器线圈 KM 得电，接通闪光母线 M100（+），绿灯（HG）亮闪光，但因回路中有电阻 R_1 起限流作用，所以流过合闸接触器 KM 的电流很小，不足以使它动作，所以 KM_1 和 KM_2 常开触点都不闭合，断路器的合闸线圈不得电，高压断路器不闭合。

将控制开关 SA 置于合闸（C）位置，SA 触点 5-8 接通，断路器动断辅助触点 QF_1 接通，合闸接触器线圈 KM 得电，因合闸接触器线圈回路中没有接电阻 R_1，所以流过合闸接触器 KM 的电流较大，足以使它吸合，所以 KM_1 和 KM_2 常开触点都闭合，断路器的合闸线圈 Y_1 得电，高压断路器闭合，断路器完成合闸操作。合闸完成后，断路器动断辅助触点 QF_1 断开，切断合闸回路。断路器动合辅助触点 QF_2 闭合，接通跳闸线圈 Y_2 回路。因此时控制开关 SA 的触点 13—16 闭合，所以红灯（HR）亮发平光。绿灯 HG 熄灭。红灯（HR）亮不仅反映断路器位置，同时监视合闸回路完整性。

红灯 HR 发平光后，松开 SA 手柄，SA 自动弹回到"合闸后"位置，此时电流经电源正极（+）$\rightarrow FU_1 \rightarrow SA16-13 \rightarrow HR \rightarrow R_2 \rightarrow QF_2 \rightarrow Y_2 \rightarrow FU_2$ 到电源负极（-），红灯 HR 亮发平光。

（2）手动跳闸操作

将 SA 操作手柄逆时针方向旋转 90° 到预备跳闸位置，此时 HG 经 SA13—14 接至闪光小母线 M100（+）上，红灯 HR 闪光。此时回路中有电阻 R_2，所以，跳闸线圈 Y_2 得电，但流过的电流很小，不足以使它动作，则断路器不跳闸。

确认断路器不跳闸后，将 SA 手柄再逆时针旋转 45° 到"跳闸"位置，SA 的触点 6—7

接通，跳闸线圈加上全电压励磁动作，操作机构使断路器跳闸，同时辅助动合接点 QF_2 断开，辅助动断接点 QF_1 闭合，红灯 HR 熄灭、电流经电源正极（+）→FU_1→SA10-11→HG→R_1→KM→FU_2 到电源负极（−），绿灯 HG 亮，发平光。

运行人员见绿灯 HG 发平光后，松开 SA 手柄，SA 回到"跳闸后"位置，此时电流经电源正极（+）FU_1→SA10-11→HG→R_1→QF_1→KM→FU_2→电源负极（−）形成通路，绿灯 HG 发平光。此时合闸接触器 KM 线圈两端虽有一定电压，但由于 HG 和 R_1 的分压作用，不足以使合闸接触器动作。

（3）事故跳闸

自动跳闸前，断路器处于合闸位置，控制开关处于"合闸后"状态，红灯 HR 亮发平光。

当一次回路发生故障相应继电保护动作后 K_2 闭合，短接了红灯 HR 和 R_2 回路，使 YT 加上电压励磁动作，断路器跳闸；QF_2 断开，HR 熄灭；QF_1 闭合，HG 闪光；QF_3 闭合，中央事故信号装置蜂鸣器 HAU 发出了事故预警声响信号，表明断路器已事故跳闸。

事故音响预警声电路分析：断路器由继电保护动作而事故跳闸时，QF 处于跳闸位置，SA 处于合闸后位置；事故预警声响小母线 M708 接通负电源，启动事故音响电路。

（4）自动合闸

自动合闸前，断路器处在跳闸位置，控制开关处于"跳闸后"位置，绿灯 HG 亮发平光；

当自动装置动作使 K_1 闭合时，短接了 HG 和 R_1，KM 加上全电压励磁动作，使断路器的合闸线圈 Y_1 得电，高压断路器闭合。合闸后 QF_1 断开，绿灯 HG 熄灭，QF_2 闭合，红灯 HR 闪光，同时自动装置将起动中央信号装置发出警铃声和相应的指示牌信号，表明该断路器自动投入。断路器自动合闸或保护动作使断路器跳闸时，为引起运行人员注意，普遍采用指示灯闪光方法。电路采用"不对应"原理设计。如自动合闸时，断路器在合闸位置，SA 在跳闸后 TD 位置。

7.3 绝缘监察装置的运行与维护

本节中通过分析绝缘监察装置电路图，使学生进一步掌握二次回路图的分析方法；了解变电所绝缘装置的结构和工作原理，掌握利用绝缘监察装置监视供配电系统运行情况的方法及供配电系统出现异常情况时的处理方法；为从事工厂供配电系统运行与维护工作打下良好的基础。

【学习目标】

1. 了解在小电流接地系统中单相接地故障的特点；
2. 掌握交流电网绝缘监察装置的工作原理；
3. 会利用绝缘监察装置判断、处理供配电系统的故障。

7.3.1 小电流接地系统发生单相接地故障的特点

1）交流系统接地相电压降低、其他两相电压升高。

2）相电压不对称、线电压对称，同时由于系统绝缘按线电压设计，不影响对用户的供电。

3）非故障相电压升高，对线路绝缘损伤极大，线路绝缘薄弱处可能发生击穿接地故障，造成相间短路，影响系统的稳定运行。同时故障点产生的电弧可能烧坏设备，且在一定条件下将产生串联谐振过电压（为 2.5~3 倍相电压）。所以，小电流接地系统发生单相接地故障时，一般只允许运行 1~2 h。

7.3.2 交流电网绝缘监察装置的工作原理

交流电网绝缘监察装置如图 7-9 所示。

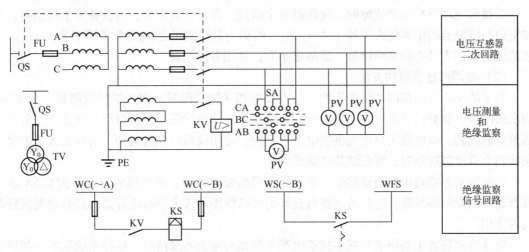

图 7-9　交流电网绝缘监察装置

正常工作时，三相供配电系统电压对称，开口三角形的两端电压接近零值，所以过电压继电器 kV 不动作。

当一次供配电系统例如 C 相发生单相金属接地时，一次侧 C 相线圈电压降到零值，其他两个未故障相线圈电压升高到线电压。这样二次侧开口三角形的 C 相线圈电压降到零值，其他两相线圈电压升高到 $100/\sqrt{3}$ V，三角形开口两端电压升高到 100 V。不管是否金属性接地，只要开口三角形两端电压升高到一定数值时，即加在过电压继电器 kV 上的电压达到过电压继电器的动作值时，一般为 100 V，过电压继电器动作，接通信号回路，发出报警信号，提醒值班人员及时处理。

值班人员通过对互感器二次侧星形接线接入的三个相电压表指示值，可判断出是否发生了接地和接地的相别。

7.3.3 利用绝缘监察装置判断系统故障

（1）注意区分电压互感器高、低压熔断器的熔断故障

1）电压互感器一相高压熔断器熔断时，报出接地信号。但只有熔断相电压降低，其他两相电压不会升高，线电压将降低。

2）电压互感器一相低压熔断器熔断时，无法报出接地信号。但只有熔断相电压降低为

零，其他两相电压不变，线电压将降低。

（2）注意区分系统过电压故障

1）当雷击时，可能会因为雷击过电压引起绝缘监察装置动作，但该接地信号为瞬间报出，接地信号随即可以复归。

2）当出现操作谐振过电压时，电压表指示将很高，超过线电压，此时投入或断开一条线路即可消除。

7.3.4　单相接地故障的处理

（1）处理接地故障的安全要求

查找和处理单相接地故障时，应作好安全措施，保证人身安全。当设备发生接地时，若在室内与故障点的距离要大于等于 4 m，室外的话与故障点的距离要大于等于 8 m，进入上述范围的工作人员必须穿绝缘靴，戴绝缘手套，使用专用工具。

（2）处理接地故障的方法

为了减小停电的范围和负面影响，在查找单相接地故障时，应先试拉线路长、分支多、历次故障多、负荷轻以及用电性质次要的线路，然后试拉线路短、负荷重、分支少、负荷性质重要的线路。双电源用户可先倒换电源再试拉，专用线路应先行通知。若有关人员汇报某条线路上有故障迹象时，可先试拉这条线路。

若电压互感器高压熔断器熔断，不得用普通熔断器代替。必须用额定电流为 0.5A 装填有石英砂的瓷管熔断器，这种熔断器有良好的灭弧性能和较大的断流容量，具有限制短路电流的作用。

绝缘监察装置主要用来监视小接地电流系统相对地的绝缘情况。这种系统发生一相接地时，线电压不变，因此对系统尚不至于引起危害，但这种情况不允许长期运行，否则当另一相再发生接地时，就会引起严重后果。可能造成继电保护、信号装置和控制回路的误动作，使高压断路器误跳闸或拒绝跳闸。为了防止这种危害，必须装设连续工作的高灵敏度的绝缘监察装置，以便及时发现系统中某点接地或绝缘能力降低。但不能判别是哪一条线路发生了接地故障。如果高压线路较多时，采用这种绝缘监察装置还不够。这种装置只适用于线路数目不多，并且只允许短时停电的供电系统中。

7.4　自动重合闸装置的运行与维护

本节中通过识读自动重合闸装置电路图，使学生掌握二次回路图的分析方法；了解自动重合闸装置的结构及工作原理，掌握自动重合闸与继电保护配合的作用、自动重合闸与继电保护配合的方式及自动重合闸的工作特点等，为从事工厂供配电系统运行与维护工作打下良好的基础。

【学习目标】

1. 能看懂自动重合闸装置电路图；
2. 理解对自动重合闸装置的要求；
3. 掌握自动重合闸装置的工作原理。

7.4.1 输电线路自动重合闸装置（ARC）的作用和分类

1. 自动重合闸装置在电力系统中的作用

输电线路上采用自动重合闸装置的作用可归纳如下：

1) 提高输电线路供电可靠性，减少因瞬时性故障停电造成的损失。

2) 对于双端供电的高压输电线路，可提高系统并列运行的稳定性，从而提高线路的输送容量。

3) 可以纠正由于断路器本身机构不良或继电保护误动作而引起的误跳闸。

2. 对自动重合闸装置自动重合闸装置的基本要求

1) 自动重合闸装置自动重合闸装置动作应迅速。

2) 手动跳闸时不应重合。

3) 手动合闸于故障线路时，继电保护动作使断路器跳闸后，不应重合。

4) 自动重合闸装置自动重合闸装置宜采用控制开关位置与断路器位置不对应的原理起动。即当控制开关在合闸位置而断路器实际上处在断开位置的情况下起动重合闸。这样，可以保证无论什么原因使断路器跳闸以后，都可以进行自动重合闸。当出现相应故障时，分相跳闸继电器相应的常开触点闭合，起动重合闸启动继电器，通过重合闸启动继电器的常开触点，于是启动自动重合闸装置。

5) 只允许自动重合闸装置（自动重合闸装置）动作一次。

6) 自动重合闸装置自动重合闸装置动作后，应自动复归，准备好再次动作。

7) 自动重合闸装置自动重合闸装置应能在重合闸动作后或重合闸动作前，加速继电保护的动作。自动重合闸装置与继电保护相互配合，可加速切除故障。手动合闸于故障线路时自动重合闸装置还应具有加速继电保护动作的功能。

8) 自动重合闸装置自动重合闸装置可自动闭锁。当断路器处于不正常状态（如气压或液压降低）不能实现自动重合闸时，或某些保护动作不允许自动合闸时，应将 ARC 闭锁。

3. 自动重合闸装置自动重合闸装置的分类

自动重合闸装置的类型很多，根据不同特征，通常可分为如下几类：

1) 按作用于断路器的方式，可以分为三相自动重合闸装置、单相自动重合闸装置和综合自动重合闸装置三种。

2) 按作用的线路结构可分为单侧电源线路 ARC、双侧电源线路 ARC。双侧电源线路自动重合闸装置又可分为快速自动重合闸装置、非同期自动重合闸装置、检定无压和检定同期的自动重合闸装置等。

7.4.2 单侧电源线路的三相一次自动重合闸装置的原理及接线

单侧电源线路只有一侧电源供电，不存在非同步重合的问题，自动重合闸装置自动重合闸装置装于线路的送电侧。

在我国的电力系统中，单侧电源线路广泛采用三相一次重合闸方式。所谓三相一次重合闸方式，是指不论在输电线路上发生相间短路还是单相接地短路，继电保护装置动作，将三相断路器一齐断开，然后重合闸装置动作，将三相断路器重新合上的重合闸方式。当故障为瞬时性故障时，重合闸成功；当故障为永久性故障时，则继电保护再次将三相断路器一齐断开，不再重合闸。

1. 三相一次自动重合闸装置自动重合闸装置的构成

三相一次自动重合闸装置由重合闸启动回路、重合闸时间元件、一次合闸脉冲元件及执行元件四部分组成。

1）重合闸启动回路是用以启动重合闸时间元件的回路，一般按控制开关与断路器位置不对应原理启动；

2）重合闸时间元件是用来保证断路器断开之后，故障点有足够的去游离时间和断路器操动机构复归所需的时间，以使重合闸成功；

3）一次合闸脉冲元件用以保证重合闸装置只重合一次，通常利用电容放电来获得重合闸脉冲；

4）执行元件用来将重合闸动作信号送至合闸回路和信号回路，使断路器重合及发出重合闸动作信号。

2. 三相一次自动重合闸装置的接线及工作原理

如图 7-10 所示，虚线框内为 DH-2A 型重合闸继电器内部接线，其内部由时间继电器 KT、中间继电器 KM、电容 C、充电电阻 R_4、放电电阻 R_6 及信号灯 HL 组成。其虚线框外还有如下几种组成：

1）KCT 是断路器跳闸位置继电器，当断路器处于断开位置时，KCT 的线圈通过断路器辅助常闭触点 QF_1 及合闸接触器 KMC 的线圈而励磁，KCT 的常开触点闭合。由于 KCT 线圈电阻的限流作用，流过 KMC 中电流很小，此时 KMC 不会动作，断路器不会合闸。

2）KCF 是防跳继电器，用于防止因 KM 的触点粘住时引起断路器多次重合于永久性故障线路。

3）KAT 是加速保护动作的中间继电器，它具有瞬时动作，延时返回的特点。

4）KS 是表示重合闸动作的信号继电器。

5）SA 是手动操作的控制开关，触点的通断情况见表 7-3。

6）ST 用来投入或退出重合闸装置。

表 7-3　SA 控制开关触点通、断情况表

操作状态		手动合闸	合闸后	手动跳闸	跳闸后
SA 触点符号	2—4	-	-	-	×
	5—8	×	-	-	-
	6—7	-	-	×	-
	21—23	×	×	-	-
	25—28	×	-	-	-

注：×表示接通，-表示断开。

现对三相一次自动重合闸装置在如下几种情况时操作过程作简要介绍。

1）线路正常运行时。控制开关 SA 和断路器都处在对应的合闸位置，断路器辅助常闭触点 QF_1 打开，常开触点 QF_2 闭合，KCT 线圈失电，KCT_1 触点打开。SA 触点 21-23 接通，ST 置"投入"位置，其触点 1-3 接通。电容 C 经电阻 R_4 充满电，电容器两端电压等于直流电源电压，ARC 处于准备动作状态。信号灯 HL 亮，用来监视继电器 KM 触点及电源是否完好。

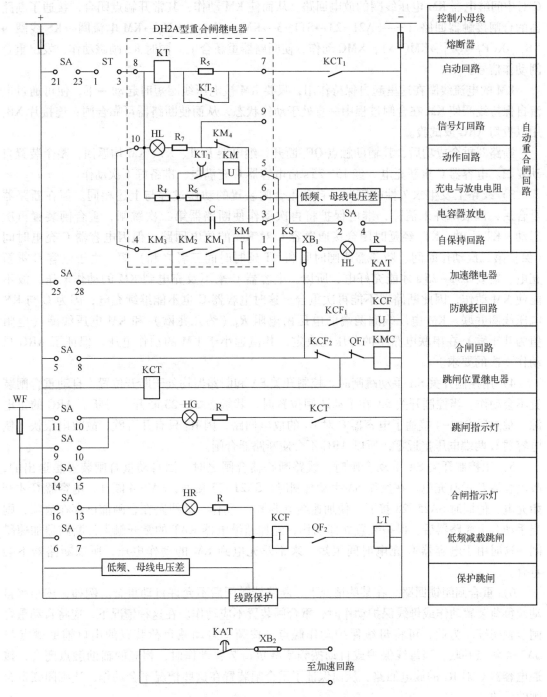

图 7-10　单侧电源线路的三相一次自动重合闸装置的电路图

2）当线路发生瞬时故障或由于其他原因使断路器跳闸时。控制开关 SA 和断路器位置处于不对应状态。因断路器跳闸，所以其辅助触点 QF₁ 闭合，QF₂ 打开，跳闸位置继电器

KCT 动作，KCT_1 触点闭合，起动重合闸时间继电器 KT，其瞬动触点 KT_2 断开，串进电阻 R_5，保证 KT 线圈的热稳定。时间继电器 KT 的延时触点 KT_1 经整定时间闭合，接通电容器 C 对中间继电器 KM 电压线圈的放电回路，从而使 KM 动作，其常开触点闭合，接通了断路器的合闸接触器回路（$+\rightarrow SA21\text{-}23\rightarrow ST1\text{-}3\rightarrow KM_3\rightarrow KM_2\rightarrow KM_1\rightarrow KM$ 电流圈 $\rightarrow KS$ 线圈 $\rightarrow XB_1\rightarrow KCF_2\rightarrow QF_1\rightarrow KMC\rightarrow$），KMC 动作，使断路器重新合上。同时 KS 励磁动作，发出重合闸动作信号。

KM 的电流线圈在这里起自保持作用，只要 KM 被电压线圈短时起动一下，便可通过电流自保持线圈使 KM 在合闸过程中一直处于动作状态，从而使断路器可靠合闸；连接片 XB_1 用以投切 ARC 或试验。

断路器重合成功后，其辅助触点 QF_1 断开，继电器 KCT、KT、KM 均返回，整个装置自动复归。电容器 C 重新充电，经 15~25 s 后电容器 C 充满电，准备好下次动作。

3）线路上发生永久性故障时。自动重合闸装置的动作过程与上述相同。但在断路器重合后，因故障并未消除，继电保护将再次动作使断路器第二次跳闸，重合闸装置再次起动，KT 励磁，KT_1 经延时闭合接通电容 C 对 KM 的放电回路，但因电容器 C 充电时间（保护第二次动作时间、断路器跳闸时间和 KT 延时时间三者之和）短，由于电容 C 重新充电，需要 15 s~25 s 才能充好电，所以，电容器 C 来不及充电到 KM 的动作电压，故不能使 KM 动作，因此断路器不能再次重合。这时电容器 C 也不能继续充电，因为 C 与 KM 电压线圈并联。KM 电压线圈两端的电压由电阻 R_4（约几兆欧）和 KM 电压线圈（电阻值为几千欧）在串联电路中的分压比决定，其值远小于 KM 的动作电压。保证了 ARC 只动作一次的要求。

4）用控制开关 SA 手动跳闸时。控制开关 SA 和断路器均处于断开位置，自动重合闸装置不会动作。当控制开关 SA 在手动跳闸位置时，其触点 21-23 断开，切断了 ARC 的正电源。跳闸后 SA2-4 接通了电容器 C 对 R_6 的放电回路，因 R_6 只有几百欧，故放电很快，使电容器 C 两端电压接近零，所以 ARC 不会使断路器合闸。

5）用控制开关 SA 手动合闸时。线路断路器合闸之时，因自动重合闸装置是退出的，故电容器 C 没有充电。在操作 SA 手动合闸时，SA21-23 接通，SA2-4 断开，电容器 C 才开始充电，但同时 SA25-28 接通，使加速继电器 KAT 动作。如线路在合闸前已存在故障，则当手动合上断路器后，保护装置立即动作，经加速继电器 KAT 的常开触点使断路器加速跳闸。这时由于电容器 C 充电时间很短，来不及充电到 KM 的动作电压，所以断路器不会重合。

6）重合闸闭锁回路。在某些情况下，断路器跳闸后不允许自动重合。例如，按频率自动减负荷装置动作或母线保护动作时，重合闸装置不应动作。在这种情况下，应将自动重合闸装置闭锁。为此，可将母线保护动作触点、按频率自动减负荷装置的出口辅助触点与 SA2-4 触点并联。当母线保护或自动按频率减负荷装置动作时，相应的辅助触点闭合，接通电容器 C 对 R_6 的放电回路，从而保证了重合闸装置在这些情况不会动作，达到闭锁重合闸的目的。

7）防止断路器对永久性故障发生多次重合的措施。如果线路发生永久性故障，并且第一次重合时出现了 KM_3、KM_2、KM_1 触点粘住而不能返回的现象时，当继电保护第二次动作使断路器跳闸后，由于断路器的辅助触点 QF_1 又闭合，若无防跳继电器，则被粘住的 KM 触点会立即启动合闸接触器 KMC，使断路器第二次重合。因为是永久性故障，保护将再次动作跳闸。这样，断路器跳闸-合闸不断反复，形成"跳跃"现象，这是不允许的。为此装设了防跳继电器 KCF。KCF 在其电流线圈通流时动作，电压线圈有电压时保持。当断路器第一次跳闸时，虽然串在跳闸线圈回路中的 KCF 电流线圈使 KCF 动作，但因 KCF 电压线圈没有自保持电压，当断路器跳闸后，KCF 自动返回。当断路器第二次跳闸时，KCF 又动作，如果这时 KM 触点粘住而不能返回，则 KCF 电压线圈得到自保持电压，因而处于自保持状态，其常闭触点 KCF$_2$ 一直断开，切断了 KMC 的合闸回路，防止了断路器第二次合闸。同时 KM 常开触点粘住后，KM 的常闭触点 KM$_4$ 断开、信号灯 HL 熄灭，给出重合闸故障信号，使运行人员及时处理。

当手动合闸于故障线路时，防跳继电器 KCF 同样能防止因合闸脉冲过长而引起的断路器多次重合。

7.4.3 自动重合闸装置的配置

GB/T 50062—2008《电力装置的继电保护和自动装置设计规范》规定简述如下。

1）在 3~110kV 电网中，下列情况应装设自动重合闸装置：

① 3kV 及以上的架空线路和电缆与架空的混合线路，当用电设备允许且无备用电源自动投入时；

② 旁路断路器和兼作旁路的母联或分段断路器。

2）35MV·A 及以下容量且低压侧无电源接于供电线路的变压器，可装设自动重合闸装置。

3）单侧电源线路的自动重合闸方式的选择应符合下列规定：

① 应采用一次重合闸；

② 当几段线路串联时，宜采用重合闸前加速保护动作或顺序自动重合闸。

4）双侧电源的单回线路，可采用下列重合闸方式：

① 可采用解列重合闸；

② 当水电厂条件许可时，可采用自同步重合闸；

③ 可采用一侧无压检定，另一侧同期检定的三相自动重合闸。

工厂供电系统中采用的 ARD（供电系统事故处理装置），一般都是一次重合式，因为一次重合式 ARD 比较简单经济，而且基本上能满足供电可靠性的要求。运行经验证明：ARD 的重合成功率随着重合次数的增加而显著降低。对架空线路来说，一次重合成功率可达 60%~90%，而二次重合成功率只有 15% 左右，三次重合成功率仅 3% 左右。因此工厂供电系统中一般只采用一次 ARD。

7.5 备用电源自动投入装置的运行与维护

本节中通过识读备用电源自动投入装置电路图，使学生进一步掌握二次回路图的分析方法；了解备用电源自动投入装置的结构及工作原理；理解对备用电源自动投入装置的基本要求；认识备用电源自动投入装置应具有的功能等，为从事工厂供配电系统运行与维护工作打下良好的基础。

1. 了解备用电源自动投入装置的作用；
2. 掌握对备用电源自动投入装置的基本要求；
3. 了解备用电源接线方式；
4. 会分析备用电源自动投入装置的电路图。

1. 备用电源自动投入装置的作用及基本要求

备用电源自动投入装置就是当工作电源因故障断开以后，能自动而迅速地将备用电源投入到工作或将用户切换到备用电源上去，从而使用户不至于被停电的一种自动装置，简称备自投，亦称 APD。

（1）备用电源自动投入装置的作用

1）提高用户供电可靠性。

2）简化继电保护。采用 APD 装置后，环形供电网可以开环运行，变压器可以解列运行，继电保护的方向性等问题可不考虑。

3）限制短路电流，提高母线残余电压。在受端变电所，如果采用变压器解列运行或环网开环运行，显然出线故障时短路电流要减小，供电母线残余电压相应提高一些。这对保护电气设备、提高系统稳定性有很大意义。

由于 APD 装置在提高供电可靠性方面作用显著，装置本身接线简单、可靠性高、造价低，所以在发电厂、变电所及工矿企业中得到了广泛的应用。

（2）对备用电源自动投入装置的要求

1）工作电源正常的停电操作，或断路器因继电保护动作（负载侧故障）跳闸，或备用电源无电时，APD 均不应动作。其他情况，如果工作电源某种原因（故障或误操作）消失或电压降得很低时，APD 应动作。

2）应保证在工作电源断开后，备用电源电压正常时，才投入备用电源。

3）备用电源自动投入装置只允许动作一次，以免将在遇到永久性故障时备用电源合闸。

4）电压互感器二次回路断线时，不误动作。

5）备用电源应在工作电源确实断开后才投入。工作电源如为变压器，则其一、二次侧的断路器均应断开。

6）当备用电源因故障母线自动投入，应使其保护装置加速动作，以防扩大事故。

7）兼做几段母线的备用电源，当已代替一个工作电源时，必要时仍能作其他段母线的备用电源。

8）备用电源自动投入装置的时限整定值应尽可能短，可保证负载中电动机自起动的时间要求，通常为 $1 \sim 1.5\,\mathrm{s}$。

2. 备用电源自动投入装置一次接线的分类

备用电源自动投入装置根据备用方式，可以分为明备用和暗备用两种。明备用是指正常情况下有装用的备用变压器或备用线路。

（1）明备用

正常情况下有明显断开的备用电源或设备，即在接线图中一定可以找到专用的备用电源或备用设备（例备用变压器）或备用线路，而且这里的备用电源或备用设备（例备用变压器）正常时一定与所连接负荷的母线是断开的。如图7-11a所示，正常运行时 QF_1 在闭合状态，QF_2 在断开状态，A 为工作电源，B 为备用电源。

（2）暗备用

正常情况下没有断开的电源和设备而是分段母线间利用分段断路器实现相互备用，即在接线图中找不到专用的备用电源或备用设备（例备用变压器）或备用线路，但至少有两段负荷母线，且负荷母线之间一定有正常时断开的分段断路器。如图7-11b所示，正常运行时 QF_1 和 QF_2 均在闭合状态，QF_3 在断开状态，两电源都投入工作，互为备用电源。

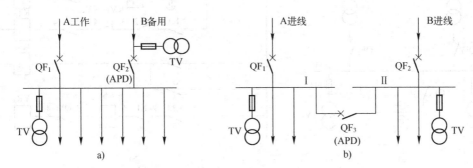

图7-11　备用电源接线方式

a）明备用　b）暗备用

3. APD 的应用

1）装有备用电源的发电厂厂用电源和变电所所用电源。

2）由双电源供电其中一个电源经常断开作为备用的变电所。

3）降压变电所内有备用变压器或互为备用的母线段。

4）有备用机组的某些辅机。

4. 备用电源自动投入装置的接线及原理

由于变电所电源进线及主接线的不同，对所采用的备用电源自动投入装置要求和接线也有所不同。下面以两台变压器互为备用时的自动投入装置为例进行介绍。

图7-12所示为两台变压器互为备用的自动投入装置的接线图，此种接线适用于重要的用电场所。正常运行时 QF_1 和 QF_2 均在闭合状态，QF_3 在断开状态，两电源都投入工作，QF_1 和 QF_2 的常开触点闭合，闭锁继电器 KL 线圈得电，其延时断开常开触点 KL1-2 和 KL3-4 闭合，$KV_1 \sim KV_4$ 均处于动作状态。当电源 G_2 失电时，接于 TV_2 上的 KV_3 与 KV_4 线圈失电，其常闭触点 $KV_3$1-2 和 $KV_4$3-4 闭合，时间继电器 KT_2 线圈得电，其延时闭合常开触点 $KT_2$1-2 延时闭合，信号继电器 KS_2 和跳闸线圈 YR_2 得电，断路器 QF_2 跳闸，闭锁继电器 KL 线圈失电，合闸线圈 YO 得电，QF_3 合闸。APD 动作完成。

若 QF_3 因永久性故障合闸，则在过电流保护作用下 KM 线圈得电，其常开触点 KM 闭合，跳闸线圈 YR_3 得电，断路器 QF_3 立即跳闸。

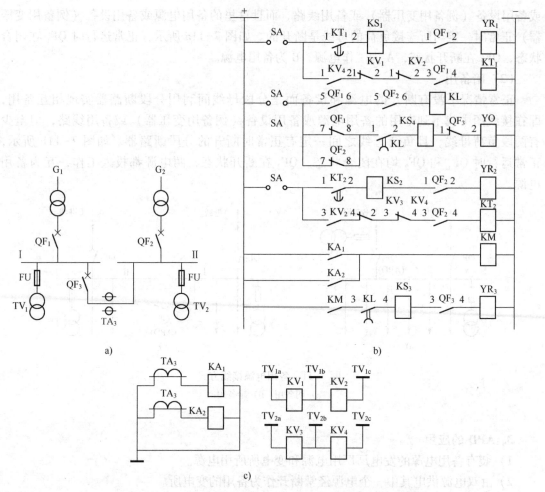

图 7-12　两台变压器互为备用的自动投入装置的接线图

a）一次电路　b）二次回路展开图　c）电压互感器与电流互感器的接线

习题

一、填空题

1. 对一次设备的工作状态进行＿＿＿＿＿、＿＿＿＿＿、＿＿＿＿＿和＿＿＿＿＿的辅助电气设备称为二次设备。

2. 在变电所中通常将电气设备分为＿＿＿＿＿和＿＿＿＿＿两大类。

3. 二次回路图按用途可分为＿＿＿＿＿接线图、＿＿＿＿＿接线图、＿＿＿＿＿接线图三种形式。

4. 二次回路按功能可分为＿＿＿＿＿回路、＿＿＿＿＿回路、＿＿＿＿＿回路、＿＿＿＿＿回路和＿＿＿＿＿回路。

5. 二次回路的操作电源主要有直流和交流两大类，直流操作电源主要有＿＿＿＿＿和＿＿＿＿＿直流操作电源两种。

二、选择题

1. 短路保护的操作电源可取自（　　）。

A. 电容器　　　　　　B. 电流互感器　　　　　　C. 空气开关

2. 下列设备（　　）是二次设备。

A. 继电保护装置　　　B. 高压断路器　　　　　　C. 高压隔离开关

三、简答题：

1. 工厂变配所二次回路按功能有哪几部分？各部分的作用是什么？

2. 交流操作电源有哪些特点？可通过哪些途径获得交流操作电源？

3. 断路器控制回路应满足哪些要求？

4. 什么叫中央信号？

5. 事故音响信号和预告警声响信号的声响有何区别？

6. 接线端子按用途分有哪几种？各自的用途是什么？

7. 对备用电源自动投入装置的要求有哪些？

四、分析题

1. 断路器的控制回路和信号回路如图 7-13 所示，试分析：

1) 将 SA 扳到"跳闸后"位置时，绿灯 GN 和红灯 RD 是否亮？发什么光？

2) 将 SA 扳到"预备合闸"位置时，绿灯 GN 和红灯 RD 是否亮？发什么光？

3) 将 SA 扳到"合闸"位置时，绿灯 GN 和红灯 RD 是否亮？发什么光？

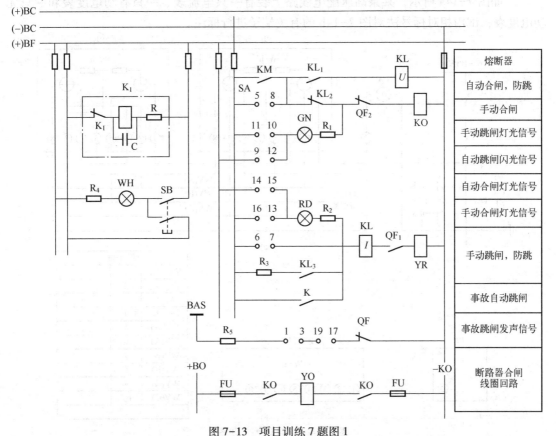

图 7-13　项目训练 7 题图 1

在"跳闸后"手柄（正面）的位置和触点盒（背面）接线图	（手柄方位示意）	1 2 4 3	5 6 8 7	9 10 12 11	13 14 16 15	17 18 20 19	21 22 24 23
手柄和触点盒形成	F_8	1a	4	6a	40	20	20

			1→3	2→4	5→8	6→7	9→10	9→12	10→11	13→14	14→15	13→16	17→19	17→18	18→20	21→23	21→22	22→24
触点号		—																
位置	跳闸后	▯▮	—	×	—	—	—	×	—	—	×	×	—	—	×	—	—	×
	预备合闸	▯▮(竖)	×	—	—	×	—	×	—	×	—	×	—	—	×	—	×	—
	合闸	◨	—	—	—	—	—	—	—	×	×	—	—	—	—	×	—	
	合闸后	▯▮(竖)	×	—	—	—	—	—	—	×	—	×	—	—	×	—	×	—
	预备跳闸	▯▮	—	×	—	×	—	×	—	×	—	×	—	—	×	—	—	×
	跳闸	◨	—	—	—	×	—	×	—	×	—	×	—	—	×	—	—	×

注：本表中符号含义与表7-2符号同。

图7-13　项目训练7题图1（续）

2. 如图7-14a所示，某条高压配电线路上装有一只电流表、一只有功电度表和一只无功电度表，试用相对标号法对图7-14b的有关端子进行标注。

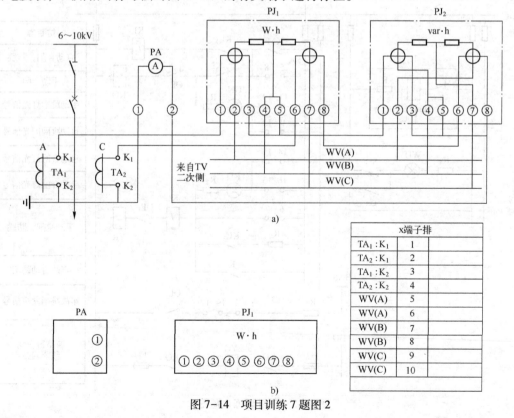

a)

b)

x端子排		
$TA_1:K_1$	1	
$TA_2:K_1$	2	
$TA_1:K_2$	3	
$TA_2:K_2$	4	
WV(A)	5	
WV(A)	6	
WV(B)	7	
WV(B)	8	
WV(C)	9	
WV(C)	10	

图7-14　项目训练7题图2

第8章 车间照明线路的安装

车间照明线路是工厂供配电系统的一个重要组成部分，照明质量的好坏，直接影响工厂的生产效率，因此，学好照明的基本概念，看懂照明电路图等，能为从事工厂照明线路安装及维护工作打下良好的基础。

8.1 电气照明认知

本节中主要是能根据厂地灯具照度标准选择合适的电光源和灯具；能读懂各种电光源电路图，并能按图接线。

【学习目标】

1. 理解照明的基本概念；
2. 了解照明方式和种类；
3. 了解常用照明光源的性能及选择原则；
4. 掌握灯具照度的计算方法；
5. 能读懂各种电光源的电路图，并能按图接线；
6. 能读懂各种照明供电系统图。

8.1.1 照明的基本概念

1. 光

光是一种辐射能，其本质是一种电磁波，可见光的波长为 380~780 mm。

2. 光通量（luminous flux）

光源在单位时间内，向周围空间辐射出的使人产生光感的能量，用符号 Φ 表示，其单位为流明（1 m）。光通量与光辐射的强度及其波长有关。

3. 光效（lm/W）

光效是电光源每消耗 1 瓦功率所发出的流明数，它是衡量电光源性能优劣的重要指标，光效越高越好。

4. 发光强度

光源在某一特定方向上单位立体角内辐射的光通量，称为光源在该方向上的发光强度（luminous intensity），用符号 I 表示，单位为坎德拉（cd），简称光强。光强是反映电光源发光强弱程度的物理量。

对于向各个方向均匀辐射光通量的光源，其各个方向的发光强度相同，其值为

$$I = \frac{\Phi}{\Omega} \tag{8-1}$$

式中 Φ——光源在立体角 Ω 内所辐射的总光通量；

$\varOmega$——空间立体角，S 为 $\varOmega$ 相对应的球面积，r 为球半径。

5. 照度

照度（illuminance）是表征被照面上光的强弱的物理量，用受照物体单位面积上的光通量表示。照度的符号为 E，单位是勒克斯（lx）。如果光通量均匀地投射到面积为 S 的表面上，则该表面的光通量为

$$E = \frac{\varPhi}{S} \tag{8-2}$$

6. 亮度

发光体在视线方向单位投影面上的发光强度称为亮度（luminance），用符号 L 表示，单位为 cd/m^2。

$$L = \frac{I}{S} \tag{8-3}$$

7. 光源的显色性能

光源对被照物体颜色显现的性质称为光源的显色性能。物体的颜色以日光或与日光相当的参考光源照射下的颜色为准。

光源的显色性能用被测光源照明时与参考光源照明时物体颜色相符程度，即显色指数来衡量。日光的显色指数为 100，白炽灯的显色指数为 97~99，荧光灯的为 75~90。

8. 色温

当光源发射出的光的颜色与黑体（能吸收全部光能的物体）在某一温度时发出的光的颜色相同时，该温度就称为光源的色温，符号为 T，单位是开尔文（K）。

9. 照明质量

为了获得良好的照明质量，通常要考虑因素为：合适的照度、照度分布的均匀性、眩光的限制、光源的显色性、照明的稳定性和波动深度的要求。

8.1.2 照明方式和种类

1. 照明方式

1）一般照明：在整个场所或场所的某部分照度基本均匀的照明。

2）局部照明：为照亮某个局部而设置的照明称为局部照明。

3）混合照明：对于工作位置需要较高照度而对光照方向有特殊要求的场所宜采用混合照明。

2. 照明种类

1）工作照明：正常工作时用来保证被照明场所正常工作时具有适合视力条件的照度。

2）事故照明：用于因故障失去工作照明后，维持暂时继续工作或安全疏散人员。

3）值班照明：在非生产时间供值班人员使用的照明称为值班照明。

4）警卫照明：用于警卫地区周界的照明。

5）障碍照明：装设在建筑物上作为障碍标志用的照明。

8.1.3 常用照明光源

1. 电光源的分类

常用的电光源按发光原理可分为热辐射光源和气体放电光源两类。

（1）热辐射光源

热辐射光源是利用物体加热时辐射发光的原理所制造的光源，如白炽灯、卤钨灯等。

1）白炽灯

白炽灯是靠电流加热钨丝到白炽程度引起热辐射发光的，结构见图 8-1。

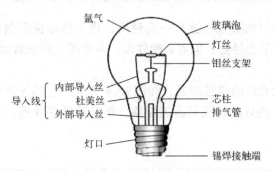

图 8-1　白炽灯结构图

1—玻壳　2—灯丝（钨丝）　3—支架（钼线）　4—电极（镍丝）　5—玻璃芯柱　6—杜美丝

（铜铁镍合金丝）　7—引入线（铜丝）　8—抽气管　9—灯头　10—封端胶泥　11—锡焊接触端

其特点是构造简单，价格低，显色性好，有高度的集光性，便于光的再分配，使用方便，适于频繁开关。缺点是光效低，使用寿命短，耐振性差。

2）卤钨灯

卤钨灯是利用卤钨循环的原理，在白炽灯中充入微量的卤化物，结构见图 8-2，白炽灯灯丝蒸发出来的钨和卤元素结合，生成的卤化钨分子扩散到灯丝上重新分解，使钨又回到灯丝上，从而既提高了灯的光效又延长了使用寿命。

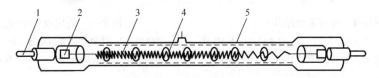

图 8-2　卤钨灯结构图

1—灯脚　2—钼箔　3—灯丝（钨丝）　4—灯架　5—石英玻管（内充微量卤素）

管形卤钨灯必须水平安装，并且应当与易燃物保持一定距离。卤钨灯的耐振性也较差，不适于在振动较大的场所使用，更不能作为移动式光源来使用。

（2）气体放电光源

利用电场作用下气体放电发光的原理所制造的光源，如荧光灯、高压汞灯、高（低）压钠灯、金属卤化物灯和氙灯等。

1）荧光灯

荧光灯是一种低压汞蒸气弧光放电灯，结构如图 8-3 所示，汞蒸气放电时发出可见光和紫外线，紫外线又激励管内壁的荧光粉而发出可见光，两者混合光色接近白色。

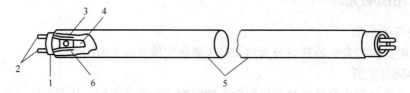

图 8-3　荧光灯结构图
1—灯头　2—灯脚　3—玻璃芯柱　4—灯丝（钨丝，电极）
5—玻管（内壁涂荧光粉并充惰性气体）　6—汞（少量）

　　荧光灯要与镇流器（或称稳压器）一起使用，将工作电流限制在额定值。荧光灯的优点是光效高，寿命长，显色性好；但需要附件多，不宜用于频繁启动的场合。

　　2）高压汞灯

　　高压汞灯是低压荧光灯的改进产品，如图 8-4 所示。它的光效约比白炽灯高三倍，寿命也长，启动时无须加热灯丝，故只需镇流器。缺点是显色性差，启动慢，对电压要求较高，也不宜频繁启动。

　　3）高压钠灯

　　结构见图 8-5，高压钠灯利用高压钠蒸气放电发光，其辐射光的波长集中在人眼较敏感的区域内。

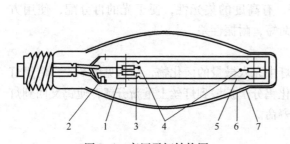

图 8-4　高压汞灯结构图
1—支架及引线　2—起动电阻　3—启动电源　4—工作
电源　5—放电管　6—内部荧光负涂层　7—外玻壳

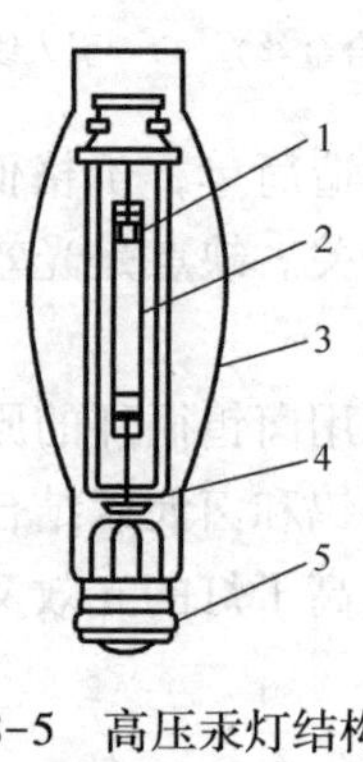

图 8-5　高压汞灯结构图
1—主电极　2—半透明陶瓷放电管　3—外玻壳（内壁
涂荧光粉：内、外壳间充氮）　4—工作电源　5—灯头

　　具有照射范围广、寿命长、紫外线辐射少、透雾性好等优点，但显色性差，对电压波动较敏感。

　　4）金属卤化物灯

　　金属卤化物灯是在高压汞灯的基础上发展起来的，它克服了高压汞灯显色性差的缺点。在高压汞灯内添加了某些金属卤化物，通过金属卤化物的循环作用，不断向电弧提供金属蒸气，金属原子在电弧中受电弧激发而辐射发光。

　　它具有光色好、光效高、受电压影响小等优点，是目前比较理想的光源。选择适当的金属卤化物并控制相对比例，便可制成各种不同光色的金属卤化物灯。

　　5）氙灯

　　氙灯为惰性气体弧光放电灯，高压氙气放电时能产生很强的白光，接近连续光谱，与太阳光十分相似，故有"人造小太阳"之称。氙灯特别适于广场等大面积场所的照明。

2. 电光源的性能及选择

（1）光源的性能

光源的性能见表8-1，从表8-1中可以看出，这些性能指标之间有时是相互矛盾的，在选用电光源时，首先应考虑光效高、寿命长；其次再考虑显色指数、启动性能以及其他次要指标；最后综合考虑环境条件、初期投资与年运行费用。

表8-1 常用照明光源的主要技术特性比较

特性参数	白炽灯	卤钨灯	荧光灯	高压汞灯	高压钠灯	金属卤化物灯	管形氙灯
额定功率/W	15~1000	500~2000	6~125	50~1000	35~1000	125~3500	1500~100000
发光效率/(lm/W)	10~15	20~25	40~90	30~50	70~100	60~90	20~40
使用寿命/h	1000	1000~15000	1500~5000	2500~6000	6000~12000	1000	1000
色温/K	2400~2920	3000~3200	3000~6500	5500	2000~4000	4500~7000	5000~6000
一般显色指数/%	97~99	95~99	75~90	30~50	20~25	65~90	95~97
启动稳定时间	瞬时	瞬时	1~3 s	4~8 min	4~8 min	4~8 min	瞬时
再启动时间间隔	瞬时	瞬时	瞬时	5~10 min	10~15 min	10~15 min	瞬时
功率因数	1	1	0.33~0.52	0.44~0.67	0.44	0.4~0.6	0.4~0.9
电压波动不宜大于			$\pm5\%U_N$	$\pm5\%U_N$	低于5%白灭	$\pm5\%U_N$	$\pm5\%U_N$
频闪效应	无	无	有	有	有	有	有
表面亮度	大	大	小	较大	较大	大	大
电压变化对光通量的影响	大	大	较大	较大	大	较大	较大
环境温度变化对光通量的影响	小	小	大	较小	较小	较小	小
耐震性能	较差	差	较好	好	较好	好	好
需增装附件无	无	无	镇流器 起辉器	镇流器	镇流器	镇流器 触发器	镇流器 触发器
适用场所	广泛应用	厂前区、屋外配电装置、广场	广泛应用	广场、车站道路、屋外配电装置等	广场、街道交通枢纽、展览馆等	大型广场、体育场、商场等	广场、车站、大型屋外配电装置

（2）光源的选择原则

选择照明光源时，一般考虑如下因素。

1）对于一般性生产车间、辅助车间、仓库和站房，以及非生产性建筑物、办公楼和宿舍、厂区道路等，优先考虑选用投资低廉的白炽灯和简座日光灯。

2）照明开闭频繁，需要及时启动、对调光和显色性要求要的场所，以及需要防止电磁波干扰的场所，宜采用白炽灯和卤钨灯。

3）对显色性和照度要求较高，需要看得清楚的场所，宜采用日光色荧光灯、白炽灯和卤钨灯。

4）荧光灯、高压汞灯和高压钠灯的抗振性较好，可用于振动较大的场所。

5）选用光源时还应考虑到照明器的安装高度。白炽灯适宜的悬挂高度为 6~12m，荧光灯为 2~4m，高压汞灯为 5~18m，卤钨灯为 6~24m。对于灯具需高挂和大面积照明的场所，宜采用金属卤化物灯和氙灯。

6）在同一场所，当采用的一种光源的光色较差时，可考虑采用两种或多种光源混合照明。

3. 灯具的选择

根据被照场所对配光的要求、环境条件和使用特点，合理地选择灯具的光强分布、效率、保护角、类型及造型尺寸等，同时还应考虑灯具的装饰效果和经济性，优先选用配光合理、光效高、寿命长的灯具。

一般生产车间、办公室和公共建筑，多采用半直接型或均匀漫射型灯具，从而获得舒适的视觉效果。在正常工作环境中，宜选用开启型灯具。

4. 室内灯具的悬挂高度

室内灯具的悬挂高度不宜过高也不宜过低。过高，不能满足工作面上的照度要求且维修不便；过低，则容易碰撞，而且会产生眩光，降低人的视力。

GB 50034—2004 规定了室内一般照明灯具的最低悬挂高度，见表 8-2。

表 8-2　室内一般照明灯具距地面的最低悬挂高度

光 源 种 类	灯 具 形 式	灯泡容量/W	最低离地的悬挂高度/m
白炽灯	带反射罩	100 及以下	2.5
		150~200	3.0
		300~500	3.5
		500 以上	4.0
	乳白玻璃漫射罩	100 及以下	2.0
		150~200	2.5
		300~500	3.0
荧光灯	无罩	40 及以下	2.0
高压汞灯	带反射罩	250 及以下	5.5
		400 及以上	6.0
高压钠灯	带反射罩	250	6.0
		400	7.0
金属卤化物灯	带反射罩	400	6.0
		1000 及以上	14.0 以上

8.1.4　照度计算

1. 照度计算的目的

根据所需照度和灯具的形式、悬挂高度及布置方案等条件来确定灯泡的容量和数量；或者是在灯具形式、数量、容量和布置都已确定的情况下，计算某点的照度，以校验是否符合规定的照度标准。

GB50034—2004 规定了一般生产车间和工作场所工作面上的照度标准，见表 8-3。

表 8-3 一般生产车间和工作场所工作面上的照度标准

序号	车间和工作场所	视觉工作等级	最低照度/lx		
			混合照明	混合照明中的一般照明	一般照明
1	金属机械加工车间：一般	Ⅱ乙	500	30	—
2	焊接车间：弧焊	Ⅴ	—	—	50
	一般接触焊	Ⅴ	—	—	50
	一般划线	Ⅳ乙	—	—	75
	精密划线	Ⅱ甲	750	50	—
3	冲压剪切车间	Ⅵ乙	300	30	—
4	铸工车间：熔化、浇铸	Ⅹ	—	—	30
5	表面处理车间：酸洗间	Ⅵ	—	—	30
6	理化实验室、计量室	Ⅲ乙	—	—	100
7	配、变电所：变压器室	Ⅶ	—	—	20
	高低压配电室	Ⅵ	—	—	30
8	仓库：大件贮存	Ⅸ	—	—	5
	中小件贮存	Ⅷ	—	—	10
	精细件贮存	Ⅶ	—	—	20
	工具库	Ⅵ	—	—	30

2. 照度计算的方法

照度计算有利用系数法和比功率法两种。

（1）利用系数法

受照工作面上的平均照度可按下式计算：

$$E_{av}=\frac{\mu K n \phi}{S} \tag{8-4}$$

式中 S 为受照工作面的面积；K 为减光系数；Φ 为每盏灯的光通量；n 为灯的数量；μ 为利用系数。

如果已知工作面上的平均照度标准，并已确定灯具的形式和光源功率时，则可由下式确定灯具的盏数 n：

$$n=\frac{E_{av}S}{\mu K \phi} \tag{8-5}$$

利用系数与下列因素有关：

1）灯具的形式、光效和配光曲线；

2）灯具悬挂的高度；

3）房间的面积及形状等；

4）墙壁、顶棚及地面的颜色和洁净程度。

利用系数与墙壁和顶棚的反射系数及受照空间特征 RCR 有关，

GC1-A、B-1 型配照灯的利用系数见表 8-4。

表 8-4　GC1-A、B-1 型配照灯（150 W）的利用系数表

遮光角/（°）		8.7°			
灯具效率/%		85%			
最大距高比		1.2			
顶棚反射系数/%		70	50	30	0
墙壁反射系数/%		50、30、10	50、30、10	50、30、10	0
RCR	1	0.85、0.82、0.78	0.82、0.79、0.76	0.78、0.76、0.74	0.70
	2	0.73、0.68、0.63	0.70、0.66、0.61	0.68、0.63、0.60	0.57
	3	0.64、0.57、0.51	0.61、0.52、0.50	0.59、0.54、0.49	0.46
	4	0.56、0.49、0.43	0.54、0.48、0.43	0.52、0.46、0.2	0.39
	5	0.50、0.42、0.36	0.48、0.41、0.36	0.46、0.40、0.35	0.33
	6	0.44、0.36、0.31	0.43、0.36、0.31	0.41、0.35、0.30	0.28
	7	0.39、0.32、0.26	0.38、0.30、0.26	0.37、0.30、0.26	0.24
	8	0.35、0.28、0.23	0.34、0.28、0.23	0.33、0.27、0.23	0.21
	9	0.32、0.25、0.20	0.31、0.24、0.20	0.30、0.24、0.20	0.18
	10	0.29、0.22、0.17	0.28、0.22、0.17	0.27、0.21、0.17	0.16

$$RCR = \frac{5h_{RC}(l+b)}{lb} \tag{8-6}$$

式中　l 为房间的面积；K 为减光系数；Φ 为每盏灯的光通量；n 为灯的数量；μ 为利用系数。

（2）比功率法

所谓比功率，就是单位水平面积上照明光源的安装功率。如果已知不同灯具在不同悬挂高度下不同房间面积和不同平均照度时的比功率 W，则整个被照面积 S 上照明的总安装功率 P 为：

$$P = WS \tag{8-7}$$

8.2　车间照明线路设计

本节中是能看懂车间照明电路图；会处理照明线路常见的故障。

【学习目标】

1. 能读懂照明供电系统的电路图及平面布置图
2. 掌握车间照明线路的敷设方法和原则
3. 能读懂各种电光源的电路图并能按图接线

8.2.1　照明线路设计

1. 供电电压的选择

一般采用交流 220 V，少数情况下采用交流 380 V。

对于以下特殊场所，应根据情况选用适当的供电电压：

1）地沟、隧道或安装高度低于地面 2.4 m 且有触电危险的房间，采用 36 V 或 12 V。

2）检修照明亦采用 36 V 或 12 V。

3）由蓄电池供电时，可根据不同情况分别选用 220 V、36 V、24 V 或 12 V。

4）由仪用电压互感器供电时，可采用 100 V。

2. 照明线路的供电方式

照明的供电方式与照明方式及照明种类有关。

（1）一般工作场所的照明

一般工作场所的照明负荷可与动力负荷共用变压器。

在"变压器-干线"系统中，当无低压联络线时，照明电源宜接于变压器低压侧总开关前面，如图 8-6 所示；当有低压联络线时，照明电源宜接于总开关后面。

当变压器低压侧线路采用放射式接线时，照明电源一般由变电所低压配电屏引出专用回路，如图 8-7 所示。

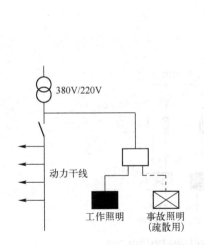

图 8-6 "变压器-干线"式供电的照明系统

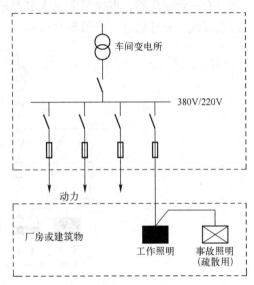

图 8-7 变压器低压侧线路采用放射式供电的照明系统

对远离变电所的生产厂房和建筑物，电力负荷不大且较稳定时，一般工作场所的照明负荷可与动力负荷共用变压器。

当电力线路中的电压波动影响照明质量和灯泡寿命时，照明负荷宜由单独的变压器供电。

（2）重要工作场所的照明

重要场所照明要求由两个独立电源供电。这两个独立电源可以来自不同变电所，也可来自一个变电所的两台变压器，这两台变压器必须相互独立。

事故照明由独立的备用电源供电。

当装有两台以上变压器时，事故电源应与正常工作照明分别接于不同的变压器，如图 8-8 所示。

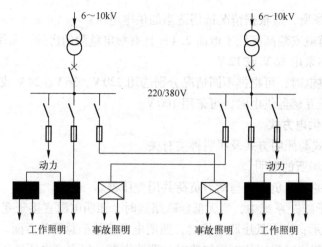

图 8-8　由两台变压器交叉供电的照明供电系统

如仅有一台变压器，事故照明（尤其是疏散用事故照明）和工作照明应从变电所低压配电屏或母线上分开供电，如图 8-9 所示。

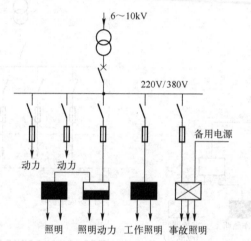

图 8-9　由一台变压器供电的事故照明供电系统

8.2.2　电气照明设计

1. 设计的主要内容

1）确定合理的照明方式和种类；

2）选择照明光源和灯具，确定灯具布置方案；

3）进行必要的照度计算，确定光源的安装功率；

4）选择供电电压和供电方式；

5）进行供电系统的负荷计算、照明电气设备与线路的选择计算；

6）绘制出照明系统平面布置图及相应的供电系统图。

2. 设计的要求

1）保证一定的照明质量，工作面上的照度符合规定标准，能有效限制眩光，光源的显色性满足要求；

2）供电安全可靠，维护检修安全方便；

3）照明装置与周围环境协调统一；

4）与实际条件相结合，积极使用先进技术；

5）合理利用资金，减少投资，节约电能。

8.2.3 照明线路设计

1. 车间照明控制要求

车间的照明灯分为4组，4组灯分别为4个工作区的照明灯，对车间照明灯的控制要求可参见车间照明配电箱主电路和控制电路的设计图，如图8-10所示。

1）按绿色按钮 SB_2，车床区照明灯亮，松开绿色按钮 SB_2，车床区照明灯仍然亮。按红色按钮 SB_1，车床区照明灯灭，松开红色按钮 SB_1，车床区照明灯仍然灭。

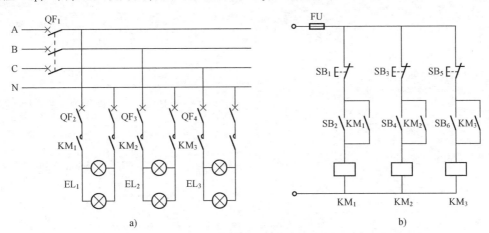

图 8-10 车间配电箱控制电路设计

a）主电路 b）控制电路

习题

一、填空题

1. 为了表征物体的光照性能，引入了以下三个参数：_____、_____、_____。

2. 在工厂企业或变电所中，照明按装设方式可分为_____、_____和_____。

3. 照明按其用途可分为_____照明、_____照明、_____照明、_____照明和_____照明等。

二、判断题

1. 照明设备属于短时工作制设备。　　　　　　　　　　　　　（　　　）

2. 白炽灯耐震，适用于剧烈震动的场所的照明。　　　　　　　（　　　）

三、选择题（6分）

1. 下列灯启动最快的是（　　　）。

A. 高压汞灯　　　　　B. 卤钨灯　　　　　C. 高压钠灯

2. 下列灯显色性最好的是（　　　）。

A. 高压汞灯　　　　　B. 白炽灯　　　　　C. 高压钠灯

四、简答题

1. 电气照明有什么特点？对工业生产有什么作用？

2. 灯具在室内的布置要求有哪些？

3. 画出荧光灯工作线路图。

五、计算题

有一机械加工车间长为 32 m，宽为 20 m，高为 5 m，柱间距 4 m。工作面的高度为 0.8 m。若采用 GCl-A-1 型工厂配照灯（电光源型号为 PZ220-150）作车间的一般照明。车间的顶棚有效反射比 ρ_c 为 50%，墙壁的有效反射比 ρ_w 为 30%。试确定灯具的布置方案，并计算工作面上的平均照度和实际平均照度，设该车间的照度标准为 75Lx。

第9章 综 合 实 训

实训1 高压配电所配电设备的认知、运行与维护

1. 任务布置

本次实训的任务是了解高压配电所高压开关柜、操作电源柜、高压断路器控制柜、进线柜、变柜的结构、作用,并掌握操作方法及运行维护方法。

2. 见习目的

认识高压开关柜、操作电源柜、所用变柜、控制柜等,并了解其结构、作用、运行与维护方法。

3. 见习内容

1)高压配电所进线为10 kV,主接线为单母线:不分段接线,有高压进线柜、操作电源柜、所用变柜、互感器柜各一台,控制柜2个,计量柜2个,出线柜8个。

2)进线柜和出线柜结构相同,都是 KYN28-12(GZS1-12)型户内金属封闭铠装抽出式开关柜,KYN28-12 型高压开关柜为金属封闭铠装型移开式户内开关柜,柜体用敷铝锌钢板弯制组合而成,全封闭型结构,柜内用薄钢板隔开四个室,螺栓联接,上部为母线室,中部为手车室,下部为电缆室,仪表及继电器安装在柜体上部前面的仪表室内,具有架空进出线及左右联络的功能。手车由角钢和钢板焊接而成,分为断路器手车、电压互感器手车、电容器避雷器手车、所用变压器手车、隔离手车及接地手车等。手车上的面板就是柜门,门上部有观察窗及照明灯,并具有把手车锁定在工作位置、试验位置及断开位置的功能。柜后上、下门装有连锁,只有在停电后手车抽出;接地开关接地后,才能打开后下门,再打开后上门。通电前,只有先关上后上门,再关上后下门,接地开关才能分闸,使手车能插入工作位置,防止误入带电间隔。出线柜接车间变电所或箱式变电所,起控制和保护作用。

3)所用变柜将10 kV电压降至380/220 V给配电所的低压用电设备供电。

4)互感器柜给计量柜和绝缘监察装置供电。

5)直流操作电源框给继电保护装置和断路器的控制电路供电。

6)控制柜在控制室内控制高压断路器合闸和分闸。

7)计量柜中每条高压配电线路配2块表,高压配电所配1块有功电度表。

8)控制柜中每个高压开关柜配1个转换开关。

9)配电所分高压配电室、值班室、控制室、维修间、休息室。

10)保护安全的组织措施。

11)保证安全的技术措施。

保证安全的组织措施有如下5点:

(1)现场勘察制度

对电力线路施工或检修作业时需要对停电的范围,保留的带电部位,作业现场的条件、

环境及其他危险点等问题根据工作任务进行现场勘察，根据现场勘察的结果对作业项目应编制相应的组织措施、技术措施、安全措施。

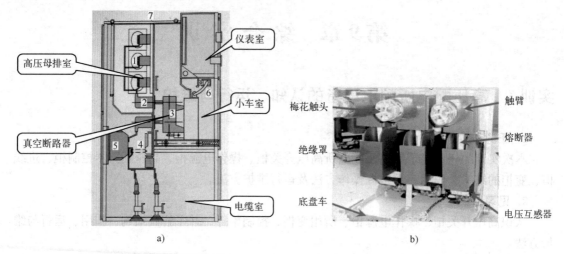

图 9-1　高压开关框

1—母线　2—静触座　3—断路器　4—接地开关　5—电流互感器　6—二次接插件　7—压力释放装置

（2）工作票制度

工作票是准许在线路上工作的书面手续，要写明工作负责人、工作人员、工作任务和安全措施。

线路第一种工作票。在停电线路或同杆架设的多回路线路中部分停电线路上的工作时、在全部或部分停电的配电设备上的工作时应填写线路第一种工作票。

线路第二种工作票。在高压带电线路杆塔上的工作、运行中配电设备上的工作时应填写线路第二种工作票。

带电作业工作票，适用于带电作业与邻近带电设备距离小于规定距离的工作，事故抢修可不填写工作票，但应使用事故应急抢修单。

（3）工作许可制度

由值班调度员或工作区值班员向发电厂、变电站下令，将线路可能来电的线路拉闸停电。

工作负责人须得到值班调度员许可工作的命令，并要重复内容确保命令无误。将接令时间、发令人姓名记入工作票。然后执行停电、验电、挂接地线的技术措施，执行交底制度后许可工作，通常工作负责人向工作人员下达"线路已经停电、挂好接地线、开始工作"的工作许可命令。

值班人员命令如果经中间人传达时，三方都须认真记录，清楚明确，并复诵无误。不允许约时停、送电。

（4）工作监护制度

根据需要由工作负责人或指定的监护人负责监护。

进行邻近带电设备工作、带电作业工作或对复杂：容易发生事故处施工的工作时，要设专人监护，并且监护人不得兼任其他工作。

当工作负责人或监护人必须离开现场时，要临时指定工作负责人或监护人，并通知工作许可人和有关人员。

短时休息、吃饭或遇雷雨暴风等威胁工作人员安全时，可根据情况间断工作。

间断期间全部地线保持不动，如需暂时离开工作地点，须采取安全措施，派人看守，不让人和畜接近挖好的基坑、或接近未完全立稳的杆塔、或接近负载起重机械、牵引机械等。

恢复工作前应检查地线等各项安全措施是否完整。

（5）工作终结和恢复送电制度

线路工作完毕，拆除全部接地线，人员全部下杆后，工作负责人要将登杆证全部收回，然后清点工作人员，问明线路情况。确定线路可以送电后，工作负责人方可向值班调度员交令，并在工作票上记录交令时间和调度员姓名。

拆除地线后即认为线路带电，不能再登杆。

如填用数日内有效的线路第一种工作票，每日收工时工作负责人要与值班调度员联系，对这种经调度允许连续停电、夜间不送电的线路，工作地点的地线可不拆除，但次日恢复工作前应派人检查地线，否则应将地线全部拆除，次日重新履行工作许可手续。

保证安全的技术措施有如下 5 点：

（1）停电操作

在进行检修工作前，根据停电范围做好停电安全技术措施。线路的一部分停电检修时，一般要通过倒闸操作，用相邻线路带出线路部分负荷，以缩小停电范围。停电工作完毕后，要通过倒闸操作恢复线路正常运行方式。

此时需填写倒闸操作票以规范倒闸操作程序，从而达到防止误操作的目的。执行倒闸操作票的步骤如下：倒闸操作票由值班调度员填写或倒闸操作人员按照值班调度员命令填写；操作前，根据操作票上的顺序，在系统模拟图板上进行核对性操作；操作前后应核对现场设备名称、编号和断路器及隔离开关的开、合位置；操作中执行监护制度及复诵制，即一人唱票及监护，一人复诵与执行；操作中如发生疑问时，必须搞清楚后再操作，不能擅自操作或更换操作票。

停电时，需拉开与停电工作线路连接的所有电源的断路器设备；断开与停电工作线路平行、同杆架设或交叉跨越的其他线路的断路设备；断开可能返送低压电源的断路器和隔离开关；同杆并架的高压路灯线路和非同一电源的低压线路也要停电；切断停电范围内的其他电源。

要防止误拉开关，防止误停、漏停电源，拉开隔离开关时应检查隔离开关开度位置，拉开断路器时要检查"切""入"或"通""断"标示位置，并采取防止误动措施。

（2）验电

在停电线路工作地段装接地线前，要先验电。验电时要用相应电压等级的验电器。

线路验电应逐相进行，检修联络断路器或隔离开关时，要在其两侧验电。检修变压器时可在二次侧验电。

同杆架设的多层电力线路进行验电时，先验低压，后验高压；先验下层，后验上层。

高压验电时，要戴绝缘手套，并有专人监护。高压验电器使用注意事项如下：检查是否超过试验周期；检查外观是否损伤、划痕、裂纹等，检验发光声音是否正常；验电时，绝缘棒的验电部位应逐渐接近导体，听其有光时的放电声，观察有无发光现象。

（3）挂接地线

在挂接地线时，验明线路无电后，各工作班组应立即挂接地线。对停电操作中停电的线路和设备，一切可能来电的部位均应挂接地线。如有感应电压反应在停电线路上，也应加挂接地线。拆除时也需注意防止触电。

挂接地线顺序：一般由工作负责人监护，由技术熟练的人员挂接第一组地线，拆除最后一组地线；在电缆及电容上挂接地线时，要先放电；对同杆架设的多层电力线路挂接地线时，先挂低压，后挂高压，先挂下层，后挂上层。应先挂接地端，后挂导线端，拆时顺序与此相反。

挂接地线时的安全要求：挂接地线时，工作人员应使用合格的绝缘杆或专用绝缘绳，接地线不许碰触人体。装、拆接地线时，工作人员应使用绝缘棒，人体不得触碰地线。与接地线的连接要可靠，不准缠绕；接地线由多股软铜线组成，截面不得小于 25 mm²，接地部分必须牢固可靠。利用铁塔接地时，可以每相分别接地，但铁塔与接地线连接部分应清除干净，保证电气接触良好。接地部分连接必须可靠，不准缠绕，必须绑扎连接时，绑扎长度至少 100 mm；如杆塔无接地引下线时，可采用地线钎子，钎子深度不得少于 0.6 m。

为防止绝缘线路挂接地线时对绝缘导线绝缘层破口，一般在绝缘线路上要预留地线挂接口。如有条件，可在主导线上安装专用钢接地环代替挂接口，其截面积不小于 50 mm²。预留接地线挂接口及两端绝缘层剥皮处，要用绝缘自粘带包缠两层，防止进水受潮。

（4）悬挂标志牌

在线路施工人员自行断开的断路器、隔离开关、跌落式熔断器的杆上要悬挂"禁止合闸，线路有人工作"的标志牌。

（5）停电检修项目与操作

停电检修项目比较多，主要有停电后登杆上去的检查和清扫、更换绝缘子及金具、更换导线或架空地线、更换杆塔及横担、更换拉线和检修铁塔基础。

实训2　车间变电所电气设备的认知、运行与维护

1. 任务布置

本次实训的任务是了解车间变电所抽屉式开关柜，低压总控制柜及二、三级配电箱的结构、动作原理，并掌握其作用、操作方法。

2. 见习目的

1）了解低压总控制柜的结构、功能、操作方法及检修方法。

2）了解低压抽屉式开关柜的结构、功能、操作方法及检修方法。

3. 见习设备

车间变电所总控制柜，抽屉式开关柜，计量仪表，二、三级配电箱等。

4. 见习内容

1）车间变电所总控制柜的结构由隔离开关、万能式低压断路器、电流互感器、电压互感器、起动按钮、停止按钮、指示灯、仪表、熔断器等组成。

2）车间变电所总控制柜用于远距离控制，送电时先合隔离开关，再按启动按钮，低压断路器合闸，按分闸按钮，低压断路器分闸。若失灵，打开柜门，按停止按钮（用以分离脱扣器），低压断路器分闸。

3）抽屉式开关柜的结构：GCS低压抽屉式开关柜如图9-1所示，主要由低压断路器和操作手柄组成。操作手柄上有合闸、分闸、试验、隔离四个位置。

4）抽屉式开关柜的操作方法：在抽出位置时，可抽出到任意位置。推进时，操作手柄顺时针转到隔离位置时、主回路和控制回路均断开。再继续顺时针转，转到试验位置。主开关分闸，控制回路接通。再继续顺时针转，转到分闸位置，主开关分闸，控制回路接通。将手柄压下，顺时针转，转到合闸位置，主开关低压断路器合闸，主回路和控制回路均接通。

退出操作：依次相反操作。

抽屉式开关柜上操作手柄的作用如下。

① 工作位置：主开关合闸，功能单元锁定。

② 分闸位置：主回路断开，控制回路接通。

③ 试验位置：主开关分闸，控制回路接通。

④ 隔离位置：主回路和控制回路均断开。

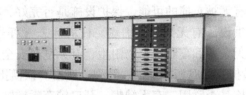

图9-2　GCS低压抽屉式开关柜

5）二级配电箱由1个塑料外壳式低压断路器和5个三极空开及5个两级空开组成。用以控制和保护供配电线路并分配电能的作用，可将一路分成7路三相和5路两相电。

操作时可手动推闸和拉闸。

6）三级配电箱由1个塑料外壳式低压断路器和5个三极空开及5个两级空开组成用此控制、保护供配电线路及分配电能的作用，可将一路分成5路三相和5路两相电。三级配电箱的操作方法操作时可手动进行推闸和拉闸。

实训3　供配电线路的运行与检修

1. 任务布置

本次见习的任务是了解工厂配电线路运行、维护、试验、检修方法。

2. 见习目的

了解工厂配电线路运行、维护、试验、检修方法。

3. 见习内容

1）认识工厂内架空线路和电缆线路的结构和敷设方式，了解其运行、维护方法。

2）配电线路运行的标准。

（1）线路巡视

① 定期巡视：由专职巡线员进行，掌握线路的运行状况，沿线环境变化情况，并做好护线宣传工作。

② 特殊性巡视：在气候恶劣（如台风、暴雨、复冰等）、河水泛滥、火灾和其他特殊情况下，对线路的全部或部分进行巡视或检查。

③ 夜间巡视：在线路高峰负荷或阴雾天气时进行，检查导线接点有无发热打火现象，绝缘表面有无闪络，检查木横担有无燃烧现象等。

④ 故障性巡视：查明线路发生故障的地点和原因。

⑤ 监察性巡视：由部门领导和线路专责技术人员进行，目的是了解线路及设备状况，并检查、指导巡线员的工作。

(2) 巡视的主要内容：

① 杆塔：

杆塔是否倾斜；铁塔构件有无弯曲、变形、锈蚀；螺栓有无松动；混凝土杆有无裂纹、钢筋是否外露，焊接处有无开裂、锈蚀；木杆有无腐朽、烧焦、开裂，其绑桩有无松动，木楔是否变形或脱出。

杆塔基础有无损坏、下沉或上拔，周围土壤有无挖掘或沉陷，寒冷地区电杆有无冻鼓现象。

杆塔位置是否合适，有无被车撞的可能，保护设施是否完好，标志是否清晰。杆塔有无被水淹、水冲的可能，防洪设施有无损坏、坍塌。杆塔标志（杆号、相位警告牌等）是否齐全、明显。杆塔周围有无杂草和蔓藤类植物附生，有无危及安全的鸟巢、风筝及杂物。

② 横担及金属：木横担有无腐朽、烧损、开裂、变形。铁横担有无锈蚀、歪斜、变形。金具有无锈蚀、变表；螺栓是否紧固、有无缺帽；开口销有无锈蚀、断裂、脱落。

③ 绝缘子：其上的瓷件有无脏污、损伤、裂纹和闪络痕迹，其上的铁脚、铁帽有无锈蚀、松动、弯曲。

④ 导线（包括架空地线、耦合地线）：有无断股、损伤、烧伤痕迹、在化工、沿海等地区的导线有无腐蚀现象。三相导线驰度是否平衡，有无过紧、过松现象。接头是否良好，有无过热现象（如接头变色等），连接线夹上的弹簧垫是否齐全，螺帽是否紧固。过（跳）引线有无损伤、断股、歪扭，其与杆塔、构件及其他引线间距离是否符合规定。导线上有无抛扔物。固定导线用绝缘子上的绑线有无松弛或开断现象。

⑤ 防雷设施：避雷器瓷套有无裂纹、损伤、闪络痕迹，表面是否脏污。避雷器的安装是否牢固。引线连接是否良好，与邻相和杆塔构件的距离是否符合规定。其上的附件是否锈蚀，接地端焊接处有无开裂、脱落。其保护间隙有无烧损、锈蚀或被外物短接，间隙距离是否符合规定。雷电观测装置是否完好。

⑥ 接地装置：接地引下线有无丢失、断股、损伤。接头接触是否良好，连接线夹上的螺栓有无松动、锈蚀。接地引下线的保护管有无破损、丢失，其固定是否牢靠。接地体有无外露、严重腐蚀，在埋设范围内有无土方工程。

⑦ 拉线、顶（撑）杆、拉线柱：拉线有无锈蚀、松弛、断股和张力分配不均等现象。水平拉线对地距离是否符合要求。拉线绝缘子是否损坏或缺少。拉线是否妨碍交通或被车碰撞。拉线棒（下把）、抱箍等金具有无变形、锈蚀。拉线的固定是否牢固，拉线基础周围土壤有无突起、沉陷、缺土现象。

⑧ 接户线：线间距离和对地、对建筑物等交叉跨越距离是否符合规定。绝缘层是否老化、损坏。与接点的接触是否良好，有无电化腐蚀现象。绝缘子有无破损、脱落。支持物是否牢固，有无腐朽或锈蚀、损坏等现象。三相导线弛度是否合适，有无混线、烧伤现象。

298

⑨ 沿线情况：沿线有无易烧、易爆物品和腐蚀性液、气体。导线对地、对道路、公路、铁路、管道、索道、河流、建筑物等距离是否符合规定，有无可能触及导线的铁烟筒、天线等。周围有无被风刮起危及线路安全的金属薄膜、杂物等，有无威胁线路安全的工程设施（机械、脚手架等）。查明线路附近的爆破工程有无爆破申请手续，其安全措施是否妥当。查明防护区内的植树情况及导线与植物间距离是否符合规定。线路附近有无射击、放风筝、抛扔外物、和在杆塔、拉线上拴牲畜等。查明沿线高压绝缘子的污秽情况。查明沿线江河泛滥、山洪和泥石流等异常现象。有无违反"电力设施保护条例"的建筑。

附　　录

附表 1　S9 系列 10 kV 配电变压器技术参数

| 型号 | 额定容量 /kV·A | 电压组合 | | | 联结组 标　号 | 空载损耗 /kW | 负载损耗 /kW | 空载电流 /(%) | 阻抗电压 /(%) |
		高压 /kV	高压分 接范围 /(%)	低压 /kV					
S9-5/10	5					0.04	0.18	2.85	4
S9-6.3/10	6.3					0.05	0.21	2.72	4
S9-10/10	10					0.06	0.30	2.65	4
S9-20/10	20					0.10	0.50	2.6	4
S9-30/10	30					0.13	0.60	2.1	4
S9-50/10	50					0.17	0.87	2	4
S9-63/10	63					0.20	1.04	1.9	4
S9-80/10	80					0.25	1.25	1.8	4
S9-100/10	100					0.29	1.50	1.6	4
S9-125/10	125					0.34	1.80	1.5	4
S9-160/10	160	6 6.3 10	±5	0.4	Yyn0	0.40	2.20	1.4	4
S9-200/10	200					0.48	2.60	1.3	4
S9-250/10	250					0.56	3.05	1.2	4
S9-315/10	315					0.67	3.65	1.1	4
S9-400/10	400					0.80	4.30	1	4
S9-500/10	500					0.96	5.10	1	4
S9-630/10	630					1.20	6.20	0.9	4.5
S9-800/10	800					1.40	7.50	0.8	4.5
S9-1000/10	1000					1.70	10.30	0.7	4.5
S9-1250/10	1250					1.95	12.00	0.6	4.5
S9-1600/10	1600					2.40	14.50	0.6	4.5

附表 2   S9 系列 35 kV 配电变压器技术参数

型　号	额定容量/kV·A	电压组合			联结组标号	空载损耗/kW	负载损耗/kW	空载电流/(%)	短路阻抗/(%)
		高压/kV	高压分接范围/(%)	低压/kV					
S9-50/35	50					0.21	1.25	2.0	6.5
S9-100/35	100					0.3	2.03	1.8	
S9-125/35	125					0.34	2.35	1.75	
S9-160/35	160					0.38	2.82	1.65	
S9-200/35	200					0.44	3.30	1.55	
S9-250/35	250					0.51	3.90	1.40	
S9-315/35	315	35	±5	0.4	Yyn0	0.61	4.70	1.40	
S9-400/35	400					0.74	5.70	1.30	
S9-500/35	500					0.87	6.90	1.30	
S9-630/35	630					1.04	8.20	1.25	
S9-800/35	800					1.25	10.00	1.05	
S9-1000/35	1000					1.48	12.00	1.00	
S9-1250/35	1250					1.76	14.00	0.85	
S9-1600/35	1600					2.13	17.00	0.75	

附表 3   裸铝绞线的电阻和电抗

导线型号	电阻/(Ω/km)	线间几何均距/m									
		0.6	0.8	1.0	1.25	1.50	2.00	2.50	3.00	3.50	4.00
		电抗/(Ω/km)									
LJ-16	1.847	0.356	0.377	0.391	0.405	0.416	0.434	0.448	0.459		
LJ-25	1.188	0.345	0.363	0.377	0.391	0.402	0.421	0.435	0.448		
LJ-35	0.854	0.336	0.352	0.366	0.380	0.391	0.410	0.424	0.435	0.445	0.453
LJ-50	0.593	0.325	0.341	0.355	0.369	0.380	0.398	0.413	0.423	0.433	0.441
LJ-70	0.424	0.312	0.33	0.344	0.358	0.370	0.388	0.399	0.410	0.420	0.428
LJ-95	0.317	0.302	0.32	0.344	0.348	0.360	0.378	0.390	0.401	0.411	0.419
LJ-120	0.253	0.295	0.313	0.327	0.341	0.352	0.371	0.382	0.393	0.403	0.411
LJ-150	0.200	0.288	0.305	0.319	0.333	0.345	0.363	0.377	0.388	0.398	0.406
LJ-185	0.162	0.281	0.299	0.313	0.327	0.339	0.356	0.371	0.382	0.392	0.400
LJ-240	0.125	0.273	0.291	0.305	0.319	0.330	0.348	0.362	0.374	0.383	0.392
LGJ-16	1.926			0.387	0.401	0.412	0.43	0.444	0.456	0.466	0.474
LGJ-25	1.286			0.374	0.388	0.400	0.418	0.432	0.443	0.453	0.461
LGJ-35	0.796			0.359	0.373	0.385	0.403	0.417	0.429	0.438	0.446
LGJ-50	0.609			0.351	0.365	0.376	0.394	0.408	0.420	0.429	0.437

导线型号	电阻/(Ω/km)	线间几何均距/m									
		0.6	0.8	1.0	1.25	1.50	2.00	2.50	3.00	3.50	4.00
		电抗/(Ω/km)									
LGJ-70	0.432					0.364	0.382	0.396	0.408	0.417	0.425
LGJ-95	0.315					0.353	0.371	0.385	0.397	0.406	0.414
LGJ-120	0.255					0.347	0.365	0.379	0.391	0.400	0.408
LGJ-150	0.211					0.340	0.358	0.372	0.384	0.398	0.401
LGJ-185	0.163							0.365	0.377	0.386	0.394
LGJ-240	0.130							0.357	0.369	0.378	0.386

附表4 照明用电需要系数表

处所	需要系数（Kd）	处所	需要系数（Kd）
生产厂房（有天然采光）	0.8~0.9	科研楼	0.8~0.9
生产厂房（无天然采光）	0.9~1	宿舍	0.6~0.8
商店、锅炉房	0.9	仓库	0.5~0.7
办公楼、展览馆	0.7~0.8	医院	0.5
设计室、食堂	0.9~0.95	学校、旅馆	0.6~0.7

附表5 机械加工工业需要系数（Kd）

用电设备名称	Kd	$\cos\varphi$	$\tan\varphi$
一般工作制的小批生产金属冷加工机床	0.14~0.16	0.5	1.73
大批生产金属冷加工机床	0.18~0.2	0.5	1.73
小批生产金属热加工机床	0.2~0.25	0.55~0.6	1.51~1.33
大批生产金属热加工机床	0.27	065	1:17
金属冷加工机床	0.12~0.15	0.5	1.73
压床、锻锤、剪床	0.25	0.6	1.33
锻锤	0.2~0.3	0.5	1.73
生产用通风机	0.7~0.75	0.8~0.85	0.75~0.62
卫生用通风机	0.65~0.7	0.8	0.75
通风机	0.4~0.5	0.8	0.75
泵、空气压缩机、电动发电机组	0.7~0.85	0.85	0.62
透平压缩机	0.85	0.85	0.62
压缩机	0.5~0.65	0.8	0.75
不联锁的提升机、带式输送机、螺旋输送机等连续运输机械	0.5~0.6	0.75	0.88
运输机械同上（联锁的）	0.65	0.75	0.88
JC=25%的起重机及电葫芦	0.14~0.2	0.5	1.73
铸铁及铸钢车间起重机	0.15~0.3	0.5	1.73

用电设备名称	K_d	$\cos\varphi$	$\tan\varphi$
轧钢车间、脱锭车间起重机	0:25~0.35	0.5	1.73
锅炉房、修理、金工、装配等车间起重机	0.05~0.15	0.5	1.73
加热器、干燥箱	0.8	0.95~1	0~0.33
高频感应电炉	0.7~0.8	0.65	
低频感应电炉	0.8	0.35	
高频装置（电动发电机/真空振荡器）	0.8	0.80/0.65	0.75/1.17
高频装置（电动发电机真空管振荡器	0.65/0.8	0.7/0.87	1.02/0.55
(0.5-1/5) t电阻炉	0.65	0.8	0.75
电炉变压器	0.35	0.35	
自动装料电阻炉	0.7~0.8	0.98	0.2
非动装料电阻炉	0.6~0.7	0.98	0.2
单头焊接电动发电机	0.35	0.6	1.33
多头焊接电动发电机	0.7	0.7	1.02
自动弧焊变压器	0.5	0.5	1.73
点焊机与缝焊机 .	0.35~0.6	0.6	1.33
对焊机和铆钉加热器	0.35	0.7	1.02
单头焊接用变压器	0.35	0.35	2.67
多头焊接用变压器	0.4	0.35	2.67
煤气电气滤清机组	0.8	0.78	0.8
点焊机 *	0.1~0.15	0.5	1.73
高频电炉	0.5~0.7	0.7	1.0
电阻炉	0.55	0.8	0.75

* 为实测数据

附表6 用电设备组的需要系教 K_d、二项式系数 bc 及 $\cos\varphi$ 值

用电设备组名称	需要系数 K_d	二项式系数		最大容量设备台数 x	$\cos\varphi$	$\tan\varphi$
		b	c			
小批量生产的金属冷加工机床电动机	0.16~0.2	0.14	0.4	5	0.5	1.73
大批量生产的金属冷加工机床电动机	0.18~0.25	0.14	0.5	5	0.5	1.73
小批量生产的金属热加工机床电动机	0.25~0.3	0.24	0.4	5	0.5	1.73
大批量生产的金属热加工机床电动机	0.3~0.35	0.26	0.5	5	0.65	1.17
通风机、水泵、空压机、电动发电机组电机	0.7~0.8	0.65	0.25	5	0.8	0.75
非连锁的连续运输机械，铸造车间整纱机	0.5~0.6	0.4	0.4	5	0.75	0.88
连锁的连续运输机械，铸造车间整纱机	0.65~0.7	0.6	0.2	5	0.75	0.88

用电设备组名称	需要系数 K_d	二项式系数		最大容量设备台数 x	$\cos\varphi$	$\tan\varphi$
		b	c			
锅炉房、机加工、机修、装配车间的起重机 $JC=25\%$	0.1~0.15	0.06	0.2	3	0.5	1.73
自动连续装料的的电阻炉设备	0.75~0.8	0.7	0.3	2	0.95	0.33
铸造车间的起重机 $JC=25\%$	0.15~0.25	0.09	0.3	3	0.5	1.73
实验室用小型电热设备（电阻炉、干燥箱）	0.7	0.7	0		1.0	0
工频感应电炉（未带无无功补偿装置）	0.8				0.35	2.67
高频感应电炉（未带无功补偿装置）	0.8				0.6	1.33
电弧熔炉	0.9				0.87	0.57
点焊机、缝焊机	0.35				0.6	1.33
对焊机、铆钉加热机	0.35				0.7	1.02
自动弧焊变压器	0.5				0.4	2.29
单头手动弧焊变压器	0.35				0.35	2.68
多头手动弧焊变压器	0.4				0.35	2.68
单头弧焊电动发电机组	0.35				0.6	1.33
多头弧焊电动发电机组	0.7				0.75	0.88
变（配）电所、仓库照明	0.5~0.7				1.0	0
生产厂房及办公室、阅览室、实验室照明	0.8~1				1.0	0
宿舍、生活区照明	0.6~0.8				1.0	0
室外照明、应急照明	1.0				1.0	0

附表7 各种用电设备组需要系数（K_d）及平均功率因数（$\cos\varphi$）

用电设备组名称	需要系数（当用电设备组数量为）/K_d							$\cos\varphi$	$\tan\varphi$
	3	5	10	20	30	50	100		
大批生产的金属热加工机床	0.57	0.43	0.38	0.35	0.35	0.32	0.29	0.65	1.17
小批生产的金属热加工机床	0.56	0.40	0.37	0.34	0.34	0.31	0.28	0.65	1.17
大批生产的金属冷加工机床	0.41	0.29	0.27	0.24	0.22	0.19	0.19	0.5	1.73
小批生产的金属冷加工机床	0.38	0.27	0.25	0.22	0.20	0.17	0.17	0.5	1.73
大批生产的机床辅助机械	0.25	0.21	0.18	0.16	0.14	0.12	0.11	0.45	1.96
小批生产的机床辅助机械	0.23	0.18	0.16	0.14	0.11	0.09	0.07	0.45	1.96
移动的机械	0.32	0.23	0.20	0.18	0.16	0.14	0.14	0.45	1.96
传送装置	0.84	0.74	0.74	0.71	0.71	0.68	0.68	0.7~0.8	1~0.75
通风机、水泵、电动发电机	0.81	0.74	0.71	0.68	0.68	0.64	0.64	0.7~0.8	1~0.75
铸工车间非联锁的连续运输机械、整砂机	0.71	0.57	0.54	0.51	0.47	0.44	0.44	0.75	0.88
运输机械同上（联锁的）	0.84	0.77	0.74	0.70	0.70	0.67	0.67	0.78	0.8

（续）

用电设备组名称	需要系数（当用电设备组数量为）/K_d							$\cos\varphi$	$\tan\varphi$
	3	5	10	20	30	50	100		
锅炉房修理车间的起重机	0.23	0.18	0.16	0.14	0.11	0.09	0.07	0.5	1.73
在铸工车间内的起重机	0.25	0.21	0.18	0.16	0.14	0.12	0.11	0.5	1.73
在平炉车间内的起重机	0.34	0.24	0.22	0.20	0.18	0.15	0.15	0.5	1.73
在轧钢车间内的起重机	0.38	0.27	0.25	0.23	0.20	0.18	0.18	0.5	1.73
电阻炉	0.9	0.9	0.8	0.8				0.95	0.32
单头电焊机及电焊变压器	0.47	0.38	0.36	0.34	0.32	0.29	0.29	0.4~0.6	0.29~1.33
单头电焊机（用电动发电机供电）	0.57	0.46	0.43	0.41	0.38	0.35	0.35	0.6	1.33
多头电焊变压器	0.63	0.61	0.59	0.56	0.56	0.56	0.56		1.73
多头电焊机（用电动发电机供电）	0.95	0.91	0.88	0.84	0.84	0.84	0.84	0.75	0.88

附表8 500V铜芯绝缘导线长期连续负荷允许载流量

导线截面/mm²	股数/根	单芯直径/mm	成品外径/mm	明敷25℃橡皮	明敷25℃塑料	明敷30℃橡皮	明敷30℃塑料	橡皮25℃金属2根	3根	4根	橡皮25℃塑料2根	3根	4根	橡皮30℃金属2根	3根	4根	橡皮30℃塑料2根	3根	4根	塑料25℃金属2根	3根	4根	塑料25℃塑料2根	3根	4根	塑料30℃金属2根	3根	4根	塑料30℃塑料2根	3根	4根
1	1	1.13	4.4	21	19	20	18	15	14	12	13	12	11	14	13	11	12	11	10	14	13	11	12	11	10	13	12	10	11	10	9
1.5	1	1.37	4.6	27	24	25	20	20	18	17	17	16	14	19	17	16	16	15	13	19	17	16	16	15	13	18	16	15	15	14	12
2.5	1	1.76	5	35	32	33	30	28	25	22	25	22	20	26	23	21	23	21	19	24	22	20	22	20	18	24	22	20	21	20	18
4	1	2.24	5.5	45	42	42	39	37	33	30	33	30	25	35	31	28	31	28	24	35	31	28	31	28	25	33	29	26	29	26	23
6	1	2.73	6.2	58	55	54	51	49	43	39	43	39	34	46	40	36	40	36	32	47	41	37	41	37	32	44	38	35	38	34	30
10	7	1.33	7.8	85	75	79	70	68	60	53	59	52	46	64	56	50	55	49	43	65	57	50	56	49	44	61	53	47	52	46	41
16	7	1.68	8.8	110	105	103	98	86	77	69	76	68	60	80	72	65	71	64	56	82	73	65	72	65	57	77	68	61	67	61	53
25	7	2.11	10.6	145	138	135	128	113	100	90	100	90	80	106	94	84	94	84	75	107	95	85	95	85	75	100	89	80	89	80	70
35	7	2.49	11.8	180	170	168	159	140	122	110	125	110	98	131	114	103	117	103	92	133	115	105	120	105	93	124	107	98	112	98	87
50	19	1.81	13.8	230	215	215	201	175	154	137	160	140	123	163	144	128	150	131	115	165	146	130	150	132	117	154	136	121	140	123	109
70	19	2.14	16	285	265	266	248	215	193	173	195	175	155	201	180	162	182	163	145	205	183	165	185	167	148	192	171	154	173	156	138
95	19	2.49	18.3	345	320	322	304	260	235	210	240	215	195	241	220	197	224	201	182	250	225	200	230	205	185	234	210	187	215	192	173
120	37	2.01	20	400	375	374	350	300	270	245	278	250	227	280	252	229	260	234	212	285	255	240	266	240	215				248	224	201
150	37	2.24	22	470	430	440	402	340	310	280	320	290	265	318	290	262	299	271	248	320	295	270	305	280	250	299	276	252	285	262	234
185				540	490	504	458	385	355	320	360	330	300	359	331	299	336	308	280	380	340	300	355	375	280	355	317	280	331	289	261

注：导电线芯最高允许温度+65℃

附表 9　BV-105 型耐热聚氯乙烯绝缘铜芯电线的载流量　（单位：A）

截面/mm²	明敷				二根穿管				管径/mm		三根穿管				管径/mm		四根穿管				管径/mm	
	50℃	55℃	60℃	65℃	50℃	55℃	60℃	65℃	G	DG	50℃	55℃	60℃	65℃	G	DG	50℃	55℃	60℃	65℃	G	DG
1.5	25	23	22	21	19	18	17	16	15	15	17	16	15	14	15	15	16	15	14	13	15	15
2.5	34	32	36	28	27	25	24	23	15	15	25	23	22	21	15	15	23	21	20	19	15	15
4	47	44	42	40	39	37	35	33	15	15	34	32	30	28	15	15	31	29	28	26	15	20
6	60	57	54	51	51	48	46	43	15	15	44	41	39	37	15	15	40	38	36	34	20	25
10	89	84	80	75	70	72	68	64	20	25	67	63	60	57	20	25	59	56	53	50	25	25
16	123	117	111	104	95	90	85	81	25	25	85	81	76	72	25	32	75	71	67	33	25	32
25	165	157	149	140	127	121	114	108	25	32	113	107	102	96	32	32	101	96	91	86	32	40
35	205	191	185	174	160	152	144	136	32	40	138	131	124	117	32	40	126	120	113	107	32	-50
50	264	251	238	225	202	192	132	172	32	-50	179	170	161	152	40	-50	159	151	143	135	50	-50
70	310	295	280	264	240	228	217	204	50	-50	213	203	192	181	50	-50	193	184	174	164	50	
95	380	362	343	324	292	278	264	240	50		262	249	236	223	50		233	222	210	198	70	
120	448	427	405	382	347	331	314	296	50		311	296	281	285	50		275	261	248	234	70	
150	519	494	469	442	399	380	360	340	70		362	345	327	308	70		320	305	289	272	70	

注：本电线的聚氯乙烯绝缘中增加了耐热增塑剂，线芯允许工作温度可达 105℃，适用于高温场所。电线实际工作允许温度还取决于电线与电线、电线与电器接头的允许工作温度。当接头温度要求 95℃时，表中数据应乘以 0.92；接头允许温度为 85℃时，表中数据乘以 0.84。

附表 10　500VBLV 铝芯塑料绝缘导线穿管长期连续负荷允许载流量

导体工作温度/℃				70									
环境温度/℃	30	35	40	30				35				40		
导线根数				2~4	5~8	9~12	12 以上	2~4	5~8	9~12	12 以上	2~4	5~8	9~12	12 以上
标称截面/mm²	明敷载流量/A			导线穿管敷设载流量/A											
2.5	24	23	21	13	10	8	7	13	9	8	7	12	9	7	6
4	32	30	28	18	14	11	10	16	12	10	9	16	12	10	9
6	41	39	36	24	18	15	13	22	17	14	12	21	15	13	11
10	56	53	49	33	25	21	19	31	23	19	17	29	21	18	16
16	76	71	66	47	35	29	26	43	32	27	24	40	30	25	22
25	104	97	90	65	48	40	36	60	45	37	33	55	41	34	31
35	127	119	110	81	60	50	45	74	56	46	42	69	51	43	38
50	155	146	135	99	74	62	56	91	68	57	51	84	63	52	47
70	201	189	175	127	95	79	71	117	88	73	66	108	81	67	60
95	247	232	215	160	120	100	90	148	111	92	83	136	102	85	76
120	288	270	250	189	141	118	106	174	131	109	98	160	120	100	90
150	334	313	290	217	162	135	122	200	150	125	112	184	138	115	103
185	385	362	335	254	191	159	143	235	176	147	132	216	162	135	121
240	460	432	400	307	230	191	172	283	212	177	159	260	195	162	146

附表 11　500VBLX 铝心橡胶绝缘导线穿管长期连续负荷允许载流量

导体工作温度/℃	65														
环境温度/℃	30	35	40	30				35				40			
导线根数	–			2~4	5~8	9~12	12以上	2~4	5~8	9~12	12以上	2~4	5~8	9~12	12以上
标称截面/mm²	导线穿管敷设载流量/A														
2.5	25	23	21	13	10	8	7	13	9	8	7	12	9	7	6
4	33	31	28	18	14	11	10	17	13	11	10	16	12	10	9
6	41	38	35	24	18	15	13	22	17	14	12	21	15	13	11
10	57	52	48	33	24	20	18	30	23	19	17	28	21	17	15
16	77	71	65	45	33	28	25	41	31	26	23	38	29	24	21
25	103	95	87	62	47	39	35	57	43	36	32	53	39	33	29
35	124	114	105	77	57	48	43	71	53	44	40	65	49	41	37
50	153	142	130	94	71	59	53	87	65	54	49	80	60	50	45
70	195	180	165	122	92	76	69	113	84	70	63	104	78	65	58
95	242	223	205	151	113	94	85	139	104	87	78	128	96	80	72
120	283	262	240	179	134	112	101	165	124	103	93	152	114	95	85
150	325	300	275	207	155	129	116	192	144	120	108	176	132	110	99
185	378	349	320	241	180	150	135	222	167	139	125	204	153	127	114
240	454	420	385	293	219	183	164	270	203	169	152	248	186	155	139

附表 12　铜芯塑料绝缘塑料护套导线穿管长期连续负荷允许载流量

型号	BVV 和 BVVB											
额定电压/kV	0.30/0.50											
芯数	单、双芯											
导体工作温度/℃	70											
环境温度/℃	30				35				40			
导线根数	2~4	5~8	9~12	12以上	2~4	5~8	9~12	12以上	2~4	5~8	9~12	12以上
标称截面/mm²	穿管敷设											
1.5	17	13	11	9	15	11	10	9	14	11	9	8
2.5	23	17	15	13	22	16	14	12	20	15	13	11
4	30	23	19	17	29	22	18	16	26	20	17	15
6	39	29	25	22	37	28	23	21	34	26	22	19
10	54	41	34	31	51	38	32	29	47	35	30	27
16	73	55	46	41	68	51	43	38	63	47	40	36
25	97	73	61	54	90	68	57	51	84	63	47	40
36	115	86	72	65	108	81	67	61	100	75	63	56

附表13 铜心塑料绝缘塑料护套导线明敷设长期连续负荷允许载流量表

型号	BVV 和 BVVB														
额定电压/kV	0.30/0.50														
芯数	一芯			二芯			三芯			四芯			五芯		
导体工作温度/℃	70														
环境温度/℃	30	35	40	30	35	40	30	35	40	30	35	40	30	35	40
标称截面/mm²	明敷														
1	20	18	17	–	–	–	13	12	11	–	–	–	–	–	–
1.5	25	24	22	21	19	18	18	17	16	16	15	14	15	14	13
2.5	35	32	30	29	27	25	24	23	21	23	22	20	21	19	18
4	45	42	39	38	36	33	32	30	28	30	28	26	28	26	24
6	58	54	50	49	46	43	41	39	36	38	36	33	36	33	31
10	79	75	69	68	64	59	59	55	51	53	50	46	49	46	43
16	–	–	–	91	85	79	78	73	68	70	66	61	66	62	57
25	–	–	–	121	113	105	105	98	91	94	89	82	89	83	77
35	–	–	–	144	135	125	127	119	110	115	108	100	109	103	95

附表14 铜（铝）芯塑料绝缘导线穿钢管敷设长期连续负荷允许载流量

截面 mm²	2根单芯/A 25℃	30℃	35℃	40℃	管径/mm 支线 G	DG	干线 G	DG	3根单芯/A 25℃	30℃	35℃	40℃	管径/mm 支线 G	DG	干线 G	DG	4根单芯/A 25℃	30℃	35℃	40℃	管径/mm 支线 G	DG	干线 G	DG
BLV型 2.5	21	20	19	17	15	16			19	18	17	16	15	16			16	15	14	13	15	19		
铝芯 4	29	27	25	23	15	19			25	24	23	21	15	19			23	22	21	19	20	25		
6	37	35	33	30	20	25			34	32	30	28	20	25			30	28	26	24	20	25		
10	52	49	46	43	20	25	25	32	47	44	41	38	25	32	25	32	40	38	36	33	25	32	32	38
16	67	63	59	55	25	32	32	38	59	56	53	49	25	32	32	38	53	50	47	44	32	38	32	-51
25	94	89	84	77	32	38	32	38	74	70	66	61	32	38	32	-51	69	65	61	57	32	-51	50	-51
35	106	100	94	87	32	38	40	-51	95	90	85	78	32	-51	40	-51	85	80	75	70	50	-51	50	-51
50	133	125	118	109	40	-51	50	-51	117	110	103	96	40	-51	50	-51	106	100	94	87	50	-51	65	
70	164	155	146	135	50	-51	50		152	143	134	124	50	-51	65		135	127	119	110	65		65	
95	201	190	179	165	50		65		180	170	160	148	65		65		161	152	143	132	65		65	
120	233	220	207	191	65		65		207	195	183	170	65		65		182	172	162	150	65		80	
150	250	250	235	218	80		80		239	225	212	196	80		80		212	200	188	174	80		100	
185	285	285	268	248	65				270	255	240	222	80		80		240	230	216	200	100		100	

截面 mm²	2根单芯/A				管径/mm				3根单芯/A				管径/mm				4根单芯/A				管径/mm			
					支线		干线						支线		干线						支线		干线	
	25/℃	30/℃	35/℃	40/℃	G	DG	G	DG	25/℃	30/℃	35/℃	40/℃	G	DG	G	DG	25/℃	30/℃	35/℃	40/℃	G	DG	G	DG
BV型 铜芯 1	15	14	13	12	15	16			14	13	12	11	15	16			12	11	10	9	15	16		
1.5	20	19	18	17	15	16			18	17	16	15	15	16			17	16	15	14	15	16		
2.5	28	26	24	23	15	16			25	24	23	21	15	16			23	22	21	19	15	16		
4	37	35	33	30	15	19			33	31	29	27	15	19			30	28	26	24	20	25		
6	50	47	44	41	20	25			43	41	39	36	20	25			39	37	35	32	20	25		
10	69	65	61	57	20	25	25	32	60	57	54	50	25	32	25	32	53	50	47	44	25	32	32	38
16	87	82	77	71	25	32	32	38	77	73	69	64	25	32	32	38	69	65	61	57	32	38	32	−51
25	113	107	101	93	32	38	32	38	101	95	89	83	32	38	32	−51	90	85	80	74	32	−51	50	−51
35	141	133	125	116	32	38	40	−51	122	115	108	100	32	−51	40	−51	111	105	99	91	50	−51	50	−51
50	175	165	155	144	40	−51	50	−51	155	146	137	127	40	−51	50	−51	138	130	122	113	50	−51	65	
70	217	205	193	178	50	−51	50		194	183	172	159	50	−51	65		175	165	155	144	65		65	
95	265	250	235	218	50		65		239	225	212	196	65		65		212	200	188	174	65			
120	307	290	273	252	65		65		276	260	244	226	65		65		244	230	216	200	65			
150	350	330	310	287	65		65		318	300	282	261	65		80		281	265	249	231	80			
185	403	380	357	331	65				360	340	320	296	80		80		318	300	282	261	100			

附表15 聚氯乙烯绝缘电线穿塑料管敷设的载流量（$\theta_n=70℃$）　　（单位：A）

截面 /mm²	2根单芯/A				管径/mm		3根单芯/A				管径/mm		4根单芯/A				管径/mm	
	25℃	30℃	35℃	40℃	支线	干线	25℃	30℃	35℃	40℃	支线	干线	25℃	30℃	35℃	40℃	支线	干线
BLV型 铝心 2.5	19	18	17	16	16		17	16	15	14	16		15	14	13	12	20	
4	25	24	23	21	16		23	22	21	19	20		20	19	18	17	20	
6	33	31	29	27	20		29	27	25	23	20		27	25	24	22	25	
10	45	42	39	37	25	25	40	38	36	33	25	32	35	33	31	29	32	32
16	58	55	52	48	25	32	52	49	46	43	32	40	47	44	41	38	32	40
25	77	73	69	64		40	69	65	61	57	40	40	60	57	54	50	40	50
35	95	90	85	78	40	50	85	80	75	70	40	50	74	70	66	61	50	63
50	121	114	107	99	40	50	108	102	96	89	50	63	95	90	85	78	63	63
70	154	145	136	126	50	63	138	130	122	113	63	63	122	115	108	100	63	63
95	186	175	165	152	63	63	167	158	149	137	63		148	140	132	122	63	
120	212	200	188	174	63	63												
1	13	12	11	10	16		12	11	10	10	16		11	10	9	9	16	

截面 /mm²	2根单芯/A				管径/mm		3根单芯/A				管径/mm		4根单芯/A				管径/mm	
	25℃	30℃	35℃	40℃	支线	干线	25℃	30℃	35℃	40℃	支线	干线	25℃	30℃	35℃	40℃	支线	干线
BV型 1.5	17	16	15	14	16		16	15	14	13	16		14	13	12	11	16	
铜心 2.5	25	24	23	21	16		22	21	20	18	16		20	19	18	17	20	
4	33	31	29	27	16		30	28	26	24	20		27	25	24	22	20	
6	43	41	39	36	20		38	36	34	31	20		34	32	30	28	25	
10	59	56	53	49	25	25	52	49	46	43	25	32	47	44	41	38	32	32
16	76	72	68	63	25	32	69	65	61	57	2	40	60	57	54	50	32	40
25	101	95	89	83	32	40	90	85	80	74	40	40	80	75	71	65	40	50
35	127	120	113	104	40	50	111	105	99	91	40	50	99	93	87	81	50	63
50	9	150	141	131	50	50	140	132	124	115	50	63	124	117	110	102	63	63
70	196	185	174	161	50	63	177	167	157	145	63	63	157	148	139	129	63	63
95	244	230	216	200	63	63	217	205	193	178	63		196	185	174	161	63	
20	286	270	254	235	63	63												

附表16　聚氯乙烯绝缘电线明敷的载流量（$\theta_n = 70℃$）　　　　（单位：A）

截面/mm²	铝心（BLV型）				铜心（BV、BVR型）			
	25℃	30℃	35℃	40℃	25℃	30℃	35℃	40℃
1					20	19	18	17
1.5	19	18	17	16	25	24	23	21
2.5	27	25	24	22	34	32	30	28
4	34	32	30	28	45	42	40	37
6	45	42	40	37	58	55	52	48
10	63	59	55	51	80	75	71	65
16	85	80	75	70	111	105	99	91
25	111	105	99	91	146	138	130	120
35	138	130	122	113	180	170	160	148
50	175	165	155	144	228	215	202	187
70	217	205	193	178	281	265	249	231
95	265	250	235	218	345	325	306	283
120	302	285	268	248	398	375	353	326
150	345	325	306	283	456	430	404	374
185	403	380	357	311	519	490	461	426

附表 17　橡皮绝缘电线穿钢管敷设的载流量（$\theta_n = 65℃$）　　　　（单位：A）

型号	截面/mm²	2根单芯/A 25℃	30℃	35℃	40℃	管径/mm 支线 G	支线 DG	干线 G	干线 DG	3根单芯/A 25℃	30℃	35℃	40℃	管径/mm 支线 G	支线 DG	干线 G	干线 DG	4根单芯/A 25℃	30℃	35℃	40℃	管径/mm 支线 G	支线 DG	干线 G	干线 DG
BLX	2.5	21	19	18	16	15	19			19	17	16	15	15	19			16	14	13	12	20	25		
BLXF	4	28	26	24	22	20	25			25	23	21	19	20	25			23	21	19	18	20	25		
铝芯	6	37	34	32	29	20	25			34	31	29	26	20	25			30	28	25	23	20	25		
	10	52	48	44	41	25	32	25	32	46	43	39	36	25	32	25	32	40	37	34	31	25	32	32	38
	16	66	61	57	52	25	32	32	38	59	55	51	46	25	32	32	38	52	48	44	41	32	38	40	-51
	25	86	80	74	68	32	38	32	-51	76	71	65	60	32	38	32	-51	68	63	58	53	40	-51	40	-51
	35	106	99	91	83	32	-51	50	-51	94	87	81	74	32	-51	50	-51	83	77	71	65	40	-51	50	
	50	133	124	115	105	50	-51	50	-51	118	110	102	93	50	-51	50	-51	105	98	90	83	50		65	
	70	165	154	142	130	50	-51	65		150	140	129	118	50	-51	65		133	124	115	105	65		65	
	95	200	187	173	158	65		65		180	168	155	142	65		65		160	149	138	126	65		65	
	120	230	215	198	181	65		65		210	196	181	166	65		65		190	177	164	150	65		80	
	150	260	243	224	205	65		80		240	224	207	189	65		80		220	205	190	174	80		80	
	185	295	275	255	233	80		80		270	252	233	213	80		80		250	233	216	197	80		100	
BX	1	15	14	12	11	15	19			14	13	12	11	15	19			12	11	10	9	15	19		
BXF	1.5	20	18	17	15	15	19			18	16	15	14	15	19			17	15	14	13	20	25		
铜芯	2.5	28	26	24	22	15	19			25	23	21	19	15	19			23	21	19	18	20	25		
	4	37	34	32	29	20	25			33	30	28	26	20	25			30	28	25	23	20	25		
	6	49	45	42	38	20	25			43	40	37	34	20	25			39	36	33	30	20	25		
	10	68	63	58	53	25	32	25	32	60	56	51	47	25	32	25	32	53	49	45	41	25	32	32	38
	16	86	80	74	68	25	32	32	38	77	71	66	60	25	32	32	38	69	64	59	54	32	38	40	-51
	25	113	105	97	89	32	38	32	-51	100	93	86	79	32	38	32	-51	90	84	77	71	40	-51	40	-51
	35	140	130	121	110	32	-51	50	-51	122	114	105	96	32	-51	50	-51	110	102	95	87	40	-51	50	
	50	175	163	151	138	50	-51	50	-51	154	143	133	121	50	-51	50	-51	137	128	118	108	50		65	
	70	215	201	185	170	50	-51	65		193	180	166	152	50	-51	65		173	161	149	136	65		65	
	95	260	243	224	205	65		65		235	219	203	185	65		65		210	196	181	166	65		65	
	120	300	280	259	237	65		65		270	252	233	213	65		65		245	229	211	193	65		80	
	150	340	317	294	268	65		80		310	289	268	245	65		80		280	261	242	221	80		80	
	185	385	359	333	304	80		80		355	331	307	280	80		80		320	299	276	253	80		100	

注：1. 目前 BXF 型铜芯只生产 ≤95 mm² 规格。

2. 表中代号 G 为焊接钢管（又称"低压流体输送用焊接钢管"），管径指内径，DG 为电线管，管径指外径。

3. 括号中管径为 51 mm 的电线管不推荐使用，因为管壁太薄，弯曲时容易破裂。

4. 表中管径适用于：直管（≤30 m），一个弯（≤20 m）的弯管，二个弯（≤15 m）的弯管，三个弯（≤8 m）的弯管，超长应设拉线盒，或将管径放大一级。

截面 /mm²	铝芯（BLX、BLXF 型）				铜芯（BX、BXF 型）			
	25℃	30℃	35℃	40℃	25℃	30℃	35℃	40℃
1					21	19	18	16
1.5					27	25	23	21
2.5	27	25	23	21	35	32	30	27
4	35	32	30	27	45	42	38	35
6	45	42	38	35	58	54	50	45
10	65	60	56	51	85	79	73	67
16	85	79	73	67	110	102	95	87
25	110	102	95	87	145	135	125	114
35	138	129	119	109	180	168	155	142
50	175	163	151	138	230	215	198	181
70	220	206	190	174	285	266	246	225
95	265	247	229	209	345	322	298	272
120	310	289	268	245	400	374	346	316
150	360	336	311	284	470	439	406	371
185	420	392	363	332	540	504	467	427
240	510	476	441	403	660	617	570	522

注：目前 BLXF 型铝芯只生产 2.5~185 mm² 规格，BXF 型铜芯只生产小于 95 mm² 规格。

附表 19　LJ 铝芯绞线明敷设的持续载流量　　　　　（单位：A）

标称截面/mm²	导体工作温度/℃		
	70	80	90
	载流量/A		
16	85	100	110
25	110	135	150
35	135	160	185
50	170	200	230
70	210	255	290
95	250	305	345
120	290	355	405
150	325	400	460
185	370	455	525
240	435	540	620

附表 20 架空电缆持续载流量 （单位：A）

架空电缆持续载流量/A（参考值）

电缆型号	额定电压/kV	标称截面/mm²								
		16	25	35	50	70	95	120	150	185
JKLY	0.6/1	67	87	110	130	165	200	230	260	300
JKLYJ	10	–	95	115	140	170	205	235	265	305

注：架空电缆导体工作温度 90℃，环境温度 40℃。

附表 21 LJ、HLJ、LGJ 型裸铝绞线的载流量（$\theta_n = 70℃$） （单位：A）

截面 mm²	LJ 型/A								HLJ 型/A				LGJ 型/A			
	室 内				室 外				室 外				室 外			
	25℃	30℃	35℃	40℃	25℃	30℃	35℃	40℃	25℃	30℃	35℃	40℃	25℃	30℃	35℃	40℃
10	55	52	48	45	75	70	66	61	74	70	66	61				
16	80	75	70	65	105	99	92	85	96	91	85	79	105	98	92	85
25	110	103	97	89	135	127	119	109	126	119	111	103	135	127	119	109
35	135	127	119	109	170	160	150	138	154	145	136	126	170	159	149	137
50	170	160	150	138	215	202	189	174	193	182	170	158	220	207	193	178
70	215	202	189	174	265	249	233	215	236	222	208	193	275	259	228	222
95	260	244	229	211	325	305	286	247	283	266	249	231	335	315	295	272
120	310	292	273	251	375	352	330	304	324	306	286	265	380	357	335	307
150	370	348	326	300	440	414	387	356	375	353	330	306	445	418	391	360
185	425	400	374	344	500	470	440	405	425	400	374	347	515	484	453	416
240					610	574	536	494	496	467	437	405	610	574	536	494
300					680	640	597	550	570	536	502	465	700	658	615	566

参考文献

［1］刘介才.工厂供电［M］.3版.北京：机械工业出版社，2002.

［2］张莹.工厂供配电技术［M］.3版.北京：电子工业出版社，2012.

［3］田淑珍.工厂供配电技术［M］.北京：机械工业出版社，2009.

［4］刘燕.供配电技术［M］.西安：西安电子科技大学出版社，2007.

［5］关大陆，张晓娟.工厂供电［M］.北京：清华大学出版社，2006.

高等职业教育自动化类精品教材推荐书目

书 名	作 者	书 号
单片机原理与控制技术 第2版	张志良	ISBN 978-7-111-08314-6
单片机原理及应用 第2版	张 伟	ISBN 978-7-111-08296-5
单片机基础及应用项目式教程	徐宏英	ISBN 978-7-111-58550-3
三菱PLC、变频器与触摸屏综合应用技术	李响初	ISBN 978-7-111-53579-9
S7-300/400 PLC基础及工业网络控制技术	陶 权	ISBN 978-7-111-48709-8
S7-200 PLC原理及应用 第2版	田淑珍	ISBN 978-7-111-46076-3
S7-200 PLC基础教程 第3版	廖常初	ISBN 978-7-111-46195-1
PLC 基础及应用 第3版 (FX系列)	廖常初	ISBN 978-7-111-46182-1
三菱FX₃U系列PLC编程技术与应用	张静之	ISBN 978-7-111-58224-3
PLC技术及应用项目教程 第2版 (FX系列)	史宜巧	ISBN 978-7-111-44915-7
电气控制与可编程序控制器应用技术	刘祖其	ISBN 978-7-111-28590-8
电气控制与PLC应用技术 (FX系列) 省级精品课程配套教材	吴 丽	ISBN 978-7-111-23265-0
电机与电气控制项目教程 (FX系列) 国家级精品课程配套教材	徐建俊	ISBN 978-7-111-24515-5
工厂电气控制设备及技能训练 第2版	田淑珍	ISBN 978-7-111-34437-7
供配电技术项目教程	张 玲	ISBN 978-7-111-52255-3
工厂供配电技术项目教程	王育波	ISBN 978-7-111-58715-6
电机拖动与控制 第2版	张 勇	ISBN 978-7-111-53002-2
电机控制技术项目教程	张 玲	ISBN 978-7-111-47363-3
电机与电气控制技术	田淑珍	ISBN 978-7-111-29289-0
机电设备控制技术	刘 丽	ISBN 978-7-111-55435-6
变频技术原理与应用 第2版 2008年度普通高等教育精品教材	吕 汀	ISBN 978-7-111-11364-5
伺服系统与变频器应用技术	陈晓军	ISBN 978-7-111-52915-6
传感器技术及应用项目教程	刘娇月	ISBN 978-7-111-54252-0
传感器与检测技术 省级精品课程配套教材	董春利	ISBN 978-7-111-23503-3
传感器技术与应用 第3版	金发庆	ISBN 978-7-111-37739-9
计算机控制技术 第2版	李江全	ISBN 978-7-111-43973-8
计算机控制技术（MCGS实现）	李江全	ISBN 978-7-111-58349-3
过程控制技术及应用	贺代芳	ISBN 978-7-111-55386-1
现场总线技术及其应用 第2版	郭 琼	ISBN 978-7-111-46773-1
组态软件应用技术项目式教程	刘 勇	ISBN 978-7-111-51493-0
组态控制技术实训教程（KingView）	李江全	ISBN 978-7-111-51714-6
自动化生产线组建与调试——以亚龙YL-335B为例 (三菱PLC版本)	乡碧云	ISBN 978-7-111-47353-4
自动化生产线装调综合实训教程	雷声勇	ISBN 978-7-111-46939-1
自动化生产线安装与调试	何用辉	ISBN 978-7-111-34438-4

图例说明： 网上提供电子课件下载　普通高等教育"十一五"国家级规划教材　附赠光盘

上架指导 供配电
ISBN 978-7-111-58715-6
责任编辑◎李文轶
封面设计◎

机工教育微信服务号

获得更多相关资源及
图书信息请关注

ISBN 978-7-111-58715-6

9 787111 587156 >

定价：58.00元